普通高等学校"十三五"规划教材

化工过程
及单元操作设备设计

朱国华　喻红梅　主编

华　平　主审

化学工业出版社
·北京·

本书主要包括精细化学品生产工艺设计和化工单元操作典型设备设计两部分内容。其中，化工单元操作典型设备设计内容包括换热器、板式精馏塔、填料吸收塔、流化床干燥器和蒸发器的设计计算。所介绍的精细化学品的生产过程和单元过程的设计都附有详细的设计实例和产品生产过程工艺设计流程图。

本书注重理论和实际相结合，培养学生工程设计基本技能，可作为高等院校化学工程、应用化学、材料化学、制药工程、生物工程、环境工程、安全工程等相关专业的化工过程设计和化工原理课程设计的教材，也可作为相关领域科研、设计和生产管理部门人员的参考书。

图书在版编目（CIP）数据

化工过程及单元操作设备设计/朱国华，喻红梅主编.
—北京：化学工业出版社，2019.12
普通高等学校"十三五"规划教材
ISBN 978-7-122-35359-7

Ⅰ.①化… Ⅱ.①朱… ②喻… Ⅲ.①化工过程-高等学校-教材②化工设备-设计-高等学校-教材 Ⅳ.①TQ02②TQ050.2

中国版本图书馆CIP数据核字（2019）第215640号

责任编辑：王海燕 王文峡　　　　　　　　　　装帧设计：关 飞
责任校对：张雨彤

出版发行：化学工业出版社（北京市东城区青年湖南街13号　邮政编码100011）
印　　装：三河市延风印装有限公司
787mm×1092mm　1/16　印张17½　插页3　字数437千字　2019年12月北京第1版第1次印刷

购书咨询：010-64518888　　售后服务：010-64518899
网　　址：http://www.cip.com.cn
凡购买本书，如有缺损质量问题，本社销售中心负责调换。

定　价：45.00元

前 言

　　《化工过程及单元操作设备设计》结合精细化学品工艺设计和化工单元操作典型设备设计两方面的内容，是高等学校化学工程与工艺专业的专业课教材。本教材主要阐述了化工过程及单元操作设备设计的基本原理、基本程序和基本方法。为了全面介绍化工过程及单元操作设备设计的基本原理、基本程序和基本方法，本书共安排了 7 章内容，具体包括绪论、精细化学品生产装置工艺设计、换热器的设计、板式精馏塔的设计、填料吸收塔设计、流化床干燥装置的设计以及蒸发器的设计。章末配有典型案例和设计图，方便教学和自学。

　　全书以处理工程问题的研究方法为主线，注重理论联系实际，强调研究方法和工程观点的培养，实用与理论兼顾。通过设计，使学生了解工程设计的基本内容，掌握化工设计的程序和方法，培养学生的工程实践能力，提升学生的工程素养。本书为高等学校化学工程与工艺及相关专业的实践教学的教材，亦可作为化工、材料、环境、生工、医药等从事研究、设计与生产的工程技术人员的技术参考书。

　　本书由南通大学朱国华、喻红梅主编，华平统稿并主审。具体编写分工为：第 1 章、第 2 章由王树清、朱国华编写；第 3 章由姜国明编写；第 4 章和附录由王树清和单佳慧编写；第 5 章由单佳慧编写；第 6 章由喻红梅编写；第 7 章由朱国华编写；前言和简介由华平撰写。

　　由于编者水平有限，书中一定有不足和有争议的地方，恳请同行批评指正。

编者

2019 年 4 月于南通大学

目 录

第3章 换热器的设计 44

第 5 章　填料吸收塔设计

第 6 章　流化床干燥装置的设计

第7章　蒸发器的设计　　201

附　录　　　238

第1章

绪　论

工程设计是工程建设的灵魂，又是科研成果转化为现实生产力的桥梁和纽带，它决定着工业现代化的水平。工程设计是一项政策性很强的工作，它涉及政治、经济、技术、环保、法律法规等诸多方面，而且还会涉及多专业、多学科的交叉、综合和相互协调，是集体性的劳动。先进的设计思想、科学的设计方法和优秀的设计作品是工程设计人员应坚持的设计方向和追求的目标。

1.1　设计的目的和要求

化工过程及单元操作工艺设计是化学工程与工艺专业教学中综合性和实践性较强的教学环节，是理论联系实际的桥梁，是使学生体察工程实际问题复杂性、学习化工设计基本知识的尝试。通过设计，要求学生能综合运用所学化工专业课程的基本知识，进行融会贯通的独立思考，在规定的时间内完成指定的化工设计任务，从而得到化工工程设计的训练。通过设计，要求学生了解工程设计的基本内容，掌握化工设计的程序和方法，培养学生分析和解决工程实际问题的能力。同时，通过设计，还可以使学生树立正确的设计思想，培养实事求是、严肃认真、高度负责的工作作风。在当前我国大多数本科生的结业工作均以论文为主的情况下，通过工程设计培养学生的设计能力和严谨的科学作风就更为重要了。

化工过程及单元操作工艺设计不同于平时的作业，在设计中需要学生自己做出决策，即自己确定方案、选择工艺流程、查资料、进行过程和设备计算，并要对自己的选择做出论证和核算，经过反复的分析比较，择优选定最理想的方案和合理的设计。所以，化工过程及单元操作工艺设计是增强工程观念、培养和提高学生独立工作能力的有益实践。

通过设计，应该训练学生提高如下几个方面的能力。

① 能熟悉查阅文献资料、搜集有关数据、正确选用公式。当缺乏必要数据时，尚需要自己通过实验测定或到生产现场进行实际查定。

② 在兼顾技术上的先进性、可行性，经济上的合理性的前提下，综合分析设计任务要

求，确定化工生产工艺流程，进行设备选型，并提出保证过程正常、安全运行所需的检测和计量参数，同时还要考虑改善劳动条件和环境保护的有效措施。

③ 准确而迅速地进行过程计算及主要设备的工艺设计计算。

④ 用精练的语言、简洁的文字、清晰的图表来表达自己的设计思想和计算结果。

1.2 设计的内容

化工过程及单元操作工艺设计一般包括如下内容：

① 设计方案简介。根据设计任务书所提供的条件和要求，通过对现有生产的现场调查或对现有资料的分析对比，选定适宜的流程方案和设备类型，初步确定生产工艺流程。对给定或选定的生产工艺流程、主要设备的形式进行简要的论述。

② 主要设备的选型计算：包括工艺参数的选定、物料衡算、热量衡算、设备的工艺尺寸计算等。

③ 典型辅助设备的选型和计算：包括典型辅助设备的主要工艺尺寸计算和设备型号规格的选定。

④ 管道及仪表工艺流程图。以单线图的形式绘制，标出主体设备和辅助设备的物料流向、物料量、物流量和主要化工参数测量点。

完整的化工过程及单元操作工艺设计报告由说明书和图纸两部分组成。设计说明书中应包括所有论述、原始数据、计算、表格等。

第2章
精细化学品生产装置工艺设计

2.1　设计概述

精细化学品生产装置工艺设计是基于化学反应，设计出一个生产工艺流程，制备目标化学品的过程。在此过程中要研究工艺流程的合理性、先进性、可靠性和经济的可行性，再根据生产工艺流程及生产条件选择合适的生产设备、管道及仪表等，合理布局、设计生产车间，以满足生产的要求。此外，还需化工工艺专业与机械、仪表、建筑、电气、给排水、采暖通风、照明等非工艺专业密切合作，最终使车间建成投产。这种设计的全过程也称为"化工工艺设计"，化工工艺设计是将一项化学工程从设想变成现实的一个重要环节，是一项综合性很强的技术工作。

2.2　设计内容

化工工艺设计的类型主要有：新建车间设计、原有车间的改扩建设计。其中新建车间的设计涉及面最广，工作量大，也最具有代表性。但是，不论是哪种类型的化工工艺设计，都需要根据研发人员给定的生产方法或任务书进行生产工艺设计。其主要内容如下文所述。

2.2.1　生产工艺流程设计

生产方法或任务书确定后，即可进行生产工艺流程的设计，生产工艺流程设计是化工设计中极其重要的环节，它通过工艺流程图的形式，形象地反映了化工生产由原料输入到产品输出的过程，其中包括物料和能量发生的变化、物料的流向以及生产中所经历的工艺过程和使用的设备仪表等。工艺流程图集中地概括了整个生产过程的全貌，生产工艺流程设计也是工艺设计的核心，在整个设计中，设备选型、工艺计算等工作都与工艺流程有直接关系，只有流程确定后，其他各项工作才能开展。生产工艺流程设计涉及多个专业方面，须根据各方面的反馈信息修改工艺流程，因此工艺流程设计是逐步深化的过程，先由流程框图，然后逐步完善成实际工业生产的流程图，在实际过程中再不断修改完善，最后形成施工图阶段的管道及仪表工艺流程图。所以在化工工艺设计中工艺流程的设计总是最早开始，而最晚结束。

2.2.2 生产工艺流程图的绘制

对于给定的生产方法或任务书，将各个工序过程换成设备示意图，进一步修改、完善可得到工艺流程图。绘制工艺流程图只需定性地标出由物料转化成产品的变化、流程顺序以及生产中采用的各种化工过程与设备。因为这种图样是供化工工艺计算和设备订货及计算使用的，此时绘制的流程图尚未定量计算，所以其所绘制的设备外形，只带有示意性质，并无准确的大小比例，有些附属设备可以忽略。

2.2.3 管道及仪表流程图的绘制

化工工艺设计所要绘制的工艺流程图是带有控制点的工艺流程图。它是在初步设计的基础上后期绘制的，以物料流程图为依据、内容较为详细的一种工艺流程图。在图样上除了要标出主体设备与辅助设备的物料方向以外，还要画出配置的阀门、管件、自控仪表等。

2.2.3.1 图样内容

图样主要包括下列内容。

① 图形：将各设备的简单形式按工艺流程次序，展示在同一平面上，配以连接的主辅管线及管件、阀门、仪表控制点符号等。

② 标注：注写设备位号及名称、管道标号、控制点代号、必要的尺寸和数据等。

③ 图例：代号、符号及其他标注的说明，有时还有设备位号的索引等。

④ 标题栏：注写图名、图号、设计阶段等。

2.2.3.2 比例与图幅、图框

（1）比例

流程图不按比例绘制，一般设备（机器）图例只取相对比例。允许实际尺寸过大的设备（机器）适当缩小，实际尺寸过小的设备（机器）比例适当放大，可以相对示意出各设备位置的高低。整个图面要协调、美观。

（2）图幅与图框

图框采用粗线条，给整个图（包括文字说明和标题栏在内）以框界，图框的大小应符合GB/T 14689—2008 的规定。图纸幅面尺寸见表 2-1。

表 2-1　图纸幅面尺寸　　　　　　　　　　　　　　　　　　单位：mm

幅面代号	A0	A1	A2	A3	A4	A5
$B \times L$	841×1189	594×841	420×594	297×420	210×297	184×210
a				25		
c				10		

图样的边框如图 2-1 所示。

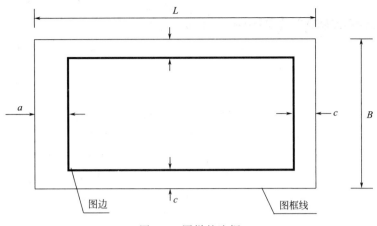

图 2-1　图样的边框

2.2.3.3　字体

① 图纸和表格中所有文字（包括数字）的书写必须字体端正，笔画清楚、排列整齐、间距均匀、粗细均匀。

② 汉字采用仿宋体（除签名外），并要以国家正式公布的简化字为标准，不准任意简化、杜撰。

③ 字号（即字体高度）参照表 2-2 选用。

④ 外文字母的大小同表 2-2，外文字母必须全部大写。

表 2-2　常用字号

书写内容	推荐字号	书写内容	推荐字号
图表中的图名及视图符号	5	表格中的文字	5
工程名称	5	图纸中的数字及字母	小 5
图纸中的文字说明及轴线号	5	表格中的文字（格子小于 6mm）	小 5
图名	5		

注：正文与表格、图片之间应该空一行。

2.2.3.4　图线与箭头

（1）图线

按宽度，图线分为粗细两种。粗线的宽度 b 应按图的大小和复杂程度，在 0.9~1.2mm 之间选择，细线的宽度约为 $b/3$。按线条形式，图线有多种，如表 2-3 所示。

表 2-3　图线的名称、形式、代号和宽度

图线名称	图线形式及代号	图线宽度	图线名称	图线形式及代号	图线宽度
粗实线	▬▬▬	b	虚线	··············	约 $b/3$
中实线	▬▬▬	约 $b/2$	细点画线	—·—·—·—	约 $b/3$
细实线	▬▬▬	约 $b/3$	粗点画线	▬·▬·▬	b
双折线	∿∿	约 $b/3$	双点画线	—··—··—	约 $b/3$

图 2-2　箭头的形式

（2）箭头　箭头的形式如图 2-2 所示，适用于各类图样。

2.2.3.5　设备的表示方法

（1）设备的画法

① 图形。化工设备图上一般按比例，采用 $b/3$ 细实线绘制，画出能够显示设备形状特征的主要轮廓，有时也画出具有工艺特征的内部结构示意图，如板式塔的塔板、填料塔的填料、搅拌反应器的搅拌器、加热管、夹套、冷却管、插入管等，这些内部结构可以用细虚线绘制，也可以将设备画成剖视图形式表示。设备上的管口一般不用画出，若需画出时可采用单线表示法兰，设备上的转动装置应简单示意画出。某些设备过大或过小，在绘制这类设备的图形时，可适当缩小或放大比例。常用设备图形的画法可参见有关文献。

② 相对位置。设备间和楼面间的相对位置，一般也按比例绘制。低于地面的需要在地平线以下，尽可能地符合实际安装情况。对于有位差要求的设备，还要注明其限定尺寸。设备间的横向距离，则视管线绘制和图面清晰的要求而定，应避免管线过长或设备图形过于密集而导致标注不便，图面不清晰。设备的横向顺序应与主要物料线一致，勿使管线形成过多的往返。除有位差要求者外，设备可不按高低相对位置绘制。

③ 相同系统（或设备）的处理。两个或两个以上的系统（或设备），一般应全部画出，但有时也可只画出其中一套。当只画出一套时，被省略的系统（或设备）需用双点画线绘出矩形框表示，框内注明设备的位号、名称，并绘制引至该系统（或设备）的一段支管。

（2）设备的标注

① 标注的内容：设备在图上应标注位号及名称。

② 设备位号。一般要在两个地方标注设备位号：第一是在图的下方或上方，要求排列整齐，并尽可能正对设备，在位号线下方标注设备名称。第二是在设备内或其近旁，此处仅标注位号，不注名称。当几个设备或机械为垂直排列时，它们的位号和名称可以由上而下按顺序标注，也可以水平标注。

a.设备位号的组成。每台设备只编一个位号，由四个单元组成，如下所示：

$$\underline{\quad P \qquad 03 \qquad 01 \qquad A \quad}\qquad 设备位号线$$
$$\ (1)\quad\ (2)\quad\ (3)\quad\ (4)$$

其中：（1）设备类别代号　　　　（2）设备所在主项的编号
　　　　（3）主项内同类设备顺序号　　（4）相同设备的数量尾号

b.设备类别代号。按设备类别编制不同的代号，一般取设备英文名称的第一个字母（大写）做代号。具体规定如表 2-4 所示。

表 2-4　设备类别代号

设备类别	代号	设备类别	代号
塔	T	火炬、烟囱	S
泵	P	容器（槽、罐）	V
压缩机、风机	C	起重运输设备	L
换热器	E	计量设备	W
反应器	R	其他机械	M
工业炉	F	其他设备	X

c. 主项编号。按工程负责人给定的主项编号填写，采用两位数字，从 01 开始，最大为 99。

d. 设备顺序号。按同类设备在工艺流程中流向的先后顺序编写，从 01 到 99。

e. 相同设备的数量尾号。两台或两台以上相同设备并联时，它们的位号前三项完全相同，按数量和排列顺序依次以英文字母 A、B、C 等作为每台设备的尾号。

f. 书写方法。在规定的位置画一条粗实线——设备位号线，线上方书写位号，线下方在需要时可书写名称。

2.3.3.6 管道表示方法

图上一般应画出工艺物料管道和辅助管道（如蒸汽、冷却水、冷冻盐水等）的管道，当辅助管道系统比较简单时，可将其总管道绘制在流程图的上方，其支管道则下引至有关设备。

（1）管道画法

① 线形规定。主要工艺物料管道用粗实线绘制，辅助物料管道及设备基础用中实线绘制，仪表用细实线或细虚线绘制，设备用细实线绘制。有些图样上保温、伴热等管道除了按规定线形画出外，还示意画出一小段（约 10mm）保温层。有关各种常用管道规定线形可参见表 2-5。

表 2-5 常用管道规定线形

名称	图例	备注
主要物料管道	——	粗实线（0.9～1.2mm）
辅助物料管道	——	中实线（0.5～0.7mm）
引线、设备、管件、阀门、仪表等图例	——	细实线（0.15～0.3mm）
原有管道	—··—··—	管线宽度与其相接的管线宽度相同
可拆管道	—┤├—┤├—	
伴热（冷）管道	═══	
电伴热管道	～～～	

② 交叉与转弯。绘制管道时，应尽量注意避免穿过设备或使管道交叉，在不能避免时，应将横向管道断开一段，主物料与辅助物料管线交叉时，辅助管线断开一段。管道要画成水平和垂直，不要用斜线，若斜线不能避免时，应只画出一小段，以保持图面整齐。图上管道转弯处，一般应成直角。

③ 放气、排液及液封。管道上的取样口、放气口、排液管、液封管等应全部画出，U 形液封管应尽可能按实际比例长度表示。

（2）管道标注

每段管道上都要有相应的标注，水平管道标注在管线的上方，垂直管道标注在管线的左方。若标注位置不够时，可在引出线上标注。标注内容一般包括四个部分，即管道号或管段号（由三个单元组成）、管径、管道等级和隔热或隔声等，总称管道组合号。管道号和管径为一组，用一短横线隔开；管道等级和隔热（或隔声）为一组，用一短横线隔开，两组间留适当的空隙。一般标注在管道的上方或管道的左方。

① 管道尺寸：管道尺寸为管道公称直径，用 mm 表示。

② 物料代号：物料代号以物料英文名称的首字母代号，见表 2-6。

表 2-6 常用物料代号

物料名称	代号	物料名称	代号
工艺气体	PG	高压蒸汽（饱和或微过热）	HS
气液两相流工艺物料	PGL	高压过热蒸汽	HUS
气固两相流工艺物料	PGS	低压蒸汽（饱和或微过热）	LS
工艺液体	PL	低压过热蒸汽	LUS
液固两相流工艺物料	PLS	中压蒸汽（饱和或微过热）	MS
工艺固体	PS	中压过热蒸汽	MUS
工艺水	PW	蒸汽冷凝水	SC
空气	AR	伴热蒸汽	TS
压缩空气	CA	锅炉给水	BW
仪表空气	IA	化学污水	CSW
燃料气	FG	循环冷却水回水	CWR
液体燃料	FL	循环冷却水上水	CWS
固体燃料	FS	脱盐水	DNW
天然气	NG	饮用水、生活用水	DW
热水回水	HWR	消防水	FW
热水上水	HWS	氟利昂液体	FRL
原水、新鲜水	RW	气体丙烯或丙烷	PRG
软水	SW	液体丙烯或丙烷	PRL
生产废水	WW	冷冻盐水回水	RWR
污油	DO	冷冻盐水上水	RWS
燃料油	FO	排液、导淋	DR
烃类油	GO	熔盐	FSL
润滑油	LO	火炬排放气	FV
原油	RO	氢气	H
密封油	SO	加热油	HO
氨气	AG	惰性气体	IG
液氨	AL	氮气	N
气体乙烯或乙烷	ERG	氧气	O
液体乙烯或乙烷	ERL	泥浆	SL
氟利昂气体	FRG	真空排放气	VE
工艺空气	PA	放空	VT

③ 标注方法。一般标注在管道上方或管道左侧，如下所示：

<u>PG</u> <u>13</u> <u>10</u> － <u>300</u>   <u>A1A</u> － <u>H</u>

第	第	第	第	第	第
1	2	3	4	5	6
单	单	单	单	单	单
元	元	元	元	元	元

管道号

也可将管道口、管径、管道等级和隔热（或隔声）分别标注在管道的上下方，如下所示：

$$\frac{\text{PG 1310—300}}{\text{AIA—H}}$$

其中：

第1单元：物料代号，按表2-6的规定填写；

第2单元：主项编号，按工程规定的主项编号填写，采用两位数字，从01开始，至99结束；

第3单元：管道顺序号，相同类别的物料在同一主项内以流向先后为序，顺序编号，采用两位数字，从01开始，至99结束；

第4单元：管道尺寸，一般标注公称直径，以mm为单位，只注数字，不注单位；

第5单元：管道等级；

第6单元：隔热或隔声代号。

注：当工艺流程简单、管道品种规格不多时，管道组合号中的第5、第6单元可省略。第4单元管道尺寸可直接填写管子的外径×壁厚，并标注工程规定的管道材料代号。

④ 管道等级号。

$$\begin{array}{ccc} A & 1 & A \\ 第 & 第 & 第 \\ 1 & 2 & 3 \\ 单 & 单 & 单 \\ 元 & 元 & 元 \end{array}$$

其中第1单元：管道公称压力（MPa），用大写字母表示。A～K用于ANSI（美国国家标准学会）标准压力等级代号（其中I、J不用），见表2-7；L～Z用于国内标准压力等级代号（其中O、X不用），见表2-8。

表2-7　压力等级用于ANSI标准

代号	数值	代号	数值
A	150LB	E	900LB
B	300LB	F	1500LB
C	400LB	G	2500LB
D	600LB		

注：LB为质量单位磅。

表2-8　压力等级用于国内标准

代号	数值/MPa	代号	数值/MPa
L	1.0	S	16.0
M	1.6	T	20.0
N	2.5	U	22.0
P	4.0	V	25.0
Q	6.4	W	32.0
R	10.0		

第2单元：顺序号，用阿拉伯数字表示，从1开始。

第3单元：管道材质类别，用大写英文字母表示（表2-9）。

表 2-9　管道材质类别

代号	材质	代号	材质
A	铸铁	E	不锈钢
B	碳钢	F	有色金属
C	普通低合金钢	G	非金属
D	合金钢	H	衬里及内防腐

2.3.3.7　阀门与管件的表示方法

绘出和标注全部工艺管道以及与工艺有关的一段辅助管道，绘出和标注上述管道上的阀门、管件和管道附件（不包括管道之间的连接件，如弯头、三通、法兰等，但为安装和检修等原因所加的法兰、螺纹连接件等仍需绘出和标注）。

管道上的阀门、管件、管道附件的公称直径与所在管道公称直径不同时要注明它们的尺寸，如有必要还需要注明它们的型号。它们之中的特殊阀门和管道附件还要进行分类编号，必要时以文字、放大图和数据表加以说明。

同一管道号只是管径不同时，可以只标注管径，如：

同一个管道号而管道等级不同时，应表示出等级的分界线，并注明相应的管道等级，如：

异径管标注大端公称直径乘以小端公称直径，如：

管线的伴热管要全部绘出，夹套管可只在两端画出一小段，其他隔热管道要在适当部位绘出隔热图例。

有分支管道时，图上总管及分支管位置要准确。

管道上的阀门、管件、管道附件的绘制请查阅有关文献。

2.3.3.8　仪表控制点的表示方法

工艺流程中的仪表及控制点应该在有关管道上，并大致按安装位置用代号、符号表示。

（1）常用被测变量和仪表功能的字母代号

常用被测变量和仪表功能的字母代号如表 2-10 所示。

表 2-10　常用被测变量和仪表功能的字母代号

字母	首位字母		后继字母
	被测变量	修饰词	功能
A	分析		报警
C	电导率		控制
D	密度	差	
F	流量	比（分数）	

字母	首位字母		后继字母
	被测变量	修饰词	功能
G	长度		玻璃
H	手动(人工触发)		
I	电流		指示
L	液位		信号
M	水分或湿度		
P	压力或真空		实验点(接头)
Q	数量或件数	积分计算	积分、计算
R	放射性		记录或打印
S	速度或频率	安全	
T	温度		传递

（2）仪表控制点的符号

仪表控制点的图形符号，一般用细实线绘制，常用的图形如下：

① 变送器：⊗（圆直径为 5mm）；

② 就地安装仪表：○（圆直径为 10mm）；

③ 就地仪表盘安装仪表：⊖（圆直径为 10mm）；

④ 控制室仪表盘安装仪表：⊖（圆直径为 10mm）。

（3）连接和信号线

① 过程连接或机械连接线：——————

② 气动信号线：—·—··—·—·—··—··

③ 电动信号线：- - - - - - - - - - - - - - - -

（4）图形符号的表示方法

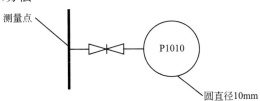

注：P 表示测量压力点；1010—压力测量点编号（前两位数字 10 为主项编号；后两位数字 10 为压力测量点序号）。

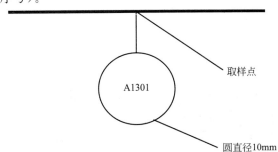

注：A 表示人工取样点；1301 指取样点编号（13 为主项编号；01 为取样点序号）。

2.2.4 常见设备图形符号

一般用细实线画出设备示意图的设备外形和主要内部特征。目前，设备的图形符号已有统一规定，如表 2-11 所示。

表 2-11 工艺流程图中装备、机器图例（HG/T 20519.32—92）(摘录)

类别	代号	图 例
塔	T	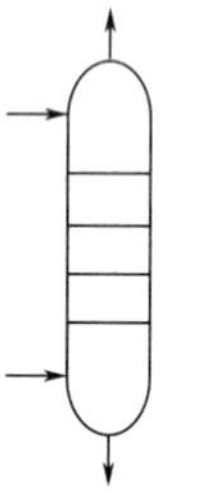 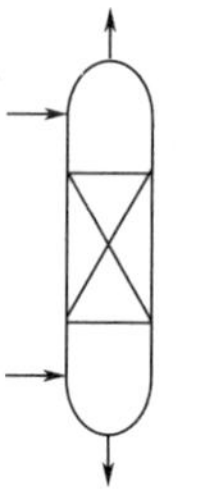 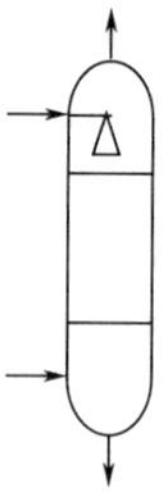 板式塔　　填料塔　　喷洒塔
反应器	R	 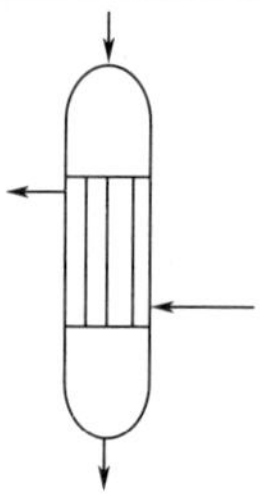 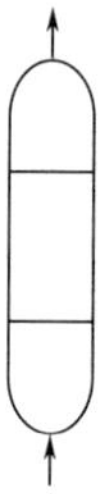 固定床反应器　　列管式反应器　　流化床反应器
换热器	E	换热器(简图)　　固定管板式列管换热器　　U 形管式换热器 浮头式列管换热器　　套管式换热器　　釜式换热器
工业炉	F	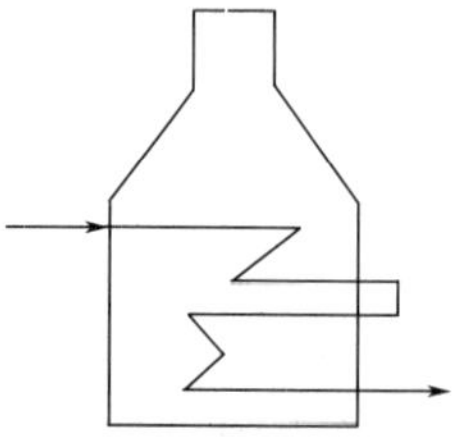 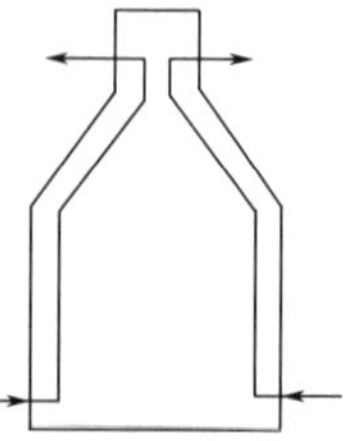 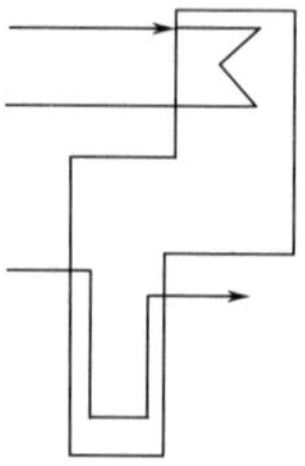 圆筒炉A　　圆筒炉B　　箱式炉

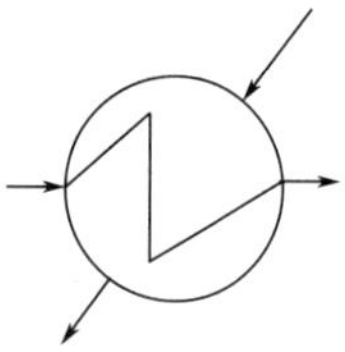

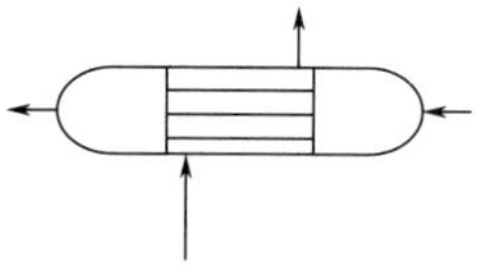

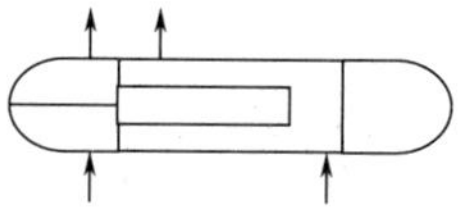

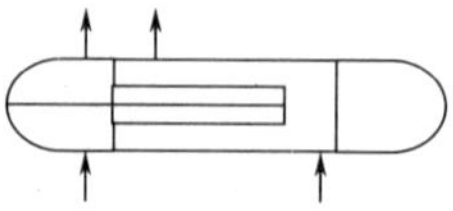

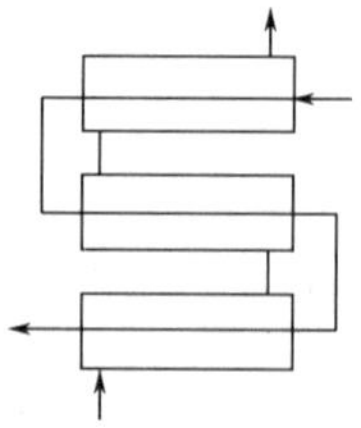

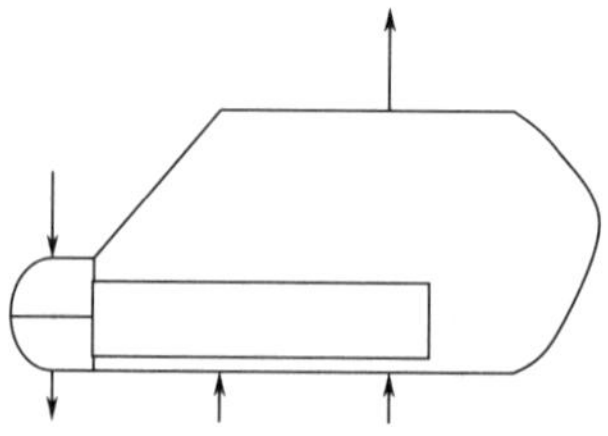

类别	代号	图 例			
容器	V	球罐	锥顶罐	圆顶锥底容器	卧式容器
		丝网除沫分离器	旋风分离器	干式气柜	湿式气柜
泵	P	离心泵	旋转泵、齿轮泵	水环式真空泵	旋涡泵
		往复泵	螺杆泵	隔膜泵	喷射泵
压缩机	G	鼓风机	卧式　　　　　立式 旋转式压缩机		往复式压缩机
		离心式压缩机	二段往复式压缩机(L形)	四段往复式压缩机	

类别	代号	图 例
过滤机	F	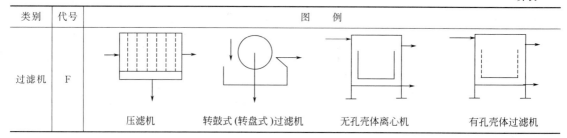
		压滤机　　　转鼓式(转盘式)过滤机　　　无孔壳体离心机　　　有孔壳体过滤机

常用管件、阀门的图形符号见表2-12。

表 2-12　常用管件、阀门的图形符号

名称	图例	名称	图例
Y形过滤器		文氏管	
T形过滤器		喷射器	
锥型过滤器		截止阀	
阻火器		节流阀	
消音器		角阀	
闸阀		止回阀	
球阀		直流式截止阀	
隔膜阀		底阀	
碟阀		疏水阀	
减压阀		放空管	
旋塞阀		敞口漏斗	
三通旋塞阀		同心异径管	
四通旋塞阀		视镜	
弹簧式安全阀		爆破膜	
杠杆式安全阀		喷淋管	

仪表参量代号见表2-13，仪表功能代号见表2-14，仪表图形符号见表2-15。

表 2-13　仪表参量代号

参量	代号	参量	代号	参量	代号
温度	T	质量(重量)	$m(W)$	厚度	δ
温差	ΔT	转速	n	频率	f
压力(或真空)	p	浓度	c	位移	s
压差	Δp	密度(相对密度)	γ	长度	L
质量(或体积)流量	G	分析	A	热量	Q
液位(或料位)	H	湿度	Φ	氢离子浓度	pH

表 2-14　仪表功能代号

功能	代号	功能	代号	功能	代号
指示	Z	积算	S	连锁	L
记录	J	信号	X	变送	B
调节	T	手动控制	K		

表 2-15　仪表图形符号

符号	○	⊖	⊖	⊤	⊖	⊖	⊟	Ⓢ	Ⓜ	⊗	▼	╪
意义	就地安装	集中安装	通用执行机构	无弹簧气动阀	有弹簧气动阀	带定位器气动阀	活塞执行机构	电磁执行机构	电动执行机构	变送器	转子流量计	孔板流量计

2.3　工艺流程设计

按照设计阶段的不同，先后设计方框流程图与工艺流程草图、工艺物料流程图、带控制点的工艺流程图。带控制点的工艺流程图列入施工图设计阶段的设计文件中。

2.3.1　方框流程图和生产工艺流程草图

为便于进行物料衡算、能量衡算及有关设备的工艺计算，在设计的最初阶段，首先要绘制方框流程图，定性地标出物料由原料转化为产品的过程、流向以及所采用的各种化工过程及设备。

工艺流程草（简）图是一个半图解式的工艺流程图，是方框流程图的一种变体或深入，带有示意性质，仅供工艺计算时使用，不列入设计文件。

2.3.2　工艺物料流程图

在完成物料计算后便可绘制工艺物料流程图，它是以图形与表格相结合的形式表达物料计算结果，使设计流程定量化，为初步设计阶段的主要设计成品，其作用如下：

① 作为下一步设计的依据；

② 为接受审查提供资料；

③ 可供日后操作参考。

工艺物料流程图中的设备应采用标准规定的设备图形符号表示，不必严格按比例绘制，但图上需标注设备的位号及名称。

设备位号的第一节字母是设备代号，其后是设备编号，一般由四位数字组成，第1、第2位数字是设备所在的工段（或车间）代号，第3、第4位数字是设备的顺序编号。例如设备位号T0218表示第二车间（或工段）的第18号塔器。

工艺物料流程图中需附上物料平衡表，包括物料代号、物料名称、组成、流量（质量流量和摩尔流量）等。有时还列出物料的某些参数，如温度、密度、压力、状态、来源或去向等。

2.3.3 带控制点的工艺流程图

在设备设计结束、控制方案确定之后，便可绘制带控制点的工艺流程图（此后，在进行车间布置的设计过程中，可能会对流程图作一些修改）。图中应包括如下内容。

（1）物料流程

物料流程包括：

① 设备示意图，其大致依设备外形尺寸比例画出，标明设备的主要管口，适当考虑设备合理的相对位置；

② 设备流程号；

③ 物料、动力（水、汽、真空、压缩机、冷冻盐水等）管线及流向箭头；

④ 管线上的主要阀门、设备及管道的必要附件，如冷凝水排除器、管道过滤器、阻火器等；

⑤ 必要的计量、控制仪表，如流量计、液位计、压力表、真空表及其他测量仪表等；

⑥ 简要的文字注释，如冷却水、加热蒸汽来源、热水及半成品去向等。

（2）图例

图例是将物料流程图中画的有关管线、阀门、设备附件、计量与控制仪表等图形用文字予以说明。

（3）图签

图签是写出图名、设计单位、设计人员、制图人员、审核人员（签名）、图纸比例尺、图号等项内容的一份表格，其位置在流程图的右下角。

带控制点的工艺流程图一般是由化学工艺专业和自动化专业人员合作绘制出来的。作为课程设计只要求能标绘出测量点位置即可。如精细化学品生产工艺设计案例流程图（图2-7）所示流程示例，是在带控制点的工艺流程图基础上经适当简化后给出的。

2.4 工艺流程设计的基本原则

工程设计本身存在一个多目标优化的问题，同时又是政策性很强的工作，设计人员必须有优化意识，必须严格遵守国家的有关政策、法律规定及行业规范，特别是国家的工业经济法规、环境保护法规、安全法规等。一般说，设计者应遵守如下一些基本原则。

（1）技术的先进性和可靠性

掌握先进的设计工具和方法，尽量采用当前的先进技术，实现生产装置的优化集成，使其具有较强的市场竞争能力。同时，对所采用的新技术要进行充分的论证，以保证设计的科学性和可靠性。

（2）装置系统的经济性

在各种可采用方案的分析比较中，技术经济评价指标往往是关键要素之一，以求得以最小的投资获得最大的经济效益。

（3）可持续及清洁生产

树立可持续及清洁生产意识，在所选定的方案中，应尽可能利用生产装置产生的废弃物，减少废弃物的排放，乃至达到废弃物的"零排放"，实现"绿色生产工艺"。

（4）过程的安全性

在设计中要充分考虑到各个生产环节可能出现的危险事故（燃烧、爆炸、毒物排放等），采取有效安全措施，确保生产装置的可靠运行及人员健康和人身安全。

（5）过程的可操作性及可控制性

生产装置应便于稳定可靠操作。当生产负荷或一些操作参数在一定范围内波动时，应能有效快速地进行调节控制。

（6）行业性法规

例如，药品生产装置的设计，要符合"药品生产及质量管理规范"（即 GMP）。

2.5 主体设备设计条件图

主体设备是指在每个单元操作中处于核心地位的关键设备，如传热中的换热器，蒸发中的蒸发器，蒸馏和吸收中的塔设备（板式塔和填料塔），干燥中的干燥器等。一般，主体设备在不同单元操作中是不相同的，即使同一设备在不同单元操作中其作用也不相同，如某一设备在某个单元操作中为主体设备，而在另一单元操作中则可变为辅助设备。例如，换热器在传热中为主体设备，而在精馏或干燥操作中就变为辅助设备。泵、压缩机等也有类似情况。

主体设备设计条件图是将设备的结构设计和工艺尺寸的计算结果用一张总图表示出来。通常由负责工艺的人员完成，它是进行装置施工图设计的依据。

2.5.1 工艺条件图的作用

通常化工设计人员的任务是根据工艺要求通过工艺设计确定设备的结构形式、工艺尺寸，然后提出附有"工艺条件图"的"设备设计条件单"，设备设计人员据此对设备进行机械设计，最后绘制设备装配图。

2.5.2 工艺条件图的内容

① 设备简图：指主要尺寸（外形尺寸、结构尺寸、连接尺寸）、接管、人孔等。

② 技术特性表：指装置设计和制造检验的主要性能参数。通常包括设计压力、设计温度、工作压力、工作温度、介质名称、腐蚀裕量、焊缝系数、容器类别（指压力等级，分为类外、一类、二类、三类四个等级）及装置的尺度（如罐类为全容积、换热器类为换热面积等）。

③ 管接口表：注明各管口的符号、公称尺寸、连接尺寸、用途等。

④ 设备组成一览表：注明组成设备的各部件的名称等。

2.5.3 工艺条件图的画图规格

① 采用 A1 或 A2 号图纸绘制。

② 按设备简图文献中"化工设备的简化画法"的有关规定绘制，绘制比例、尺寸标注方法等参考机械制图的有关规定。

③ 管口表与技术特性表的格式和要求参照相关文献。

④ 标题栏。标题栏的作用是标明图名、设计单位、设计人、制图人、审核人等的姓名（签名）、绘图比例和图号等。

关于标题栏的格式，原机械工业部在1981年发布了指导性文件JB/Z 157—81《产品图样及文件格式》，该文件规定了两种标题栏格式。原化学工业部曾发布了《化工设备设计文件编制规定》，其中提出了四种标题栏格式，本书仅涉及其中的一种标题栏。

⑤ 设备一览表。标题栏放在图纸的右下角，在标题栏上边有时填写设备一览表。为了整齐美观，绘图简便，都将这些表的长度与标题栏的长度对齐，一般为180mm。当标题栏不够填写时，可在紧靠标题栏的左侧接着填写。

设备一览表应包括序号（自下而上排列）、设备位号、设备名称、设备规格性能、备注等。

应予指出，以上设计全过程统称为设备的工艺设计。完整的设备设计，应在上述工艺设计基础上再进行机械强度设计，最后提供可供加工制造的施工图。这一环节在高等院校的教学中，属于化工机械专业的专业课程，在设计部门则属于机械设计组的职责。

由于时间所限，本课程的设计仅要求提供初步设计阶段的管道及仪表工艺流程图和主体设备的设计条件图。

2.6 工艺计算

为进行精细化学品生产工艺的设计计算和选取辅助设备，首先应进行生产过程的物料衡算、热量衡算和设备的选型及管路计算。

生产过程的物料衡算、热量衡算和设备的选型及管路计算，就是根据给定的生产方法的原始数据和选定的条件，利用质量和热量守恒规律确定流程中各设备的进、出口（或内部）物流的流率和热流的流率（又称热负荷），确定生产过程中所需设备的大小及管路直径的计算。

2.6.1 物料衡算

物料衡算是研究某一个体系内进、出物料质量及组成的变化。所谓体系是指物料衡算的范围，它可以根据实际需要人为地选定。进行物料衡算时，必须确定物料衡算的范围。

根据质量守恒定律，对某一个体系内质量流动及变化的情况可以用物料平衡方程表示。

确定了物料衡算的范围和生产周期后，根据年产量、年生产时间、给定的已知条件和收集的数据资料，即可计算进入设备和离开设备的各物流中所有组分的量。设备物料衡算表见表2-16。

表 2-16 设备物料衡算表

进 料				出 料			
物料名称	组分	kg/d	$w/\%$	物料名称	组分	kg/d	$w/\%$

2.6.2 热量衡算

对于新设计的生产车间,热量衡算的目的是确定设备的热负荷。根据设备热负荷的大小、所处理物料的性质及工艺要求再选择传热面的形式、计算传热面积、确定设备的主要尺寸,确定传热所需要的加热剂或冷却剂的用量及伴有热效应的温升情况。

进行热量衡算有两种情况,一种是对单元设备做热量衡算;另一种是对整个生产过程做热量衡算。设备热量衡算表见表2-17。

表 2-17 设备热量衡算

进入热量		移出热量		加热蒸汽或冷却水或冷冻盐水的质量/(kg/d)
物料名称	物料热量/(kJ/d)	物料名称	物料热量/(kJ/d)	

热量衡算的步骤:

① 绘制物料流程图,确定热量衡算范围;

② 在物料流程图上标明已知的温度、压力、相态等已知条件;

③ 选定计算基准温度;

④ 根据物料的变化和流向,列出热量衡算式;

⑤ 整理并核算计算结果,列出热量核算表。

2.6.3 设备选型计算及部分管路计算

2.6.3.1 设备选型计算

对于精细化学品的生产工艺,所需要的设备较多,如反应器、蒸馏釜、精馏塔、冷凝器、冷却器、过滤器、泵、离心机、分水器、压缩机、真空泵以及储罐等。

化工设备一般分为两类,一类是标准设备,如反应器、蒸馏釜、泵、换热器等;另一类是非标准设备,如精馏塔、储罐等。

根据给定的生产能力、生产时间、反应时间、温度、装料系数、投料比、转化率、收率等指标进行工艺计算,计算出所需要设备的体积。对于标准设备要选择型号,对于非标准设备,需要给出其规格尺寸,交由机械加工生产厂家进行设计和加工。

2.6.3.2 管路计算

根据设备之间的物料流量,估算物料在一定时间内通过管道时,所需要的管道直径。

2.7 精细化学品生产工艺设计案例

2.7.1 设计任务

年产1200t 2,2-二(3'-丙酸(1',2',2',6',6'-五甲基-4'-哌啶基)酯)丙二酸二(1,2,2,6,6-五甲基-4-哌啶基)酯生产装置工艺设计。

2.7.2 设计内容

（1）工艺流程设计：包括工艺流程设计、工艺计算、工艺管道及仪表流程图，完成管道及仪表流程图；

（2）设备选型及设备布置设计：包括主要工艺设备的选型计算及设备布置图，完成设备布置图；

（3）完成译文、开题报告；

（4）写出设计说明书和工艺计算书。

2.7.3 已知条件

（1）年产 2,2-二(3'-丙酸（1',2',2',6',6'-五甲基-4'-哌啶基)酯)丙二酸二(1,2,2,6,6-五甲基-4-哌啶基)酯1200t。

（2）年工作时间为7200h。

（3）成品规格（质量分数）：2,2-二(3'-丙酸（1',2',2',6',6'-五甲基-4'-哌啶基)酯)丙二酸二(1,2,2,6,6-五甲基-4-哌啶基)酯含量＞99.5%；2,2-二(3'-丙酸甲酯)丙二酸二甲酯含量＜0.25%；1,2,2,6,6-五甲基-4-哌啶醇含量＜0.25%。

（4）1,2,2,6,6-五甲基-4-哌啶醇纯度：99.5%（质量分数，其余为水）。

（5）2,2-二(3'-丙酸甲酯)丙二酸二甲酯纯度：99.5%（质量分数，其余为丙二酸二甲酯）。

（6）正辛烷纯度：99.0%（质量分数，其余为正己烷）。

（7）催化剂甲醇钠纯度：99.0%（质量分数，其余为氢氧化钠）。

（8）原料配比：n(2,2-二(3'-丙酸甲酯)丙二酸二甲酯)：n(1,2,2,6,6-五甲基-4-哌啶醇)：n(甲醇钠)＝1：4.4：0.024。

（9）反应前加入的正辛烷量是2,2-二(3'-丙酸甲酯)丙二酸二甲酯质量的0.75倍。

（10）反应结束后加入的正辛烷量为2,2-二(3'-丙酸甲酯)丙二酸二甲酯质量的1.25倍。

（11）反应结束后进行水洗过程的水量为2,2-二(3'-丙酸甲酯)丙二酸二甲酯质量的1.5倍，共洗4次。

（12）反应时间为20h，辅助时间为4h；热损失以进入设备热量的5%计算。

（13）2,2-二(3'-丙酸(1',2',2',6',6'-五甲基-4'-哌啶基)酯)丙二酸二(1,2,2,6,6-五甲基-4-哌啶基)酯产品收率为85.93%，水洗过程损失6.95%，活性炭过滤过程损失3.95%，用于处理回收溶剂的离心母液中损失3.14%。

（14）2,2-二(3'-丙酸甲酯)丙二酸二甲酯转化率为99.5%。

（15）2,2-二(3'-丙酸甲酯)丙二酸二甲酯分子量为304.29，2,2-二(3'-丙酸(1',2',2',6',6'-五甲基-4'-哌啶基)酯)丙二酸二(1,2,2,6,6-五甲基-4-哌啶基)酯分子量为861.29。

（16）反应温度为130℃，均采用0.8MPa（表压）的蒸汽加热，冷却水入口温度为25℃，出口温度为35℃，冷冻盐水入口温度为-10℃，出口温度为5℃（冷冻盐水为乙二醇溶液）。

（17）2,2-二(3'-丙酸(1',2',2',6',6'-五甲基-4'-哌啶基)酯)丙二酸二(1,2,2,6,6-五甲基-4-哌啶基)酯的沸点＞360℃。

（18）反应器的装料系数为0.65，水洗釜、脱色釜装料系数为0.75，结晶釜装料系数为0.7，蒸发器的装料系数为0.7，容器的装料系数为0.8。

（19）回收甲醇精馏塔按双组分计算：甲醇与正辛烷，塔底中甲醇的含量<1%，塔顶正辛烷含量<1%。

（20）反应原理：

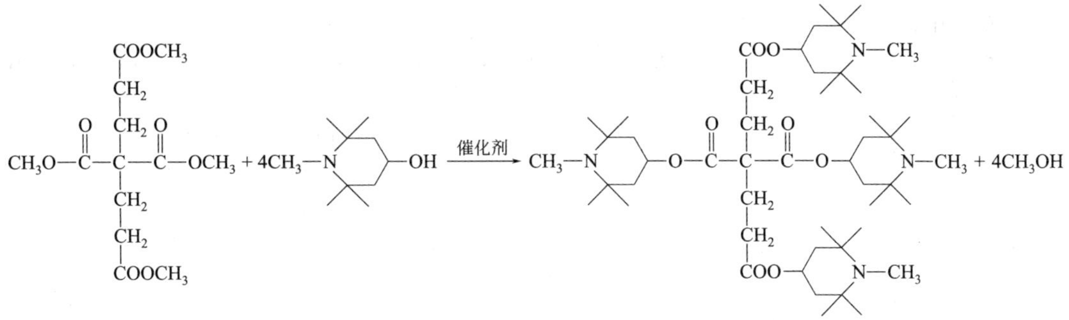

（21）操作步骤：

① 合成工序：在反应器中，先加入正辛烷、液态2,2-二（3'-丙酸甲酯）丙二酸二甲酯，升温至130℃开始回流分水。分水2h后降温至80℃，加入1,2,2,6,6-五甲基-4-哌啶醇、催化剂，搅拌下加热回流反应，正辛烷蒸发量为加入正辛烷量的30%，反应温度为130℃。反应器设置精馏塔，塔顶设置冷凝器，循环水冷却，塔顶出来的气体再通过另一个盐水冷冻的冷凝器，液体温度控制为20℃，在分层器中甲醇与正辛烷分层。上层的正辛烷循环回精馏塔的中部，下层的甲醇溶液中甲醇与正辛烷的体积比为7:3，放入另一个蒸馏釜内，反应14h后，降温至90℃，反应液送入水洗工序，采出的粗甲醇溶液送去甲醇回收工序，24h内完成。

② 水洗工序：先在水洗釜中加入正辛烷，再将合成工序送来的反应液加入水洗釜，加入水进行水洗，2h内升温至70℃后，搅拌60min，然后静止分层60min。分层后将水分掉，放水时间60min，重复4次。最终物料中含水量为物料总质量的0.02%，有机相送入脱色工序。

③ 脱色工序：将水洗工序送来的反应液放入脱色釜，加入2,2-二(3'-丙酸甲酯)丙二酸二甲酯质量的0.006倍的活性炭进行脱色、回流分水，正辛烷蒸发量为加入正辛烷量的35%，温度为130℃，脱色结束后降温至90℃后进行粗过滤和精过滤，滤液送入薄膜蒸发工序，12h完成。

④ 薄膜蒸发工序：将中间罐的混合物通过泵打入薄膜蒸发器的顶部，进行脱溶剂，正辛烷脱出量为正辛烷总量的99.9%。脱溶剂后的产品放入带有保温装置的成品罐中，再通过泵和精密过滤器装置进行产品灌装，脱出的溶剂正辛烷则返回正辛烷储罐中。

⑤ 甲醇回收工序：蒸馏釜上设置一个精馏塔，塔顶设置一个循环水冷却的冷凝器，回收副产物甲醇，包装；塔釜正辛烷降温后放入正辛烷中间罐中，再次用于水洗工序，8h内完成。

2.7.4 物料衡算

2.7.4.1 总物料衡算

日产量：1200×1000/300＝4000（kg/d）

每日生产批次：1批次；每批生产量：4000kg

化学反应：

原料 2,2-二(3'-丙酸甲酯)丙二酸二甲酯的转化率为 99.5%。

各组分分子量：

2,2-二(3'-丙酸甲酯)丙二酸二甲酯分子量为 304.29；

1,2,2,6,6-五甲基-4-哌啶醇分子量为 171.28；

甲醇钠分子量为 54.02；

2,2-二(3'-丙酸 (1',2',2',6',6'-五甲基-4'-哌啶基)酯)丙二酸二(1,2,2,6,6-五甲基-4-哌啶基)酯分子量为 861.29。

目标产品收率：2,2-二(3'-丙酸 (1',2',2',6',6'-五甲基-4'-哌啶基)酯)丙二酸二(1,2,2,6,6-五甲基-4-哌啶基)酯含量为 99.5%。

产品杂质质量最多的是：

2,2-二(3'-丙酸甲酯)丙二酸二甲酯：$4000kg \times 0.25\% = 10kg$

1,2,2,6,6-五甲基-4-哌啶醇：$4000kg \times 0.25\% = 10kg$

原料配比：n[2,2-二(3'-丙酸甲酯)丙二酸二甲酯]：n(1,2,2,6,6-五甲基-4-哌啶醇)：n(甲醇钠)=1：4.4：0.024。

原料 2,2-二(3'-丙酸甲酯)丙二酸二甲酯量：$\dfrac{4000 \times 99.5\% \times 304.29}{861.29 \times 85.93\% \times 99.5\%} = 1644.57(kg)$

原料 1,2,2,6,6-五甲基-4-哌啶醇量：$\dfrac{1644.57}{304.29} \times 171.28 \times 4.4 = 4073.10(kg)$

原料甲醇钠量：$\dfrac{1644.57}{304.29} \times 54.02 \times 0.024 = 7.01(kg)$

正辛烷量：2058.57kg

活性炭：$1644.57 \times 0.006 = 9.87(kg)$

每批需要的原料见表 2-18。

表 2-18　每批需要的原料

名称	2,2-二(3'-丙酸甲酯)丙二酸二甲酯	1,2,2,6,6-五甲基-4-哌啶醇	甲醇钠	正辛烷	活性炭
用量/kg	1644.57	4073.10	7.01	2058.57	9.87

2.7.4.2　合成反应釜的物料衡算

加入反应器的各原料量：

原料 2,2-二(3'-丙酸甲酯)丙二酸二甲酯：1644.57kg

其中 2,2-二(3'-丙酸甲酯)丙二酸二甲酯：$1644.57kg \times 99.5\% = 1636.35kg$

丙二酸二甲酯：1644.57kg×0.5％＝8.22kg

原料1,2,2,6,6-五甲基-4-哌啶醇：4073.59kg

其中1,2,2,6,6-五甲基-4-哌啶醇：4073.59kg×99.5％＝4053.22kg

水：4073.59kg×0.5％＝20.37kg

催化剂甲醇钠：7.01kg

其中甲醇钠：7.01kg×99％＝6.94kg

氢氧化钠：7.01kg×1％＝0.07kg

溶剂正辛烷：1644.77kg×0.75＝1233.58kg

其中正辛烷：1233.58kg×99％＝1221.24kg

正己烷：1233.58kg×1％＝12.34kg

反应器出口各组分的量：

产物2,2-二(3′-丙酸(1′,2′,2′,6′,6′-五甲基-4′-哌啶基)酯)丙二酸二(1,2,2,6,6-五甲基-4-哌啶基)酯：1636.55×99.5％÷304.29×861.29＝4609.08(kg)

产物甲醇：1636.55×99.5％÷304.29×32.03×4＝685.62(kg)

未反应的2,2-二（3′-丙酸甲酯）丙二酸二甲酯：1636.55kg×0.5％＝8.18kg

未反应的1,2,2,6,6-五甲基-4-哌啶醇：4053.22－1636.55×99.5％÷304.29×171.28×4＝386.89(kg)

催化剂甲醇钠：6.94kg

溶剂正辛烷：$1221.24-\dfrac{3\times685.62\times703.00}{7\times791.80}=960.36(kg)$

进入回收工序的正辛烷：$\dfrac{3\times685.62\times703.00}{7\times791.80}=260.88(kg)$

丙二酸二甲酯：8.22kg

水：20.37kg

氢氧化钠：0.07kg

正己烷：12.34kg

合成反应釜物料衡算表见表2-19。

表2-19　合成反应釜物料衡算表

名称		进料		名称		出料	
		/kg	/％(质量分数)			/kg	/％(质量分数)
2,2-二（3′-丙酸甲酯）丙二酸二甲酯（不纯）	2,2-二（3′-丙酸甲酯）丙二酸二甲酯	1636.55	23.52％	产物	2,2-二（3′-丙酸(1′,2′,2′,6′,6′-五甲基-4′-哌啶基)酯)丙二酸二(1,2,2,6,6-五甲基-4-哌啶基)酯	4609.08	66.23％
	丙二酸二甲酯	8.22	0.12％	进入回收工序	甲醇	685.62	9.85％
					正辛烷	260.88	3.75％

名称		进料		名称		出料	
		/kg	/%(质量分数)			/kg	/%(质量分数)
1,2,2,6,6-五甲基-4-哌啶醇(不纯)	1,2,2,6,6-五甲基-4-哌啶醇	4053.22	58.24%	催化剂	甲醇钠	6.94	0.10%
				溶剂	正辛烷	960.36	13.80%
				杂质	1,2,2,6,6-五甲基-4-哌啶醇	386.89	5.56%
	水	20.37	0.29%		2,2-二(3′-丙酸甲酯)丙二酸二甲酯	8.18	0.12%
催化剂	甲醇钠	6.94	0.10%		丙二酸二甲酯	8.22	0.12%
	氢氧化钠	0.07	0.00%		水	20.37	0.29%
溶剂	正辛烷	1221.24	17.55%		氢氧化钠	0.07	0.00%
	正己烷	12.34	0.18%		正己烷	12.34	0.18%
合计		6958.95	100%	合计		6958.95	100%

2.7.4.3 甲醇回收的物料衡算

甲醇密度：791.80kg/m³ 正辛烷密度：703.00kg/m³

加入反应器的各原料量：

甲醇：685.62kg

正辛烷：$\dfrac{3 \times 685.62 \times 703.00}{7 \times 791.80} = 260.88(\text{kg})$

反应器出口各组分的量：

回收的甲醇：$685.62 \times 99\% = 678.76(\text{kg})$

进入水洗工序的正辛烷：$260.88 \times 99\% = 258.27(\text{kg})$

残留在精馏塔的甲醇：$685.62 \times 1\% = 6.86(\text{kg})$

残留在精馏塔的正辛烷：$260.88 \times 1\% = 2.61(\text{kg})$

甲醇回收釜物料衡算表见表2-20。

表 2-20 甲醇回收釜物料衡算表

名称		进料		名称		出料	
		/kg	/%(质量分数)			/kg	/%(质量分数)
甲醇		685.62	72.44%	回收的甲醇		678.76	71.71%
正辛烷		260.88	27.56%	进入水洗工序的正辛烷		258.27	27.29%
				残留在精馏塔的物料	甲醇	6.86	0.72%
					正辛烷	2.61	0.28%
合计		946.50	100%	合计		946.50	100%

2.7.4.4 水洗釜的物料衡算

加入水洗釜的各原料量：

2,2-二(3′-丙酸(1′,2′,2′,6′,6′-五甲基-4′-哌啶基)酯)丙二酸二(1,2,2,6,6-五甲基-4-哌啶基)酯：4609.08kg

1,2,2,6,6-五甲基-4-哌啶醇：386.89kg

2,2-二(3'-丙酸甲酯)丙二酸二甲酯：8.18kg

催化剂甲醇钠：6.94kg

溶剂正辛烷：1644.77×1.25＝2055.96（kg）

其中来自甲醇回收工序的正辛烷：258.27kg

来自合成工序的正辛烷：960.36kg

新加的正辛烷：（2055.96－258.27－960.36－12.34）×99％＝816.74（kg）

丙二酸二甲酯：8.22kg

水：1644.77×1.5＝2467.16（kg）

氢氧化钠：0.07kg

正己烷：12.34＋（2055.96－258.57－959.05－12.34）×1％＝20.60（kg）

水洗釜出口各组分的量：

2,2-二(3'-丙酸(1',2',2',6',6'-五甲基-4'-哌啶基)酯)丙二酸二(1,2,2,6,6-五甲基-4-哌啶基)酯：4609.08－4609.08×6.95％＝4288.75（kg）

溶剂正辛烷：2055.96kg

水：（4310.29＋2055.96＋8.22＋12.34）×0.02％＝1.28（kg）

丙二酸二甲酯：8.22kg

正己烷：20.59kg

1,2,2,6,6-五甲基-4-哌啶醇：10kg

2,2-二(3'-丙酸甲酯)丙二酸二甲酯：8.18kg

排出物：

水：2467.16－1.28－6.94÷54.02×18＝2463.57（kg）

氢氧化钠：0.07＋6.94÷54.02×40＝5.21（kg）

1,2,2,6,6-五甲基-4-哌啶醇：386.89－10＝376.89（kg）

损失的 2,2-二(3'-丙酸(1',2',2',6',6'-五甲基-4'-哌啶基)酯)丙二酸二(1,2,2,6,6-五甲基-4-哌啶基)酯：4609.08×6.95％＝320.33（kg）

甲醇：6.94/54.02×32.03＝4.11（kg）

水洗釜物料衡算表见表2-21。

表 2-21　水洗釜物料衡算表

名称	进料		名称		出料	
	/kg	/%（质量分数）			/kg	/%（质量分数）
2,2-二(3'-丙酸(1',2',2',6',6'-五甲基-4'-哌啶基)酯)丙二酸二(1,2,2,6,6-五甲基-4-哌啶基)酯	4609.08	48.20%	有机相	2,2-二(3'-丙酸(1',2',2',6',6'-五甲基-4'-哌啶基)酯)丙二酸二(1,2,2,6,6-五甲基-4-哌啶基)酯	4288.75	44.85%
				1,2,2,6,6-五甲基-4-哌啶醇	10	0.10%
1,2,2,6,6-五甲基-4-哌啶醇	386.89	4.05%		正辛烷	2055.96	21.50%
2,2-二(3'-丙酸甲酯)丙二酸二甲酯	8.18	0.09%		2,2-二(3'-丙酸甲酯)丙二酸二甲酯	8.18	0.09%
甲醇钠	6.94	0.07%		水	1.28	0.01%
正辛烷	2055.96	21.50%		丙二酸二甲酯	8.22	0.09%
丙二酸二甲酯	8.22	0.09%		正己烷	20.60	0.22%

名称	进料		名称		出料	
	/kg	/%(质量分数)			/kg	/%(质量分数)
水	2467.16	25.80%		水	2463.57	25.76%
氢氧化钠	0.07	0.00%		氢氧化钠	5.21	0.05%
				1,2,2,6,6-五甲基-4-哌啶醇	376.89	3.94%
正己烷	20.60	0.22%	排出物	损失的2,2-二(3'-丙酸(1',2',2',6',6'-五甲基-4'-哌啶基)酯)丙二酸二(1,2,2,6,6-五甲基-4-哌啶基)酯	320.33	3.35%
				甲醇	4.11	0.04%
合计	9563.10	100%		合计	9563.10	100%

2.7.4.5 脱色釜的物料衡算

加入脱色釜的各原料量：

2,2-二(3'-丙酸(1',2',2',6',6'-五甲基-4'-哌啶基)酯)丙二酸二(1,2,2,6,6-五甲基-4-哌啶基)酯：4288.75kg

溶剂正辛烷：2055.96kg

水：1.28kg

丙二酸二甲酯：8.22kg

1,2,2,6,6-五甲基-4-哌啶醇：10kg

2,2-二(3'-丙酸甲酯)丙二酸二甲酯：8.18kg

正己烷：20.60kg

活性炭：1644.77×0.006＝9.87(kg)

脱色釜出口各组分的量：

2,2-二(3'-丙酸(1',2',2',6',6'-五甲基-4'-哌啶基)酯)丙二酸二(1,2,2,6,6-五甲基-4-哌啶基)酯：4288.75kg

溶剂正辛烷：2055.96kg

丙二酸二甲酯：8.22kg

1,2,2,6,6-五甲基-4-哌啶醇：10kg

2,2-二(3'-丙酸甲酯)丙二酸二甲酯：8.18kg

正己烷：20.60kg

活性炭：9.87kg

排出物：

水：1.28kg

脱色釜物料衡算表见表2-22。

表 2-22　脱色釜物料衡算表

名称	进料		名称		出料	
	/kg	/%（质量分数）			/kg	/%（质量分数）
2,2-二(3′-丙酸(1′,2′,2′,6′,6′-五甲基-4′-哌啶基)酯)丙二酸二(1,2,2,6,6-五甲基-4-哌啶基)酯	4288.75	66.98%		2,2-二(3′-丙酸(1′,2′,2′,6′,6′-五甲基-4′-哌啶基)酯)丙二酸二(1,2,2,6,6-五甲基-4-哌啶基)酯	4288.75	66.98%
正辛烷	2055.96	32.11%		正辛烷	2055.96	32.11%
水	1.28	0.02%	混合物	丙二酸二甲酯	8.22	0.13%
丙二酸二甲酯	8.22	0.13%		正己烷	20.60	0.32%
1,2,2,6,6-五甲基-4-哌啶醇	10	0.16%		1,2,2,6,6-五甲基-4-哌啶醇	10	0.16%
2,2-二(3′-丙酸甲酯)丙二酸二甲酯	8.18	0.13%		2,2-二(3′-丙酸甲酯)丙二酸二甲酯	8.18	0.13%
正己烷	20.60	0.32%		活性炭	9.87	0.15%
活性炭	9.87	0.15%	排出物	水	1.28	0.02%
合计	6402.86	100%		合计	6402.86	100%

2.7.4.6　过滤器的物料衡算

加入过滤器的各原料量：

2,2-二(3′-丙酸(1′,2′,2′,6′,6′-五甲基-4′-哌啶基)酯)丙二酸二(1,2,2,6,6-五甲基-4-哌啶基)酯：4288.75kg

溶剂正辛烷：2055.96kg

丙二酸二甲酯：8.22kg

1,2,2,6,6-五甲基-4-哌啶醇：10kg

2,2-二(3′-丙酸甲酯)丙二酸二甲酯：8.18kg

正己烷：20.60kg

活性炭：9.87kg

过滤器出口各组分的量：

2,2-二(3′-丙酸(1′,2′,2′,6′,6′-五甲基-4′-哌啶基)酯)丙二酸二(1,2,2,6,6-五甲基-4-哌啶基)酯：4228.75−4228.75×3.95%＝4061.71(kg)

溶剂正辛烷：2055.96kg

丙二酸二甲酯：8.22kg

1,2,2,6,6-五甲基-4-哌啶醇：10kg

2,2-二(3′-丙酸甲酯)丙二酸二甲酯：8.18kg

正己烷：20.60kg

排出物：

活性炭：9.87kg

损失的 2,2-二(3′-丙酸(1′,2′,2′,6′,6′-五甲基-4′-哌啶基)酯)丙二酸二(1,2,2,6,6-五甲基-4-哌啶基)酯：4228.75×3.95%＝167.04(kg)

过滤器物料衡算表见表 2-23。

表 2-23　过滤器物料衡算表

名称	进料		名称	出料	
	/kg	/%（质量分数）		/kg	/%（质量分数）
2,2-二(3'-丙酸(1',2',2',6',6'-五甲基-4'-哌啶基)酯)丙二酸二(1,2,2,6,6-五甲基-4-哌啶基)酯	4228.75	66.68%	2,2-二(3'-丙酸(1',2',2',6',6'-五甲基-4'-哌啶基)酯)丙二酸二(1,2,2,6,6-五甲基-4-哌啶基)酯	4061.71	64.05%
正辛烷	2055.96	32.42%	混合物 正辛烷	2055.96	32.42%
丙二酸二甲酯	8.22	0.13%	丙二酸二甲酯	8.22	0.13%
1,2,2,6,6-五甲基-4-哌啶醇	10	0.16%	1,2,2,6,6-五甲基-4-哌啶醇	10	0.16%
2,2-二(3'-丙酸甲酯)丙二酸二甲酯	8.18	0.13%	2,2-二(3'-丙酸甲酯)丙二酸二甲酯	8.18	0.13%
正己烷	20.60	0.32%	正己烷	20.60	0.32%
			活性炭	9.87	0.16%
活性炭	9.87	0.16%	排出物 损失的2,2-二(3'-丙酸(1',2',2',6',6'-五甲基-4'-哌啶基)酯)丙二酸二(1,2,2,6,6-五甲基-4-哌啶基)酯	167.04	2.63%
合计	6341.58	100%	合计	6341.58	100%

2.7.4.7　薄膜蒸发器的物料衡算

加入薄膜蒸发器的各原料量：

2,2-二(3'-丙酸(1',2',2',6',6'-五甲基-4'-哌啶基)酯)丙二酸二 (1,2,2,6,6-五甲基-4-哌啶基)酯：4061.71kg

溶剂正辛烷：2055.96kg

丙二酸二甲酯：8.22kg

1,2,2,6,6-五甲基-4-哌啶醇：10kg

2,2-二(3'-丙酸甲酯)丙二酸二甲酯：8.18kg

正己烷：20.60kg

薄膜蒸发器出口各组分的量：

2,2-二(3'-丙酸(1',2',2',6',6'-五甲基-4'-哌啶基)酯)丙二酸二(1,2,2,6,6-五甲基-4-哌啶基)酯：4061.71−4061.71×3.14%＝3934.17(kg)

正辛烷：2055.96×0.1＝2.06(kg)

1,2,2,6,6-五甲基-4-哌啶醇：10kg

2,2-二(3'-丙酸甲酯)丙二酸二甲酯：8.18kg

挥发部分：

损失的2,2-二(3'-丙酸(1',2',2',6',6'-五甲基-4'-哌啶基)酯)丙二酸二(1,2,2,6,6-五甲基-4-哌啶基)酯：4061.71×3.14%＝127.54(kg)

正辛烷：2055.96×99.9%＝2053.90(kg)

丙二酸二甲酯：8.22kg

正己烷：20.60kg

薄膜蒸发器物料衡算表见表2-24。

表 2-24　薄膜蒸发器物料衡算表

名称	进料		名称		出料	
	/kg	/%(质量分数)			/kg	/%(质量分数)
2,2-二(3'-丙酸(1',2',2',6',6'-五甲基-4'-哌啶基)酯)丙二酸二(1,2,2,6,6-五甲基-4-哌啶基)酯	4061.71	65.89%	产物	2,2-二(3'-丙酸(1',2',2',6',6'-五甲基-4'-哌啶基)酯)丙二酸二(1,2,2,6,6-五甲基-4-哌啶基)酯	3934.17	63.82%
正辛烷	2055.96	33.35%		正辛烷	2.06	0.03%
1,2,2,6,6-五甲基-4-哌啶醇	10	0.16%		1,2,2,6,6-五甲基-4-哌啶醇	10	0.16%
2,2-二(3'-丙酸甲酯)丙二酸二甲酯	8.18	0.13%		2,2-二(3'-丙酸甲酯)丙二酸二甲酯	8.18	0.13%
丙二酸二甲酯	8.22	0.13%		丙二酸二甲酯	8.22	0.13%
				正己烷	20.60	0.33%
				正辛烷	2053.90	33.32%
正己烷	20.60	0.33%	排出物	损失的2,2-二(3'-丙酸(1',2',2',6',6'-五甲基-4'-哌啶基)酯)丙二酸二(1,2,2,6,6-五甲基-4-哌啶基)酯	127.54	2.07%
合计	6164.67	100%	合计		6164.67	100%

2.7.5　热量衡算

本设计中热量衡算所需的物性数据见表2-25。

表 2-25　物性数据表

物料	生成焓	比热容
	/(kJ/mol)	/[kJ/(kg·K)]
2,2-二(3'-丙酸甲酯)丙二酸二甲酯	−1589.52	1.58
1,2,2,6,6-五甲基-4-哌啶醇	−284.15	0.75
2,2-二(3'-丙酸(1',2',2',6',6'-五甲基-4'-哌啶基)酯)丙二酸二(1,2,2,6,6-五甲基-4-哌啶基)酯	−1008.30	1.00
甲醇(g)	−201.50	2.51
甲醇(l)	−239.10	
正辛烷(g)	−208.50	2.23
正辛烷(l)	−250.04	

物料	生成焓 /(kJ/mol)	比热容 /[kJ/(kg·K)]
水(l)	-285.80	4.187
水(g)	-241.80	
甲醇钠	-239.10	1.69
氢氧化钠	-425.61	3.65
正己烷	-198.96	2.28
丙二酸二甲酯	-781.09	1.82
乙二醇(冷冻盐水)	-452.30	2.35

注：水蒸气的压力为0.8MPa，汽化潜热为2047.70kJ/kg。

2.7.5.1 合成反应的热量衡算

（1）加入过程

初始温度：25℃

反应温度：130℃

$Q_1 = \sum cm\Delta t = (1636.55 \times 1.58 + 8.22 \times 1.82 + 1221.24 \times 2.23 + 12.34 \times 2.28) \times (130-25)$
$= 561982.03(kJ)$

$\Delta H_1 = -208.50 - (-250.04) = 41.54(kJ/mol)$

总热量：

$Q = Q_1 + n_1\Delta H_1 = 561982.03 + 1221.24 \times 1000 \times 30\% / 114.23 \times 41.54 = 695214.04(kJ)$

水蒸气用量：

$m = Q/(2047.70 \times 95\%) = 695214.04/(2047.70 \times 95\%) = 357.38(kg)$

（2）冷却过程

降温至80℃：

$Q_2 = \sum cm\Delta t = (1636.55 \times 1.58 + 8.22 \times 1.82 + 1221.24 \times 2.23 + 12.34 \times 2.28) \times (130-80)$
$= 267610.49(kJ)$

循环水用量：$m = Q_2/[95\% \times (c\Delta t)] = 267610.29/[95\% \times (4.187 \times (35-25))] = 6727.85(kg)$

（3）反应过程

反应温度为130℃：

$Q_3 = \sum cm\Delta t = (1636.55 \times 1.58 + 8.22 \times 1.82 + 1221.24 \times 2.23 + 12.34 \times 2.28) \times (130-80)$
$= 267610.49(kJ)$

$Q_4 = \sum cm\Delta t = (4053.22 \times 0.75 + 20.37 \times 4.187 + 6.94 \times 1.69 + 0.07 \times 3.65) \times (130-80)$
$= 329404.77(kJ)$

$\Delta H_2 = -1008.30 - 239.10 \times 4 - (-1589.52 - 284.15 \times 4) = 761.42(kJ/mol)$

$\Delta H_3 = -201.50 - (-239.10) = 37.60(kJ/mol)$

$\Delta H_4 = -241.80 - (-285.80) = 44(kJ/mol)$

$Q = Q_3 + Q_4 + n_1\Delta H_1 + n_2\Delta H_2 + n_3\Delta H_3 + n_4\Delta H_4$
$= 267610.49 + 329404.77 + 1221.24 \times 1000 \times 30\% / 114.23 \times 41.54 + 1636.55 \times 95\% \times 1000/$
$304.29 \times 761.42 + 685.62 \times 1000/32.03 \times 37.60 + 20.37 \times 1000/18 \times 44 = 5475246.81(kJ)$

水蒸气用量：$m = Q/(2047.70 \times 95\%) = 5475246.81/(2047.70 \times 95\%) = 2814.58(\mathrm{kg})$

（4）降温过程

$Q_5 = \sum cm\Delta t = (8.18 \times 1.58 + 8.22 \times 1.82 + 386.89 \times 0.75 + 20.37 \times 4.187 + 6.94 \times 1.69$

$\quad + 0.07 \times 3.65 + 960.36 \times 2.23 + 12.34 \times 2.28 + 4609.08 \times 1.00) \times (130 - 90)$

$\quad = 287765.74(\mathrm{kJ})$

循环水用量：$m = Q_5/[95\% \times (c\Delta t)] = 287765.74/[95\% \times (4.187 \times (35 - 25))] = 7234.57(\mathrm{kg})$

（5）回流分水过程

$Q_6 = n_1 \Delta H_1 = 1221.24 \times 1000 \times 30\%/114.23 \times 41.54 = 133232.01(\mathrm{kJ})$

循环水用量：$m = Q_6/[95\% \times (c\Delta t)] = 133232.01/[95\% \times (4.187 \times (35 - 25))] = 3349.52(\mathrm{kg})$

（6）精馏过程

$Q_7 = \sum cm\Delta t = (685.62 \times 2.51 + 1221.24 \times 30\% \times 2.23) \times (130 - 70) = 152494.77(\mathrm{kJ})$

循环水用量：$m = Q_7/95\%/(c\Delta t) = 152494.77/95\%/(4.187 \times (35 - 25)) = 3833.79(\mathrm{kg})$

$Q_8 = \sum cm\Delta t = (685.62 \times 2.51 + 1221.24 \times 30\% \times 2.23) \times (70 - 25) = 114206.21(\mathrm{kJ})$

$Q = Q_8 + n_1 \Delta H_1 + n_3 \Delta H_3 = 114206.21 + 1221.24 \times 30\% \times 1000/114.23 \times 41.54 + 685.62$

$\quad \times 1000/32.03 \times 37.60 = 1052287.18(\mathrm{kJ})$

冷却液用量：$m = Q/[95\% \times (c\Delta t)] = 1052287.18/[95\% \times (4.187 \times (10 - (-5)))] = 17636.66(\mathrm{kg})$

2.7.5.2　甲醇回收的热量衡算

（1）加入过程

初始温度：25℃

反应温度：100℃

$Q_9 = \sum cm\Delta t = (260.88 \times 2.23 + 685.62 \times 2.51) \times (100 - 25) = 172700.14(\mathrm{kJ})$

$Q = Q_9 + n_3 \Delta H_3 = 172700.14 + 685.62 \times 1000/32.03 \times 37.60 = 977549.09(\mathrm{kJ})$

水蒸气用量：$m = Q/(2047.70 \times 95\%) = 977549.09/(2047.70 \times 95\%) = 502.51(\mathrm{kg})$

（2）降温过程

降温至 25℃：

$Q_{10} = \sum cm\Delta t = (258.27 \times 2.23) \times (100 - 25) = 43195.66(\mathrm{kJ})$

循环水用量：$m = Q_{10}/[95\% \times (c\Delta t)] = 43195.66/[95\% \times (4.187 \times (35 - 25))] = 1085.96(\mathrm{kg})$

（3）精馏过程

$Q_{11} = \sum cm\Delta t = (678.76 \times 2.51) \times (100 - 35) = 110739.69(\mathrm{kJ})$

$Q = Q_{11} + n_3 \Delta H_3 = 110739.69 + 678.76 \times 1000/32.03 \times 37.60 = 907535.69(\mathrm{kJ})$

循环水用量：$m = Q_{11}/[95\% \times (c\Delta t)] = 907535.69/[95\% \times (4.187 \times (35 - 25))] = 22815.88(\mathrm{kg})$

2.7.5.3　水洗釜的热量衡算

初始温度：25℃

反应温度：70℃

$$Q_{12} = \sum cm\Delta t = (8.18 \times 1.58 + 8.22 \times 1.82 + 386.89 \times 0.75 + 2467.16 \times 4.187 + 6.94 \times 1.69 + 0.07$$
$$\times 3.65 + 2055.96 \times 2.23 + 20.60 \times 2.28 + 4609.08 \times 1.00) \times (70 - 25) = 895539.34 \text{(kJ)}$$

水蒸气用量：$m = Q_{12}/(2047.70 \times 95\%) = 895539.34/(2047.70 \times 95\%) = 460.36 \text{(kg)}$

2.7.5.4 脱色釜的热量衡算

（1）加入过程

初始温度：70℃

反应温度：130℃

$$Q_{13} = \sum cm\Delta t = (8.18 \times 1.58 + 8.22 \times 1.82 + 10 \times 0.75 + 1.28 \times 4.187 + 2055.96 \times 2.23$$
$$+ 20.60 \times 2.28 + 4288.75 \times 1.00) \times (130 - 70) = 537675.18 \text{(kJ)}$$

$$Q = Q_{13} + n_1\Delta H_1 + n_4\Delta H_4 = 537675.18 + 2055.96 \times 35\% \times 1000/114.23 \times 41.54 + 1.28$$
$$\times 1000/18 \times 44 = 802483.16 \text{(kJ)}$$

水蒸气用量：$m = Q/(2047.70 \times 95\%) = 802483.16/(2047.70 \times 95\%) = 412.52 \text{(kg)}$

（2）降温过程

降温至90℃：

$$Q_{14} = \sum cm\Delta t = (8.18 \times 1.58 + 8.22 \times 1.82 + 10 \times 0.75 + 2055.96 \times 2.23 + 20.60 \times 2.28$$
$$+ 4288.75 \times 1.00) \times (130 - 90) = 358235.74 \text{(kJ)}$$

$$Q = Q_{14} + n_1\Delta H_1 = 358235.74 + 2055.96 \times 35\% \times 1000/114.23 \times 41.54 = 619914.83 \text{(kJ)}$$

循环水用量：$m = Q/[95\% \times (c\Delta t)] = 619914.83/[95\% \times (4.187 \times (35 - 25))] = 15584.95 \text{(kg)}$

（3）回流分水过程

$$Q = n_1\Delta H_1 = 2055.96 \times 1000 \times 35\%/114.23 \times 41.54 = 261679.09 \text{(kJ)}$$

循环水用量：$m = Q_6/[95\% \times (c\Delta t)] = 261679.09/[95\% \times (4.187 \times (35 - 25))] = 6578.74 \text{(kg)}$

2.7.5.5 薄膜蒸发器的热量衡算

（1）加入过程

正丁烷的沸点：126℃

$$Q_{15} = \sum cm\Delta t = (8.18 \times 1.58 + 8.22 \times 1.82 + 10 \times 0.75 + 2055.96 \times 2.23 + 20.60 \times 2.28$$
$$+ 4061.71 \times 1.00) \times (126 - 90) = 314238.73 \text{(kJ)}$$

$$Q = Q_{15} + n_1\Delta H_1 = 314238.73 + 2055.96 \times 1000/114.23 \times 41.54 = 1061893.27 \text{(kJ)}$$

水蒸气用量：$m = Q/(2047.70 \times 95\%) = 1061893.27/(2047.70 \times 95\%) = 545.87 \text{(kg)}$

（2）溶剂降温过程

溶剂降温至30℃：

$$Q_{16} = \sum cm\Delta t = (2053.90 \times 2.23 + 20.60 \times 2.28) \times (126 - 30) = 444207.84 \text{(kJ)}$$

$$Q = Q_{16} + n_1\Delta H_1 = 444207.84 + 2053.90 \times 1000/114.23 \times 41.54 = 1191113.26 \text{(kJ)}$$

循环水用量：$m = Q/[95\% \times (c\Delta t)] = 1191113.26/[95\% \times (4.187 \times (35 - 25))] = 29945.15 \text{(kg)}$

2.7.6 设备选型及计算

本案例中设备选型及计算所涉及的物性数据表如表 2-26 所示。

表 2-26　设备选型及计算物性数据表

物　质	密度/(kg/m³)
2,2-二(3'-丙酸甲酯)丙二酸二甲酯	1.00×10^3
1,2,2,6,6-五甲基-4-哌啶醇	0.97×10^3
2,2-二(3'-丙酸(1',2',2',6',6'-五甲基-4'-哌啶基)酯) 丙二酸二(1,2,2,6,6-五甲基-4-哌啶基)酯	1.00×10^3
甲醇	0.79×10^3
正辛烷	0.70×10^3
水	1.00×10^3
甲醇钠	1.30×10^3
氢氧化钠	2.13×10^3
正己烷	0.66×10^3
丙二酸二甲酯	1.16×10^3

2.7.6.1　合成工序

(1) 合成反应釜

2,2-二(3'-丙酸甲酯)丙二酸二甲酯：$1633.55/1000=1.63(m^3)$

1,2,2,6,6-五甲基-4-哌啶醇：$4053.22/(0.97\times10^3)=4.18(m^3)$

正辛烷：$1221.24/(0.70\times10^3)=1.74(m^3)$

水：$20.37/1000=0.02(m^3)$

丙二酸二甲酯：$8.22/(1.16\times10^3)=0.01(m^3)$

正己烷：$12.34/(0.66\times10^3)=0.02(m^3)$

总体积：$V=1.63+4.18+1.74+0.02+0.01+0.02=7.60(m^3)$

反应釜的装料系数为 0.65，所以反应釜容积为 7.60/0.65＝11.69m³

反应器的容积取 3m³，则需要反应器的个数为 4，设备材料为不锈钢。

(2) 正辛烷高位罐

体积：$V=1.74m^3$

装料系数：0.8

高位槽的容积：$V=1.74/0.8=2.17(m^3)$

高位槽选择尺寸：$\Phi1200mm\times1800mm$；设备材料：不锈钢

高位槽实际容积：2.54m³

(3) 2,2-二(3'-丙酸甲酯)丙二酸二甲酯高位罐

体积：$V=1.63m^3$

装料系数：0.8

高位槽的容积：$V_1=1.63/0.8=2.04(m^3)$

高位槽选择尺寸：$\Phi1200mm\times1800mm$；设备材料：不锈钢

高位槽实际容积：2.54m³

(4) 正辛烷原料罐

原料罐储存七天原料量，装料系数：0.8

原料罐容积：$1.74\times7/0.8=15.22(m^3)$

原料罐选择尺寸：$\Phi2400\mathrm{mm}\times2800\mathrm{mm}$；设备材料：不锈钢

原料罐实际容积：$16.64\mathrm{m}^3$

（5）2,2-二(3'-丙酸甲酯)丙二酸二甲酯原料罐

原料罐储存七天原料量，装料系数：0.8

原料罐容积：$1.63\times7/0.8=14.26(\mathrm{m}^3)$

原料罐选择尺寸：$\Phi2300\mathrm{mm}\times2800\mathrm{mm}$；设备材料：不锈钢

原料罐实际容积：$15.15\mathrm{m}^3$

（6）精馏塔

$V=nRT/p$

$\quad=(685.62\times1000/32.03+1221.24\times1000\times30\%/114.23)\times8.314\times403.15/101325$

$\quad=814.18(\mathrm{m}^3)$

流速取 $u=0.1\mathrm{m/s}$

$A=V/(t\times u)$

$\quad=814.18/(14\times3600\times0.1)$

$\quad=0.16\mathrm{m}^2$

$D=0.454\mathrm{m}$，整合后 $D=0.5\mathrm{m}$。

精馏塔尺寸可以选择 $\Phi500\mathrm{mm}\times3000\mathrm{mm}$；设备材料：不锈钢

（7）冷凝器（冷却水）

逆流式冷流体温度　$t/℃$：　　　25　→　35

逆流式热流体温度　$t/℃$：　　130　←　130

$\qquad\qquad\qquad\Delta t/℃=$　　105　　95

$\Delta t_\mathrm{m}=(\Delta t_2-\Delta t_1)/\ln(\Delta t_2/\Delta t_1)$

$\quad=10/\ln1.11$

$\quad=95.82℃$

传热系数：取 $K=450\mathrm{W/(m^2\cdot℃)}$

总传热面积：

$A=Q/t/K/\Delta t_\mathrm{m}$

$\quad=133232.01\times1000/(14\times3600)/450/95.82$

$\quad=0.06(\mathrm{m}^2)$

循环水冷凝器选型相关参数如表 2-27 所示。

表 2-27　循环水冷凝器参数表

壳径/mm	159	管子尺寸/(mm×mm)	$\Phi19\times2.5$
公称压强/MPa	1.6	管长/m	1.5
公称面积/m²	1.3	管子总数	15
管程数	1	管子排列方法	正三角形

（8）冷凝器（冷冻盐水）

逆流式冷流体温度　$t/℃$：　　　−10　→　5

逆流式热流体温度　$t/℃$：　　　25　←　70

$\qquad\qquad\qquad\Delta t/℃=$　　35　　65

$$\Delta t_m = (\Delta t_2 - \Delta t_1)/\ln(\Delta t_2/\Delta t_1)$$
$$= 30/\ln 1.86$$
$$= 48.34 ℃$$

传热系数：取 $K = 220 W/(m^2 \cdot ℃)$。

总传热面积：

$$A = Q/t/K/\Delta t_m$$
$$= 1052287.18 \times 1000/(14 \times 3600)/220/48.34$$
$$= 1.96 (m^2)$$

冷冻盐水冷凝器选型相关参数如表2-28所示。

表2-28　冷冻盐水冷凝器参数表

壳径/mm	159	管子尺寸/(mm×mm)	$\Phi 19 \times 2.5$
公称压强/MPa	1.6	管长/m	1.5
公称面积/m²	2.8	管子总数	33
管程数	1	管子排列方法	正三角形

2.7.6.2　水洗工序

（1）水洗釜

2,2-二(3′-丙酸甲酯)丙二酸二甲酯：$8.18/1000 = 0.01 (m^3)$

1,2,2,6,6-五甲基-4-哌啶醇：$386.89/(0.97 \times 10^3) = 0.40 (m^3)$

正辛烷：$2055.96/(0.70 \times 10^3) = 2.94 (m^3)$

水：$2467.16/1000 = 2.47 (m^3)$

丙二酸二甲酯：$8.22/(1.16 \times 10^3) = 0.01 (m^3)$

正己烷：$20.60/(0.66 \times 10^3) = 0.03 (m^3)$

2,2-二(3′-丙酸(1′,2′,2′,6′,6′-五甲基-4′-哌啶基)酯)丙二酸二(1,2,2,6,6-五甲基-4-哌啶基)酯：$4609.08/1000 = 4.61 (m^3)$

总体积：$V = 0.01 + 0.40 + 2.94 + 2.47 + 0.01 + 0.03 + 4.61 = 10.47 (m^3)$

水洗釜的装料系数为0.65，所以反应釜容积为$10.47/0.65 = 16.11 (m^3)$

水洗釜的容积取$5m^3$，则需要反应器的个数为4，设备材料为不锈钢。

（2）正辛烷高位罐

体积：$V = 2.94 m^3$

装料系数：0.8

高位槽的容积：$V_1 = 2.94/0.8 = 3.67 (m^3)$

高位槽选择尺寸：$\Phi 1400mm \times 2200mm$；设备材料：不锈钢

高位槽实际容积：$4.18 m^3$

2.7.6.3　脱色工序

（1）脱色釜

2,2-二(3′-丙酸甲酯)丙二酸二甲酯：$8.18/1000 = 0.01 (m^3)$

1,2,2,6,6-五甲基-4-哌啶醇：$10/(0.97 \times 10^3) = 0.01 (m^3)$

正辛烷：$2055.96/(0.70 \times 10^3) = 2.94 (m^3)$

丙二酸二甲酯：$8.22/(1.16 \times 10^3) = 0.01 (m^3)$

正己烷：$20.60/(0.66 \times 10^3) = 0.03(\mathrm{m}^3)$

2,2-二(3'-丙酸(1',2',2',6',6'-五甲基-4'-哌啶基)酯)丙二酸二(1,2,2,6,6-五甲基-4-哌啶基)酯：$4288.75/1000 = 4.29(\mathrm{m}^3)$

总体积：$V = 0.01 + 0.01 + 2.94 + 0.01 + 0.03 + 4.29 = 7.29(\mathrm{m}^3)$

脱色釜的装料系数为 0.65，所以反应釜容积为 $7.29/0.65 = 11.22(\mathrm{m}^3)$

脱色釜的容积取 $3\mathrm{m}^3$，则需要反应器的个数为 4，设备材料为：不锈钢

（2）上一工序溶液的高位罐

体积：$V = 7.29\mathrm{m}^3$

装料系数：0.8

高位槽的容积：$V_1 = 7.29/0.8 = 9.11(\mathrm{m}^3)$

高位槽选择尺寸：$\Phi2000\mathrm{mm} \times 2400\mathrm{mm}$；设备材料：不锈钢

高位槽实际容积：$9.79\mathrm{m}^3$

（3）粗过滤器

粗过滤器选型相关参数如表 2-29 所示。

表 2-29　粗过滤器参数表

材质	孔目数（目）	可拦截的粒径/μm	有效面积	丝径/mm
不锈钢	50	356	50	0.152

（4）精过滤器

处理量：$7.29/12/60 = 0.01(\mathrm{m}^3/\mathrm{min})$

精密过滤器选型相关参数如表 2-30 所示。

表 2-30　精密过滤器参数表

型号	公称流量 /(m³/min)	接口尺寸/in	滤芯型号	滤芯数量	外形尺寸/mm		
					A	B	C
ND-013	1.3	G1/2	E-013	1	104	217	243

注：$1\mathrm{in} = 2.54\mathrm{cm}$。

（5）循环水冷凝器

逆流式冷流体温度　　$t/℃$：　　　25　　→　　35

逆流式热流体温度　　$t/℃$：　　　130　←　　130

　　　　　　　　　　$\Delta t/℃ = $　　105　　　95

$$\Delta t_m = (\Delta t_2 - \Delta t_1)/\ln(\Delta t_2/\Delta t_1)$$
$$= 10/\ln1.11$$
$$= 95.82℃$$

传热系数取 $K = 450(\mathrm{W/m}^2 \cdot ℃)$

总传热面积：

$$A = Q/t/K/\Delta t_m$$
$$= 261679.09 \times 1000/(12 \times 3600)/450/95.82$$
$$= 0.14(\mathrm{m}^2)$$

循环水冷凝器选型相关参数如表 2-31 所示。

表 2-31　循环水冷凝器参数表

壳径/mm	159	管子尺寸/(mm×mm)	$\Phi 19 \times 2.5$
公称压强/MPa	1.6	管长/m	1.5
公称面积/m^2	1.3	管子总数	15
管程数	1	管子排列方法	正三角形

2.7.6.4　薄膜蒸发工序

（1）脱溶中间罐

2,2-二(3′-丙酸甲酯)丙二酸二甲酯：$8.18/1000=0.01(\text{m}^3)$

1,2,2,6,6-五甲基-4-哌啶醇：$10/(0.97 \times 10^3)=0.01(\text{m}^3)$

正辛烷：$2055.96/(0.70 \times 10^3)=2.94(\text{m}^3)$

丙二酸二甲酯：$8.22/(1.16 \times 10^3)=0.01(\text{m}^3)$

正己烷：$20.60/(0.66 \times 10^3)=0.03(\text{m}^3)$

2,2-二(3′-丙酸(1′,2′,2′,6′,6′-五甲基-4′-哌啶基)酯)丙二酸二(1,2,2,6,6-五甲基-4-哌啶基) 酯：$4061.71/1000=4.06$ （m^3）

总体积：$V=0.01+0.01+2.94+0.01+0.03+4.06=7.06(\text{m}^3)$

脱溶中间罐的装料系数为 0.8，所以反应釜容积为 $7.06/0.8=8.8(\text{m}^3)$

脱溶中间罐选择尺寸：$\Phi 2000\text{mm} \times 3000\text{mm}$，设备材料为：不锈钢

脱溶中间罐实际容积：9.42m^3

（2）薄膜蒸发器

产品体积：7.06m^3

选择蒸发面积为 10m^2 的薄膜蒸发器，设备材料为：不锈钢

（3）成品釜

产品体积：$3934.17/1000+2.06/(0.70 \times 10^3)+10/(0.97 \times 10^3)+8.18/1000=3.96(\text{m}^3)$

成品釜的装料系数：0.65

成品釜容积：$3.96/0.8=4.95(\text{m}^3)$

成品釜的容积取 5m^3，则需要成品釜的个数为 1，设备材料为：不锈钢

（4）回收罐

体积：$V=2053.90/(0.70 \times 10^3)=2.93(\text{m}^3)$

装料系数：0.8

回收罐的容积：$V=2.93/0.8=3.66(\text{m}^3)$

回收罐选择尺寸：$\Phi 1400\text{mm} \times 2200\text{mm}$；设备材料：不锈钢

回收罐实际容积：4.18m^3

2.7.6.5　甲醇回收工序

（1）甲醇回收釜

甲醇：$685.62/(0.79 \times 10^3)=0.87(\text{m}^3)$

正辛烷：$260.88/(0.70 \times 10^3)=0.37(\text{m}^3)$

总体积：$V=0.87+0.37=1.24(\text{m}^3)$

甲醇回收釜的装料系数为 0.65，所以反应釜容积为 $1.24/0.65=1.91(\text{m}^3)$

甲醇回收釜的容积取 2m^3，则需要反应器的个数为 1，设备材料为：不锈钢

（2）甲醇回收罐

体积：$V=678.76/(0.79\times10^3)=0.86(\text{m}^3)$

装料系数：0.8

回收罐的容积：$V=0.86/0.8=1.08(\text{m}^3)$

回收罐罐选择尺寸：$\Phi1000\text{mm}\times1400\text{mm}$；设备材料：不锈钢

回收罐实际容积：1.40m^3

（3）正辛烷回收罐

体积：$V=258.27/(0.70\times10^3)=0.37(\text{m}^3)$

装料系数：0.8

回收罐的容积：$V=0.37/0.8=0.46(\text{m}^3)$

回收罐罐选择尺寸：$\Phi800\text{mm}\times1000\text{mm}$；设备材料：不锈钢

回收罐实际容积：0.66m^3

（4）精馏塔

$$V=nRT/p$$
$$=(685.62\times1000/32.03+260.88\times1000/114.23)\times8.314\times373.15/101325$$
$$=725.32(\text{m}^3)$$

流速取 $u=0.1\text{m/s}$

$$A=V/(t\times u)$$
$$=725.32/(8\times3600\times0.1)$$
$$=0.25(\text{m}^2)$$

$D=0.564\text{m}$，圆整为 $D=0.6\text{m}$。

精馏塔尺寸可以选择 $\Phi600\text{mm}\times3000\text{mm}$；设备材料：不锈钢。

（5）冷凝器

| 逆流式冷流体温度 | $t/℃$： | 25 | → | 35 |

| 逆流式热流体温度 | $t/℃$： | 35 | ← | 100 |

$\Delta t/℃=$ 10　　65

$$\Delta t_m=(\Delta t_2-\Delta t_1)/\ln(\Delta t_2/\Delta t_1)$$
$$=55/\ln6.5$$
$$=29.38℃$$

传热系数取：$K=450\text{W}/(\text{m}^2\cdot℃)$

总传热面积：

$$A=Q/t/K/\Delta t_m$$
$$=907535.69\times1000/(8\times3600)/450/29.38$$
$$=2.38(\text{m}^2)$$

循环水冷凝器选型相关参数如表 2-32 所示。

表 2-32　循环水冷凝器参数表

壳径/mm	159	管子尺寸/(mm×mm)	$\Phi19\times2.5$
公称压强/MPa	1.6	管长/m	1.5
公称面积/m²	2.8	管子总数	33
管程数	1	管子排列方法	正三角形

2.7.7 管路计算

2.7.7.1 合成工序主要管路选型

(1) 正辛烷输送管路

输送时间：$t=0.5h$，输送质量：$m=1233.58kg$，物料密度：$\rho=700kg/m^3$

流量：$G=1233.58/(0.5\times3600)=0.69(kg/s)$

$D=226G^{0.50}\rho^{-0.35}=226\times0.69^{0.50}\times700^{-0.35}=18.96mm$

管材：不锈钢；管尺寸：$\Phi25mm\times2.5mm$

离心泵：型号为 IS50-32-125A；转速为 2900r/min；轴功率为 1.5kW

(2) 2,2-二($3'$-丙酸甲酯)丙二酸二甲酯输送管路

输送时间：$t=0.5h$，输送质量：$m=1644.77kg$，物料密度：$\rho=1000kg/m^3$

流量：$G=1644.77/(0.5\times3600)=0.91(kg/s)$

$D=226G^{0.50}\rho^{-0.35}=226\times0.91^{0.50}\times1000^{-0.35}=19.21(mm)$

管材：不锈钢；管尺寸：$\Phi25mm\times2.5mm$

离心泵：型号为 IS50-32-125A；转速为 2900r/min；轴功率为 1.5kW

(3) 产物输送管路

产物体积：$8.90m^3$；输送时间：$t=0.5h$，取 $u=0.5m/s$，分 4 条管线

体积流量：$V=8.90/(0.5\times4)=4.45(m^3/h)$

$d=[V/(\pi\times u/4)]^{0.5}\times1000=[4.45/3600/(3.14\times0.5/4)]^{0.5}\times1000=56.12(mm)$

管材：不锈钢；管尺寸：$\Phi76mm\times3.5mm$

(4) 加热蒸汽管路

流量 $2814.58/14=201.04(kg/h)$，密度 $\rho=4.13kg/m^3$（0.8MPa 表压），取 $u=20m/s$，共 4 条加热管路

每条管路体积流量：$V=201.04/(4.13\times4)=12.17(m^3/h)$

$d=[V/(\pi\times u/4)]^{0.5}\times1000=[12.17/3600/(3.14\times20/4)]^{0.5}\times1000=14.67(mm)$

管材：碳钢；管尺寸：$\Phi20mm\times2.5mm$

(5) 冷却水管路

流量 $7234.57/8=904.32(kg/h)$，密度 $\rho=998.2kg/m^3$，取 $u=1.0m/s$，共 4 条冷却管路

管路体积流量：$V=904.32/(998.2\times4)=0.23(m^3/h)$

$d=[V/(\pi\times u/4)]^{0.5}\times1000=[0.23/3600/(3.14\times1/4)]^{0.5}\times1000=9.02(mm)$

管材：不锈钢；管尺寸：$\Phi18mm\times2.5mm$

(6) 冷冻液管路

流量 $17636.66/14=1259.76(kg/h)$，$\rho=1059.7kg/m^3$，取 $u=1.0m/s$，共 4 条冷却管路

管路体积流量：$V=1259.76/(1059.7\times4)=0.30(m^3/h)$

$d=[V/(\pi\times u/4)]^{0.5}\times1000=[0.30/3600/(3.14\times1/4)]^{0.5}\times1000=10.30(mm)$

管材：不锈钢；管尺寸：$\Phi18mm\times2.5mm$

2.7.7.2 水洗工序主要管路选型

(1) 正辛烷输送管路

输送时间 $t=0.5$h，输送质量 $m=2055.96$kg，物料密度 $\rho=700$kg/m^3

流量：$G=2055.96/(0.5\times3600)=1.14$（kg/s）

$D=226G^{0.50}\rho^{-0.35}=226\times1.14^{0.50}\times700^{-0.35}=24.37$（mm）

管材：不锈钢；管尺寸：$\Phi32$mm$\times3$mm

（2）工艺水的输送管路

输送时间 $t=0.5$h，输送质量 $m=2467.16/4=616.79$kg，物料密度 $\rho=1000$kg/m^3

流量：$G=616.79/(0.5\times3600)=0.34$（kg/s）

$D=226G^{0.50}\rho^{-0.35}=226\times0.34^{0.50}\times1000^{-0.35}=11.74$（mm）

管材：不锈钢；管尺寸：$\Phi18$mm$\times2.5$mm

（3）产物输送管路

产物体积：7.29m^3；输送时间 $t=0.5$h，取 $u=0.5$m/s，分 4 条管线

体积流量：$V=7.29/(0.5\times4)=3.65$（m^3/h）

$d=[V/(\pi\times u/4)]^{0.5}\times1000=[3.65/3600/(3.14\times0.5/4)]^{0.5}\times1000=50.82$（mm）

管材：不锈钢；管尺寸：$\Phi76$mm$\times3.5$mm

（4）加热蒸汽管路

流量 $460.36/2=230.18$（kg/h），密度 $\rho=4.13$kg/m^3（0.8MPa 表压），取 $u=20$m/s，共 4 条加热管路

每条管路体积流量：$V=230.18/4.13/4=13.93$（m^3/h）

$d=[V/(\pi\times u/4)]^{0.5}\times1000=[13.93/3600/(3.14\times20/4)]^{0.5}\times1000=15.70$（mm）

管材：碳钢；管尺寸：$\Phi25$mm$\times2.5$mm

2.7.7.3 脱色工序主要管路选型

（1）产物输送管路

产物体积：7.06m^3；输送时间 $t=0.5$h，取 $u=0.5$m/s，分 4 条管线

体积流量：$V=7.06/0.5/4=3.53$（m^3/h）

$d=[V/(\pi\times u/4)]^{0.5}\times1000=[3.53/3600/(3.14\times0.5/4)]^{0.5}\times1000=49.98$（mm）

管材：不锈钢；管尺寸：$\Phi57$mm$\times3.5$mm

（2）加热蒸汽管路

流量 $412.52/2=206.26$（kg/h），密度 $\rho=4.13$（kg/m^3）（0.8MPa 表压），取 $u=20$m/s，共 4 条加热管路

每条管路体积流量：$V=206.26/4.13/4=12.49$（m^3/h）

$d=[V/(\pi\times u/4)]^{0.5}\times1000=[12.49/3600/(3.14\times20/4)]^{0.5}\times1000=14.87$（mm）

管材：碳钢；管尺寸：$\Phi20$mm$\times2.5$mm

（3）冷却水管路

流量 $20096.14/10=2009.61$（kg/h），密度 $\rho=998.2$kg/m^3，取 $u=1.0$m/s，共 4 条冷却管路

管路体积流量：$V=2009.61/998.2/4=0.50$（m^3/h）

$d=[V/(\pi\times u/4)]^{0.5}\times1000=[0.50/3600/(3.14\times1/4)]^{0.5}\times1000=13.30$（mm）

管材：不锈钢；管尺寸：$\Phi20$mm$\times2.5$mm

2.7.7.4 薄膜蒸发工序主要管路选型

（1）产品输送管路（脱溶中间罐到薄膜蒸发器）

产物体积：10.86m^3；输送时间 $t=2\text{h}$，取 $u=0.5\text{m/s}$

体积流量：$V=10.86/2=5.43(\text{m}^3/\text{h})$

$d=[V/(\pi \times u/4)]^{0.5}\times 1000=[5.43/3600/(3.14\times 0.5/4)]^{0.5}\times 1000=61.99(\text{mm})$

管材：不锈钢；管尺寸：$\Phi 76\text{mm}\times 3.5\text{mm}$

（2）产品输送管路（薄膜蒸发器到产品釜）

产物体积：7.06m^3；输送时间 $t=1\text{h}$，取 $u=0.5\text{m/s}$

体积流量：$V=7.06/1=7.06(\text{m}^3/\text{h})$

$d=[V/(\pi \times u/4)]^{0.5}\times 1000=[7.92/3600/(3.14\times 0.5/4)]^{0.5}\times 1000=70.69(\text{mm})$

管材：不锈钢；管尺寸：$\Phi 89\text{mm}\times 4.5\text{mm}$

（3）产品输送管路（产品釜到成品釜）

产物体积：3.96m^3；输送时间 $t=0.5\text{h}$，取 $u=0.5\text{m/s}$

体积流量：$V=3.96/0.5=7.92(\text{m}^3/\text{h})$

$d=[V/(\pi \times u/4)]^{0.5}\times 1000=[7.92/3600/(3.14\times 0.5/4)]^{0.5}\times 1000=74.87(\text{mm})$

管材：不锈钢；管尺寸：$\Phi 89\text{mm}\times 4.5\text{mm}$

（4）正丁烷回收管路

正丁烷体积：2.93m^3；输送时间 $t=0.5\text{h}$，取 $u=0.5\text{m/s}$

体积流量：$V=2.93/0.5=5.86(\text{m}^3/\text{h})$

$d=[V/(\pi \times u/4)]^{0.5}\times 1000=[5.86/3600/(3.14\times 0.5/4)]^{0.5}\times 1000=64.40(\text{mm})$

管材：不锈钢；管尺寸：$\Phi 76\text{mm}\times 3.5\text{mm}$

（5）加热蒸汽管路

流量 $545.87/5=109.17(\text{kg/h})$，密度 $\rho=4.13\text{kg/m}^3$（0.8MPa 表压），取 $u=20\text{m/s}$，共 1 条加热管路

每条管路体积流量：$V=109.17/(4.13\times 1)=26.43(\text{m}^3/\text{h})$

$d=[V/(\pi \times u/4)]^{0.5}\times 1000=[26.43/3600/(3.14\times 20/4)]^{0.5}\times 1000=21.62(\text{mm})$

管材：碳钢；管尺寸：$\Phi 32\text{mm}\times 3\text{mm}$

（6）冷却水管路

流量 $29945.15/5=5989.03(\text{kg/h})$，密度 $\rho=998.2\text{kg/m}^3$，取 $u=1.0\text{m/s}$，共 1 条冷却管路

管路体积流量：$V=5989.03/(998.2\times 1)=6.00(\text{m}^3/\text{h})$

$d=[V/(\pi \times u/4)]^{0.5}\times 1000=[6.00/3600/(3.14\times 1/4)]^{0.5}\times 1000=46.08(\text{mm})$

管材：不锈钢；管尺寸：$\Phi 57\text{mm}\times 3.5\text{mm}$

2.7.7.5　甲醇回收工序主要管路选型

（1）甲醇输送管路

产物体积：1.24m^3；输送时间 $t=0.5\text{h}$，取 $u=0.5\text{m/s}$，分 1 条管线

体积流量：$V=1.24/(0.5\times 1)=2.48(\text{m}^3/\text{h})$

$d=[V/(\pi \times u/4)]^{0.5}\times 1000=[2.48/3600/(3.14\times 0.5/4)]^{0.5}\times 1000=41.89(\text{mm})$

管材：不锈钢；管尺寸：$\Phi 57\text{mm}\times 3.5\text{mm}$

（2）正辛烷输送管路

输送时间 $t=0.5\text{h}$，输送质量 $m=258.27\text{kg}$，物料密度 $\rho=700\text{kg/m}^3$

流量：$G=258.27/(0.5\times 3600)=0.14(\text{kg/s})$

$$D_{最佳} = 226G^{0.50}\rho^{-0.35} = 226 \times 0.14^{0.50} \times 700^{-0.35} = 8.54(\text{mm})$$

管材：不锈钢；管尺寸：$\Phi18\text{mm} \times 2.5\text{mm}$

离心泵：型号为IS50-32-125A；转速为2900r/min；轴功率为1.5kW

（3）加热蒸汽管路

流量502.51/7=71.79（kg/h），密度$\rho = 4.13\text{kg/m}^3$（0.8MPa表压），取$u = 20\text{m/s}$，共1条加热管路

每条管路体积流量：$V = 71.79/(4.13 \times 1) = 17.38(\text{m}^3/\text{h})$

$$d = [V/(\pi \times u/4)]^{0.5} \times 1000 = [17.38/3600/(3.14 \times 20/4)]^{0.5} \times 1000 = 17.54(\text{mm})$$

管材：碳钢；管尺寸：$\Phi25\text{mm} \times 2.5\text{mm}$

（4）冷却水管路

流量1085.96/7=155.14（kg/h），密度$\rho = 998.2\text{kg/m}^3$，取$u = 1.0\text{m/s}$，共1条冷却管路

管路体积流量：$V = 155.14/(998.2 \times 1) = 0.16(\text{m}^3/\text{h})$

$$d = [V/(\pi \times u/4)]^{0.5} \times 1000 = [0.16/3600/(3.14 \times 1/4)]^{0.5} \times 1000 = 7.52(\text{mm})$$

管材：不锈钢；管尺寸：$\Phi18\text{mm} \times 2.5\text{mm}$

2.7.8 生产设备

生产设备一览表见表2-33。

表 2-33 生产设备一览表

位号及名称	规格型号	材质	数量	备注
反应器 R2901A/B/C/D	3m^3	不锈钢	4	
原料罐 V2901	$\Phi2400\text{mm} \times 2800\text{mm}$	不锈钢	1	
高位罐 V2902	$\Phi1200\text{mm} \times 1800\text{mm}$	不锈钢	1	
原料罐 V2903	$\Phi2300\text{mm} \times 2800\text{mm}$	不锈钢	1	
高位罐 V2904	$\Phi1200\text{mm} \times 1800\text{mm}$	不锈钢	1	
回收罐 V2905	$\Phi800\text{mm} \times 1000\text{mm}$	不锈钢	1	
回收罐 V2906	$\Phi1000\text{mm} \times 1400\text{mm}$	不锈钢	1	
高位罐 V2907	$\Phi1400\text{mm} \times 2200\text{mm}$	不锈钢	1	
高位罐 V2908	$\Phi2000\text{mm} \times 2400\text{mm}$	不锈钢	1	
回收罐 V2909A/B	$\Phi1400\text{mm} \times 2200\text{mm}$	不锈钢	2	
甲醇回收釜 V2910	2m^3	不锈钢	1	

位号及名称	规格型号	材质	数量	备注
水洗釜 V2911A/B/C/D	5m³	不锈钢	4	
脱色釜 V2912A/B/C/D	3m³	不锈钢	4	
保温釜 V2913A/B/C/D	3m³	不锈钢	4	
保温釜 V2914A/B	5m³	不锈钢	2	
成品釜 V2915	5m³	不锈钢	1	
E2901(A/B/C/D)/E2902 (A/B/C/D)//E2905/E2906 (A/B/C/D)/E2908	壳径/mm:159 管子尺寸/(mm×mm):Φ19×2.5 公称压强/MPa:1.6 管长/m:1.5 公称面积/m²:1.3 管子总数:15 管程数:1 排列方法:三角形	不锈钢	10	
E2903(A/B/C/D)/E2904	壳径/mm:159 管子尺寸/(mm×mm): Φ19×2.5 公称压强/MPa:1.6 管长/m:1.5 公称面积/m²:2.8 管子总数:33 管程数:1 排列方法:三角形	不锈钢	5	
粗过滤器 F2901	Φ800mm×1000mm	不锈钢	1个	
精过滤器 F2902/F2903	Φ500mm×800mm	不锈钢	2个	
薄膜蒸发器 E2904	蒸发面积:10m²	不锈钢	1	
泵 P2901/2/3/4/5/6/7/8/9	型号: IS50-32-125A 转速 2900r/min 轴功率:1.5kW	不锈钢	9个	

2.7.9 设计案例附图

精细化学品生产工艺设计案例的设计图如图 2-3～图 2-8 所示。

第3章

换热器的设计

换热器是许多工业生产部门的通用工艺设备,尤其在石油、化工生产中的应用更为广泛,在化工厂中换热器可用作加热器、冷却器、冷凝器、蒸发器和再沸器等。换热器的类型很多,性能各异,从早期发展起来的列管式换热器到近年来不断出现的新型、高效换热设备,各具特点。进行换热器的设计,首先是根据工艺要求选择适当的类型,同时计算完成给定生产任务所需的传热面积,并确定换热器的工艺尺寸。

换热器的类型虽然很多,但计算传热面积所依据的传热基本原理相同,不同之处仅是在结构设计上需根据各自的设备特点采用不同的计算方法而已。

为此,本章就设计成熟、应用广泛的列管式换热器的工艺设计作一简单介绍。

3.1 设计方案的确定

列管式换热器是目前化工生产中应用最广泛的一种换热器,结构简单,坚固,制造容易,材料广泛,处理能力可以很大,适用性强,尤其是在高温高压下较其他形式换热器更为适用。当然,在传热效率、设备的紧凑性、单位面积的金属消耗量等方面,还稍次于各种板式换热器,但仍不失为目前化工厂主要的换热设备。

确定设计方案的原则是要保证达到工艺要求的传热指标,操作上要安全可靠,尽可能节省操作费用和设备投资。确定设计方案主要包括如下几个方面。

3.1.1 换热器类型的选择

列管式换热器的形式主要依据换热器管程与壳程流体的温度差来确定。因管束与壳体的温度不同会引起热膨胀程度的差异,若两流体的温度相差较大时,就可能由于热应力而引起管子弯曲或使管子从管板上脱落,因此必须考虑这种热膨胀的影响。根据热补偿的方法不同,列管式换热器有以下几种形式。

3.1.1.1 固定管板式换热器

如图3-1所示,固定管板式换热器两端的管板和壳体是连为一体的,其特点是结构简单,制造成本低,适用于壳体和管束温差小、管外物料比较清洁、不易结垢的场合。

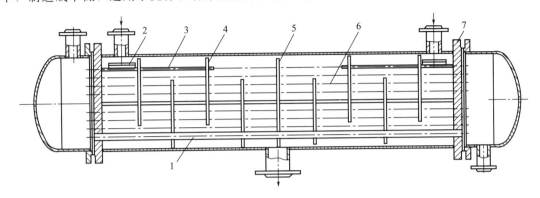

图 3-1 固定管板式换热器
1—加热管;2—缓冲挡板;3—拉杆;4—弓形折流板;
5—分割流板;6—旁路挡板;7—带法兰管板

3.1.1.2 浮头式换热器

浮头式换热器如图3-2所示,两端管板之一不与外壳连接,该端称为浮头,管束连同浮头可以自由伸缩,而与外壳的膨胀无关。管束可以拉出,便于清洗和检修,但结构复杂,造价高。适用于两流体温差较大的各种物料的换热,应用较为普遍。

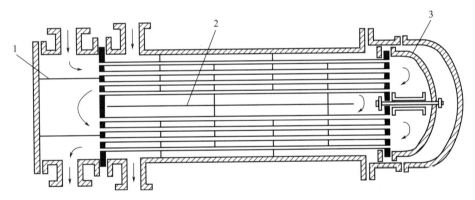

图 3-2 浮头式换热器
1—管程隔板;2—壳程隔板;3—浮头

3.1.1.3 U形管式换热器

U形管式换热器如图3-3所示,弯成U形管子的两端固定在同一块管板上,管子可自由伸缩。这种形式的换热器结构简单、质量轻,但管内清洗困难,管板利用率低。适用于高温高压的场合,但管内必须为清洁的流体。

3.1.1.4 填料函式换热器

填料函式换热器如图3-4所示,管束一端可自由膨胀。与浮头式换热器相比,填料函式换热器结构简单,造价低,但壳程流体有外漏的可能性,因此壳程不能处理易燃、易爆的流体。

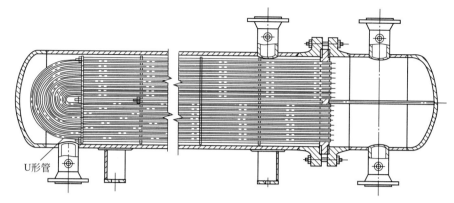

图 3-3   U 形管式换热器

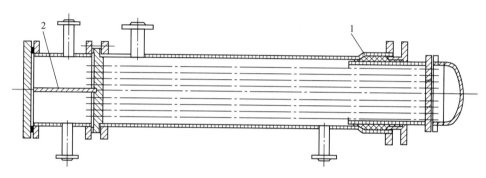

图 3-4   填料函式换热器
1—填料函；2—管程隔板

以上换热器是化工生产中常见的几类，在设计中可根据具体条件来选用。

3.1.2   流程的选择

在列管式换热器设计中，哪种流体走管程，哪种流体走壳程，需进行合理安排，一般应考虑以下原则：

①   易结垢流体应走易于清洗的一侧。对于固定管板式、浮头式换热器，一般应使易结垢流体流经管程，而对于 U 形管换热器，易结垢流体应走壳程。

②   有时在设计上需要提高流体的流速，以提高其传热膜系数，在这种情况下，应将需提高流速的流体放在管程。这是因为管程流通截面积一般较小，且易于采用多管程结构以提高流速。

③   具有腐蚀性的流体应走管程，这样可以节约耐腐蚀材料，降低换热器成本。

④   压力高的流体应走管程，这是因为管子直径小，承压能力强，能够避免采用耐压的壳体和密封措施。

⑤   具有饱和蒸汽冷凝的换热器，应使饱和蒸汽走壳程，便于排出冷凝液。

⑥   温度很高（或很低）的物料应走管内以减少热量（或冷量）的散失。当然，如果为了更好地散热，也可以让高温的物料走壳程。

⑦黏度大的流体应走壳程，因为壳程内的流体在折流挡板的作用下，流通截面和方向都不断变化，在较低的雷诺数下就可以达到湍流状态。

以上各点常常不可能同时满足，而且有时还会互相矛盾。故应根据具体情况，抓住主要方面，作出适宜的决定。

3.1.3　加热剂或冷却剂的选择

一般情况下，用作加热剂或冷却剂的流体是由实际情况决定的。但有些时候则需要设计者自行选择。在选用加热剂或冷却剂时，除首先应满足所能达到的加热或冷却温度外，还应考虑到其来源方便、价格低廉、使用安全。在化工生产中，水是常用的冷却剂，水蒸气是常用的加热剂。

3.1.4　流体出口温度的确定

在换热器的设计中，被处理物料的进出口温度为工艺要求所规定，加热剂或冷却剂的进口温度一般由来源而定，但它的出口温度应由设计者根据经济核算来确定。例如，用冷却水作某物料的冷却剂时，在一定热负荷条件下，选用较高的冷却水出口温度，冷却水量减少，但传热的平均温差减小，使传热面积加大。反之，若选用较低的冷却水出口温度，冷却水量增加，而传热面积可减小。最适宜的冷却水出口温度应根据操作费与设备费之和最少来确定。一般来说设计时所选用的冷却水两端温度差不应低于5℃，对于缺水地区，应选用较大的温度差。当冷却水选用河水时，出口温度一般不宜超过35℃，以防止管壁结垢增多。

3.1.5　流体流速的选择

提高流体在换热器中的流速，将增大对流传热系数，减少污垢在管子表面上沉积的可能性，即降低了污垢热阻，使总传热系数增加，所需传热面积减少，设备费用降低。但是流速增加，流体阻力将相应加大，操作费用增加。所以适宜的流速应通过经济核算来确定。

此外，流速的选择还应与换热器管长或管程数适应。因为一方面管子太长，不易清洗，且一般管长都有一定标准；另一方面管程数增加，将导致管程流体阻力大，增加动力费用，同时平均温差较单程时减小，降低传热效果。

表3-1~表3-3列出工业上列管式换热器中常采用的流体流速范围。

表3-1　列管式换热器中常用的流速范围

流体的种类		一般流体	易结垢流体	气体
流速/(m/s)	管程	0.5~3	>1	5~30
	壳程	0.2~1.5	>0.5	3~15

表3-2　列管式换热器中不同黏度的液体的最大流速

液体黏度/(mPa·s)	>1500	1500~500	500~100	100~35	35~1	<1
最大流速/(m/s)	0.6	0.75	1.1	1.5	1.8	2.4

表3-3　列管式换热器中易燃、易爆液体的安全允许速度

液体名称	乙醚、二硫化碳、苯	甲醇、乙醇、汽油	丙酮
安全允许速度/(m/s)	<1	<2~3	<10

3.2 工艺结构尺寸设计

3.2.1 管径选择

在管内流体流速已确定的情况下，为了确定管长及管程数，应首先选择管径。目前我国常用换热管 $\phi 19mm$ 的基本参数见表 3-4。

若选择较小的管径，管内传热膜系数可以提高，而且对于同样的传热面积来说可减小壳体直径。但管径小，流动阻力大，机械清洗困难，设计时可根据具体情况选用适宜的管径。

表 3-4　常用换热管 $\phi 19mm$ 的基本参数

公称直径/mm	公称压力/MPa	管程数 N	管子根数 n	中心排管数	管程流通面积/m²	计算换热面积/m² 换热管长度/mm					
						1500	2000	3000	4500	6000	9000
159		1	15	5	0.0027	1.3	1.7	2.6	—	—	—
219			33	7	0.0058	2.8	3.7	5.7	—	—	—
273	1.60 2.50 4.00 6.40	1	65	9	0.0115	5.4	7.4	11.3	17.1	22.9	—
		2	56	8	0.0049	4.7	6.4	9.7	14.7	19.7	—
325		1	99	11	0.0175	8.3	11.2	17.1	26.0	34.9	—
		2	88	10	0.0078	7.4	10.0	15.2	23.1	31.0	—
		4	68	11	0.0030	5.7	7.7	11.8	17.9	23.0	—
400		1	174	14	0.0307	14.5	19.7	30.1	45.7	61.3	—
		2	164	15	0.0145	13.7	18.6	28.4	43.1	57.8	—
		4	146	14	0.0065	12.2	16.6	25.3	38.3	51.4	—
450		1	237	17	0.0419	19.8	26.9	41.0	62.2	83.5	—
		2	220	16	0.0194	18.4	25.0	38.1	57.8	77.5	—
		4	200	16	0.0088	16.7	22.7	34.6	52.5	70.4	—
500	0.60 1.00 1.60 2.50 4.00	1	275	19	0.0486	—	31.2	47.6	72.2	96.8	—
		2	256	18	0.0226	—	29.0	44.3	67.2	90.2	—
		4	222	18	0.0098	—	25.2	38.4	58.3	78.2	—
600		1	430	22	0.0760	—	48.8	74.4	112.9	151.4	—
		2	416	23	0.0368	—	47.2	72.0	109.3	146.5	—
		4	370	22	0.0163	—	42.0	64.0	97.2	130.3	—
		6	360	20	0.0106	—	40.8	62.3	94.5	126.8	—
700		1	607	27	0.1073	—	—	105.1	159.4	213.8	—
		2	574	27	0.0507	—	—	99.4	150.8	202.1	—
		4	542	27	0.0230	—	—	93.8	142.3	190.9	—
		6	518	24	0.0153	—	—	89.7	136.0	182.4	—

公称直径/mm	公称压力/MPa	管程数 N	管子根数 n	中心排管数	管程流通面积/m²	计算换热面积/m² 换热管长度/mm					
						1500	2000	3000	4500	6000	9000
800		1	797	31	0.1408	—	—	138.0	209.3	280.7	—
		2	776	31	0.0686	—	—	134.3	203.8	273.3	—
		4	722	31	0.0319	—	—	125.0	189.8	254.3	—
		6	710	30	0.0209	—	—	122.9	186.5	250.0	—
900		1	1009	35	0.1783	—	—	174.7	265.0	355.3	536.0
		2	988	35	0.0873	—	—	171.0	259.5	347.9	524.9
		4	938	35	0.0414	—	—	162.4	246.4	330.3	498.3
		6	914	34	0.0269	—	—	158.2	240.0	321.9	485.6
1000	0.60 1.00 1.60 2.50 4.00	1	1267	39	0.2239	—	—	219.3	332.8	446.2	673.1
		2	1234	39	0.1090	—	—	213.6	324.1	434.6	655.6
		4	1186	39	0.0524	—	—	205.3	311.5	417.7	630.1
		6	1148	38	0.0338	—	—	198.7	301.5	404.3	609.9
(1100)		1	1501	43	0.2652				394.2	528.6	797.4
		2	1470	43	0.1299				386.1	517.7	780.9
		4	1450	43	0.0641				380.8	510.6	770.3
		6	1380	42	0.0406				362.4	486.0	733.1
1200		1	1837	47	0.3246	—	—	—	482.5	646.9	975.9
		2	1816	47	0.1605	—	—	—	476.9	639.5	964.7
		4	1732	47	0.0765	—	—	—	454.9	610.0	920.1
		6	1716	46	0.0505	—	—	—	450.7	604.3	911.6
(1300)		1	2123	51	0.3752				557.6	747.7	1127.8
		2	2080	51	0.1838				546.3	732.5	1105.0
		4	2074	50	0.0916				544.7	730.4	1101.8
		6	2028	48	0.0597				532.6	714.2	1077.4
1400		1	2557	55	0.4519	—	—	—	—	900.5	1358.4
		2	2502	54	0.2211	—	—	—	—	881.1	1329.2
		4	2404	55	0.1062	—	—	—	—	846.6	1277.1
		6	2378	54	0.0700	—	—	—	—	837.5	1263.3
(1500)	0.25 0.60 1.00 1.60 2.50	1	2929	59	0.5176					1031.5	1556.0
		2	2874	58	0.2539					1012.1	1526.8
		4	2768	58	0.1223	—	—	—	—	974.8	1470.5
		6	2692	56	0.0793	—	—	—	—	948.0	1430.1
1600		1	3339	61	0.5901	—	—	—	—	1175.9	1773.8
		2	3282	62	0.3382	—	—	—	—	1155.8	1743.5
		4	3176	62	0.1403	—	—	—	—	1118.5	1687.2
		6	3140	61	0.0925	—	—	—	—	1105.8	1668.1
(1700)		1	3721	65	0.6576					1310.4	1976.7
		2	3646	66	0.3131					1284.0	1936.9
		4	3544	66	0.1566					1248.1	1882.7
		6	3512	63	0.1034					1236.8	1869.7
1800		1	4247	71	0.7505	—	—	—	—	1495.7	2256.2
		2	4186	70	0.3699	—	—	—	—	1474.2	2223.8
		4	4070	69	0.1798	—	—	—	—	1433.3	2162.2
		6	4048	67	0.1192	—	—	—	—	1425.6	2150.5

注：表中的管程流通面积为各程平均值。

3.2.2 管程数和总管数的确定

选定了管径和管内流速后，可依下式确定换热器的单程管子数

$$n_s = \frac{V}{0.785 d_i^2 u} \tag{3-1}$$

式中　n_s——单程管子数目；

　　　V——管程流体的体积流量，m^3/s；

　　　d_i——传热管内径，m；

　　　u——管内流体流速，m/s。

依此可求出按单程换热器计算所得的管子长度如下：

$$L = \frac{A}{n_s \pi d_0} \tag{3-2}$$

式中　L——按单程计算的管子长度，m；

　　　A——估算的传热面积，m^2；

　　　d_0——管子外径，m；

　　　n_s——单程管子数目。

如果按单程计算的管子太长，则应采用多管程，此时应按实际情况选择每程管子的长度。国标 GB/T 151—2014 推荐的传热管长度为 1.0m、1.5m、2.0m、2.5m、3.0m、4.5m、6.0m、7.5m、9.0m、12.0m。在选择管长时应注意合理利用材料，还要使换热器具有适宜的长径比。列管式换热器的长径比可在 4~25 范围内，一般情况下为 6~10，竖直放置的换热器，长径比为 4~6。

确定了每程管子长度之后，即可求得管程数：

$$N_p = \frac{L}{l} \tag{3-3}$$

式中　N_p——管程数（必须取整数）；

　　　l——选取的每程管子长度，m；

　　　L——按单程计算的管子长度，m。

换热器的总管数为：

$$N_T = N_p n_s \tag{3-4}$$

式中，N_T 为换热器的总管数。

3.2.3 管子的排列

我国列管式换热器系列标准中，传热管仅用 $\phi 19mm \times 2mm$，$\phi 25mm \times 2.5mm$ 两种规格。管子在管板上的排列方式有正三角形、正方形及同心圆形，如图 3-5 所示。

正三角形排列使用得最普遍，这是因为在同一管板上可以排列较多的管子，且管外传热系数较高，但管外不易机械清洗。适用于壳程流体较清洁、不需经常清洗管壁的情况。

正方形排列的传热管虽然较正三角形排列的少，传热系数也较低，但便于管外表面进行机械清洗。当管子外表面需用机械清洗时，采用正方形排列。为了提高管外传热系数，且又便于机械清洗管外壁面，往往采用正方形错排，即将正方形旋转 45°角排列。

同心圆排列管子紧凑，且靠近壳体处布管均匀，在小直径的换热器中，管板上可排列的管数比正三角形的还多，这种排列法仅用于空分设备上。

 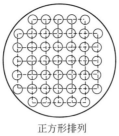 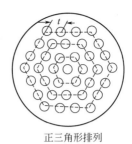

| 同心圆排列 | 正方形排列 | 正三角形排列 |

图 3-5　传热管的排列方式

此外，在多程换热器中，常采用组合排列方法，即每一程内采用三角形排列，而在各程之间，为了安排隔板，则采用正方形排列。

3.3　工艺设计计算

目前，我国已制定了列管式换热器的系列标准，设计中应尽可能选用系列化的标准产品。当系列产品不能满足工艺需要时，可根据生产的具体要求自行设计换热器。

3.3.1　计算步骤

（1）试算并初选设备规格

① 根据流体物性及工艺要求，确定流体通入的空间。

② 确定流体在换热器两端的温度，选择列管式换热器的形式。

③ 计算流体的定性温度，以确定流体的物性数据。

④ 根据传热任务计算热负荷。

⑤ 计算平均温差，并根据温度校正系数不应小于 0.8 的原则，决定壳程数。

⑥ 依据总传热系数的经验值范围，或按实际生产情况，决定总传热系数 $K_{选}$ 值。

⑦ 由总传热速率方程初步估算出传热面积，并确定换热器的基本尺寸（如 d、L、n 及管子在管板上的排列等），或按系列标准选择设备规格。

（2）核算总传热系数

分别计算流经管程和壳程中流体的对流传热系数，确定污垢热阻，再计算总传热系数 $K_{计}$，并与估算时所选用的总传热系数进行比较，如果两者相差较多，则应重新估算传热面积和选定合适型号的换热器，重复以上计算步骤，直至前后的总传热系数数值相近为止。

（3）计算传热面积

根据核算所得的 K 值与温度校正系数 φ，由下式计算传热面积：

$$A = \frac{Q}{K \Delta t_m \varphi} \tag{3-5}$$

式中　A——传热面积，m^2；

$\quad\quad Q$——热负荷，W；

$\quad\Delta t_m$——平均温差，℃；

$\quad\quad \varphi$——温度校正系数。

选用的换热器的传热面积一般应比计算值大 10%～15% 为宜。

（4）计算管程、壳程的压降

计算初选设备的管程、壳程流体的压降，如超过工艺允许的范围，要调整流速，再确定管程数，或选择另一规格的换热器，重新计算压降直至满足压力为止。

从上述步骤来看，换热器的设计计算实际上是一个反复试算的过程，目的是使最终选定的换热器既能满足工艺传热要求，又能使操作时流体的压降在允许范围之内。

3.3.2 传热面积的计算

传热速率方程式为：

$$Q = KA\Delta t_m \tag{3-6}$$

式中　Q——传热速率（即热负荷），W；

　　　K——总传热系数，W/(m²·℃)；

　　　A——与 K 值对应的换热器传热面积，m²；

　　Δt_m——平均温度差，℃。

热负荷（传热速率）Q 的计算分以下两种情况。

① 无相变传热：

$$Q = W_h c_{p_h}(T_1 - T_2) = W_c c_{p_c}(t_2 - t_1) \tag{3-7}$$

式中　W——流体的质量流量，kg/s；

　　c_p——流体的平均定压比热容，J/(kg·℃)；

　　　T——热流体的温度，℃；

　　　t——冷流体的温度，℃。

上式在换热器绝热良好，热损失可以忽略时成立。

下标 h 和 c 分别表示热流体和冷流体，下标 1 和 2 分别表示换热器的进口和出口。

② 相变传热。若换热器中的流体有相变，例如热流体为饱和蒸汽冷凝时，则热负荷为：

$$Q = W_h r = W_c c_{p_c}(t_2 - t_1) \tag{3-8}$$

式中　W_h——饱和蒸汽的冷凝速率，kg/s；

　　　r——饱和蒸汽的汽化潜热，J/kg。

上式是指冷凝液在饱和温度下离开换热器。若冷凝液的出口温度低于饱和温度，则热负荷计算式为：

$$Q = W_h[r + c_{p_h}(T_s - T_2)] = W_c c_{p_c}(t_2 - t_1)$$
$$\tag{3-9}$$

式中，T_s 为冷凝液的饱和温度，单位为℃。

下面以冷凝冷却器为例进行介绍。

以饱和蒸汽的冷凝和冷却进行说明。饱和蒸汽首先在其冷凝温度下放出潜热并液化，凝液开始冷却，从此液化和冷却同时进行。为简化设计，将整个过程假定为冷凝和冷却两个阶段。冷凝器中冷、热流体温度的变化可描绘如图 3-6 所示（逆流）。实际上，冷凝、冷却过程

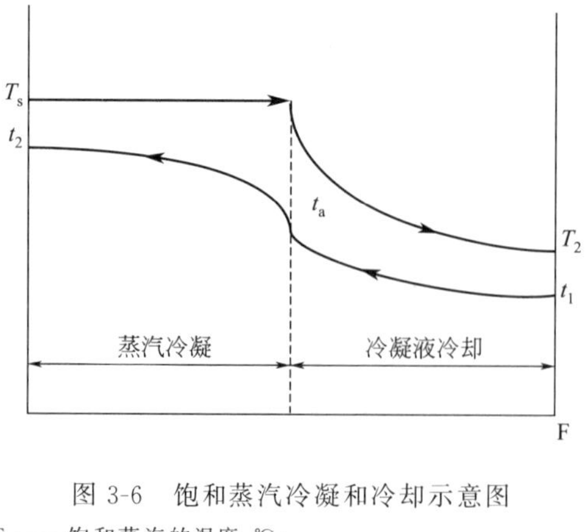

图 3-6　饱和蒸汽冷凝和冷却示意图

T_s——饱和蒸汽的温度，℃；

T_2——热流体的出口温度，℃；

t_1——冷流体的进口温度，℃；

t_a——冷流体在冷凝冷却交界面处的温度，℃；

t_2——冷流体的进口温度，℃。

在理论上不应截然分为两段，只为便于计算才暂作为两段处理。由于这两段中的温差与传热系数是不同的，所以必须分别计算，即分别计算出各段的传热面积。

$$A_{1n} = \frac{Q_{1n}}{K_{1n}(\Delta t_m)_{1n}} \quad \text{及} \quad A_{1q} = \frac{Q_{1q}}{K_{1q}(\Delta t_m)_{1q}}$$

式中　A_{1n}——冷凝段传热面积，m^2；

　　　A_{1q}——冷却段传热面积，m^2；

　　　K_{1n}——冷凝段总传热系数，$W/(m^2 \cdot ℃)$；

　　　K_{1q}——冷却段总传热系数，$W/(m^2 \cdot ℃)$；

　$(\Delta t_m)_{1n}$——冷凝段对数平均温度差，℃；

　$(\Delta t_m)_{1q}$——冷却段对数平均温度差，℃；

　　　Q_{1n}——冷凝段传热速率，W；

　　　Q_{1q}——冷却段传热速率，W。

整个冷凝器的传热面积应为 A_{1n} 与 A_{1q} 之和。

在计算各段的平均温差时必须知道两段交界处的冷流体温度 t_a，这可以由图 3-6 求取。

因为：$Q_{1n} = W_h r = W_c c_{p_c}(t_2 - t_a)$

$$Q_{1q} = W_h c_{p_h}(T_s - T_2) = W_c c_{p_c}(t_a - t_1)$$

将两式等号左右相比得：

$$\frac{Q_{1n}}{Q_{1q}} = \frac{t_2 - t_a}{t_a - t_1} \tag{3-10}$$

由式（3-10）可求出 t_a。

3.3.2.1　平均传热温差

间壁两侧流体传热温差的大小和计算方法与换热器中两流体的温度变化情况以及两流体的相互流动方向有关。

就换热器中两流体温度变化情况而言，有恒温传热和变温传热两种。当换热器间壁两侧的流体均存在相变时，两流体温度可分别保持不变，这种传热称为恒温传热；若间壁传热过程中有一侧流体没有相变，或者两侧流体均无相变，其温度沿流动方向变化，传热温差也势必沿管程变化，这种情况下的传热称为变温传热。

平均传热温差是换热器的传热推动力，其值不但和流体的进出口温度有关，而且还和换热器内两流体的相互流动方向有关。对于列管式换热器，常见的流动类型有：并流、逆流、错流和折流。

① 对于恒温传热，平均传热温差：

$$\Delta t_m = T - t \tag{3-11}$$

式中　T——热流体温度，℃；

　　　t——冷流体温度，℃。

② 逆流和并流时的传热温差。

对于并流和逆流，平均传热温差可由换热器两端流体温度的对数平均温差表示，即：

$$\Delta t_m = \frac{\Delta t_2 - \Delta t_1}{\ln \dfrac{\Delta t_2}{\Delta t_1}} \tag{3-12}$$

式中　Δt_m——逆流或并流的平均传热温差，℃；

　　　Δt_1——换热器入口端冷热流体温差，℃；

Δt_2——换热器出口端冷热流体温差，℃。

在工程计算中，当换热器两端温差相差不大，即 $\dfrac{\Delta t_1}{\Delta t_2} < 2$ 时，可以用算术平均温差代替对数平均温差，即：

$$\Delta t_m = \frac{\Delta t_1 + \Delta t_2}{2} \tag{3-13}$$

③ 错流、折流时的传热温差

为了强化传热，列管式换热器的管程或壳程常常为多程，流体经过两次或多次折流后再流出换热器，这使换热器内流体流动的形式偏离纯粹的逆流和并流，因而使平均温差的计算更为复杂。对于错流或更复杂流动的平均温差，常采用安德五德（Underwood）和鲍曼（Bowman）提出的图算法，该法是先按逆流计算对数平均温差 $\Delta t_m'$，再乘以考虑流动形式的温差修正系数 $\varphi_{\Delta t}$，得到平均温差，即：

$$\Delta t_m = \varphi_{\Delta t} \Delta t_m' \tag{3-14}$$

温差修正系数 $\varphi_{\Delta t}$ 与换热器内流体的温度变化有关，对不同流动方式可分别表示为两个参变量 P 和 R 的函数，即：

$$\varphi_{\Delta t} = f(P, R) \tag{3-15}$$

其中 $P = \dfrac{t_2 - t_1}{T_1 - t_1}$，$R = \dfrac{T_1 - T_2}{t_2 - t_1}$。

温差修正系数 $\varphi_{\Delta t}$ 的值可根据 P 和 R 两因数由图查取。具体的图可查找有关手册或传热参考书。

对于 1-2 型（单壳程，双管程）换热器，$\varphi_{\Delta t}$ 还可以用下式计算：

$$\varphi_{\Delta t} = \frac{\dfrac{\sqrt{R^2+1}}{R+1} \ln\left(\dfrac{1-P}{1-PR}\right)}{\ln\left(\dfrac{\dfrac{2}{P} - 1 - R + \sqrt{R^2+1}}{\dfrac{2}{P} - 1 - R - \sqrt{R^2+1}}\right)} \tag{3-16}$$

对于 1-2n 型（如 1-4、1-6、…）的换热器，也可近似使用上式计算 $\varphi_{\Delta t}$。

由于在相同的流体进出口温度下，逆流流型具有较大的传热温差，所以在工程上若无特殊需要，均采用逆流。

3.3.2.2　总传热系数 K

总传热系数 K（简称传热系数）是表示换热设备性能的极为重要的参数，也是对设备进行传热计算的依据。为计算流体被加热或冷却所需要的传热面积，必须知道传热系数的值。

不论是研究设备的性能，还是设计换热器，求算 K 的数值都是最基本的要求，所以大部分有关传热的研究都是致力于求算系数 K。K 的取值取决于流体的物性、传热过程的操作条件及换热器的类型等。通常 K 值的来源有三个方面：

① 生产实际中的经验数据。在有关手册或传热的专业书中，都列有不同情况下 K 的经验值，可供初步设计时参考。但要注意选用与工艺条件相仿、设备类似，而且较为成熟的经验 K 值。

② 实验测定。对现有的换热器，通过实验测定有关的数据，如设备的尺寸、流体的流

量和温度等，再利用传热速率方程式计算 K 值。实测的 K 值不仅可以为换热器设计提供依据，而且可以从中了解换热设备的性能，从而寻求提高设备传热能力的途径。

③ 分析计算。实际上计算得到的 K 值常与前两种途径得到的 K 值相对照，以确定合适的 K 值。

3.3.3　总传热系数 K 值的计算

3.3.3.1　K 值计算公式（以外表面为基准）

$$K = \cfrac{1}{\cfrac{1}{\alpha_o} + R_{so} + \cfrac{bd_o}{\lambda d_m} + R_{si}\cfrac{d_o}{d_i} + \cfrac{d_o}{\alpha_i d_i}} \tag{3-17}$$

式中　　　　K——基于换热器外表面积的总传热系数，$W/(m^2 \cdot ℃)$；

α_o、α_i——分别为管外及管内的对流传热系数，$W/(m^2 \cdot ℃)$；

R_{so}，R_{si}——分别为管外侧及管内侧表面上的污垢热阻，$m^2 \cdot ℃/W$；

d_o，d_i，d_m——分别为换热器列管的外径、内径及平均直径，m；

b——列管管壁厚度，m；

λ——列管管壁的热导率，$W/(m^2 \cdot ℃)$。

同理，若以内表面为基准，则总传热系数的计算公式为：

$$K = \cfrac{1}{\cfrac{1}{\alpha_i} + R_{si} + \cfrac{bd_i}{\lambda d_m} + R_{so}\cfrac{d_i}{d_o} + \cfrac{d_i}{\alpha_o d_o}} \tag{3-18}$$

一般地，管外径可表示为 d_0，故管外对流传热系数、污垢热阻也表示为 α_0 和 R_{s0}。

3.3.3.2　K 值的经验数据

在进行换热器的设计时，首先要估算冷、热流体间的传热系数。工业列管式换热器中传热系数的大致范围见表 3-5。由表可见，K 值变化范围很大，化工技术人员应对不同类型流体间换热时的 K 值有一数量级的概念。

表 3-5　工业列管式换热器中总传热系数大致范围

冷流体	热流体	总传热系数 /[W/(m²·℃)]	冷流体	热流体	总传热系数 /[W/(m²·℃)]
水	水	850~1700	水	水蒸气冷凝	1420~4250
水	气体	17~280	气体	水蒸气冷凝	30~300
水	有机溶剂	280~850	水	低沸点烃类冷凝	450~1140
水	轻油	340~910	水沸腾	水蒸气冷凝	2000~4250
水	重油	60~280	轻油沸腾	水蒸气冷凝	450~1020
有机溶剂	有机溶剂	115~340			

（1）污垢热阻

换热器在经过一段时间运行后，壁面往往会积附一层污垢，对传热形成附加的热阻，称为污垢热阻，这层污垢热阻在计算传热系数时一般不容忽视。污垢热阻的大小与流体的性质、流速、温度、设备结构以及运行时间等因素有关。对一定的流体，增大流速，可以减少污垢在加热面上沉积的可能性，从而降低污垢热阻。由于污垢层厚度及其热导率难以测定，通常只能根据污垢热阻的经验值作为参考来计算传热系数。某些流体的污垢热阻的经验值可参见表3-6～表3-8。

表3-6　冷却水介质的壁面污垢热阻　　　　　　　　　　单位：$m^2 \cdot ℃/W$

热流体的温度	115℃以下		115～205℃	
水的温度	25℃以下		25℃以上	
水的流速/(m/s)	<1	>1	<1	>1
海水	0.86×10^{-4}	0.86×10^{-4}	1.72×10^{-4}	1.72×10^{-4}
自来水、井水、湖水	1.72×10^{-4}	1.72×10^{-4}	3.44×10^{-4}	3.44×10^{-4}
蒸馏水	0.86×10^{-4}	0.86×10^{-4}	0.86×10^{-4}	0.86×10^{-4}
硬水	5.16×10^{-4}	5.16×10^{-4}	0.86×10^{-4}	0.86×10^{-4}
河水	5.16×10^{-4}	3.44×10^{-4}	6.88×10^{-4}	5.16×10^{-4}
软化锅炉水	1.72×10^{-4}	1.72×10^{-4}	3.44×10^{-4}	3.44×10^{-4}

表3-7　工业用气体介质的壁面污垢热阻

气体名称	污垢热阻/(m²·℃/W)	气体名称	污垢热阻/(m²·℃/W)
有机化合物	0.86×10^{-4}	溶剂蒸汽	1.72×10^{-4}
水蒸气	0.86×10^{-4}	天然气	1.72×10^{-4}
空气	3.44×10^{-4}	焦炉气	1.72×10^{-4}

表3-8　工业用液体介质的壁面污垢热阻

液体名称	污垢热阻/(m²·℃/W)	液体名称	污垢热阻/(m²·℃/W)
有机化合物	1.72×10^{-4}	石脑油	1.72×10^{-4}
盐水	1.72×10^{-4}	煤油	1.72×10^{-4}
熔盐	0.86×10^{-4}	柴油	$3.44 \times 10^{-4} \sim 5.16 \times 10^{-4}$
植物油	5.16×10^{-4}	重油	8.6×10^{-4}
原油	$3.44 \times 10^{-4} \sim 12.1 \times 10^{-4}$	沥青油	17.2×10^{-4}
汽油	1.72×10^{-4}		

污垢热阻往往对换热器的传热效果有很大影响，需要采取必要的措施防止污垢的积累。因此，换热器要根据具体情况，注意定期清洗或采取其他措施。

（2）对流传热系数

不同流动状态下的对流传热系数 α 的关联式不同，具体可参考有关书籍的介绍。现将设计列管式换热器中常用到的 α 的准数关联式介绍如下：

① 无相变流体在圆形直管中作强制湍流时的对流传热系数 α。

a. 对于低黏度流体：

$$Nu = 0.023 Re^{0.8} Pr^n \tag{3-19}$$

$$\alpha = 0.023 \frac{\lambda}{d_i} \left(\frac{d_i u \rho}{\mu} \right)^{0.8} \left(\frac{c_p \mu}{\lambda} \right)^n \tag{3-19(a)}$$

式中　ρ——流体的密度，kg/m^3；

μ——流体的黏度，$Pa \cdot s$；

λ——流体的热导率，$W/(m \cdot ℃)$；

c_p——流体的比热容，$J/(kg \cdot ℃)$；

u——管内流速，m/s；

d_i——列管直径，m。

当流体被加热时，$n=0.4$；当流体被冷却时，$n=0.3$。

上式应用范围：$Re>10000$，$Pr=0.7\sim160$，管长与管径之比$\dfrac{L}{d_i}>60$，若$\dfrac{L}{d_i}<60$，可将上式算出的α值乘以$\left[1+\left(\dfrac{L}{d_i}\right)^{0.7}\right]$。

特征尺寸：管内径d_i。

定性温度：取流体进、出口温度的算术平均值。

b.对于高黏度流体（μ大于2倍常温水的黏度）：

$$Nu=0.023Re^{0.8}Pr^{0.33}\left(\frac{\mu}{\mu_w}\right)^{0.14} \tag{3-20}$$

$$\alpha=0.023\frac{\lambda}{d_i}\left(\frac{d_iu\rho}{\mu}\right)^{0.8}\left(\frac{c_p\mu}{\lambda}\right)^{0.33}\left(\frac{\mu}{\mu_w}\right)^{0.14} \tag{3-20(a)}$$

式中$\left(\dfrac{\mu}{\mu_w}\right)^{0.14}$是考虑热流方向的校正系数，可以用$\varphi_\mu$表示。$\mu_w$是指壁面温度下流体的黏度，因壁温未知，计算$\mu_w$需用试差法，故$\varphi_\mu$可取近似值。液体被加热时，取$\varphi_\mu=1.05$，液体被冷却时，取$\varphi_\mu=0.95$，气体不论加热还是冷却均取$\varphi_\mu=1.0$。

应用范围：$Re>10000$，$Pr=0.7\sim160$，管长与管径之比$\dfrac{L}{d_i}>60$。

特征尺寸：管内径d_i。

定性温度：除μ_w按壁温取值外，均取流体进、出口温度的算术平均值。

② 无相变流体在管外作强制对流时的对流传热系数。

若列管式换热器内装有圆缺形挡板时，对流传热系数α可以用下式计算：

$$Nu=0.36Re^{0.55}Pr^{\frac{1}{3}}\varphi_\mu \tag{3-21}$$

$$\alpha=0.36\frac{\lambda}{d_e}\left(\frac{d_eu\rho}{\mu}\right)^{0.55}\left(\frac{c_p\mu}{\lambda}\right)^{\frac{1}{3}}\left(\frac{\mu}{\mu_w}\right)^{0.14} \tag{3-21(a)}$$

应用范围：$Re>20000\sim1000000$

特征尺寸：管间当量直径d_e。

定性温度：除μ_w按壁温取值外，均取流体进、出口温度的算术平均值。

当量直径可根据管子排列方式采用不同公式计算，图3-7为管间当量直径推导的示意图。

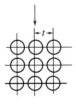 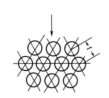 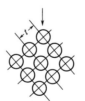 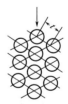

正方形直列　　　　　三角形错列　　　　　正方形错列　　　　　三角形直列

图 3-7　管间当量直径推导的示意图

管子成正方形排列时：

$$d_e=\frac{4\times\left(t^2-\frac{\pi}{4}d_0^2\right)}{\pi d_0} \tag{3-22}$$

式中　t——相邻两管中心距，mm；

d_0——管外径，mm。

管子成正三角形排列时：

$$d_e = \frac{4 \times \left(\frac{\sqrt{3}}{2} t^2 - \frac{\pi}{4} d_0^2 \right)}{\pi d_0} \qquad (3\text{-}23)$$

式中　t——相邻两管中心距，mm；

d_0——管外径，mm。

管外的流速可以根据流体流过管间的最大截面积 A 计算，A 的计算公式如下：

$$A = hD \left(1 - \frac{d_0}{t} \right) \qquad (3\text{-}24)$$

式中　h——两挡板间的距离，m；

D——换热器的外壳直径，m。

若换热器的管间无挡板，管外流体沿管束平行流动时，则对流传热系数 α 值仍可用管内强制对流的公式计算，但需将公式中的管内径改为管间的当量直径。

③ 蒸汽在垂直管外冷凝时的冷凝传热系数。

当冷凝液膜呈滞流流动时，冷凝传热系数 α 可采用下式计算：

$$\alpha = 1.13 \left(\frac{g \rho^2 \lambda^3 r}{\mu L \Delta t} \right)^{\frac{1}{4}} \qquad (3\text{-}25)$$

式中　L——垂直管的高度，m；

λ——冷凝液的热导率，W/(m·℃)；

ρ——冷凝液的密度，kg/m³；

μ——冷凝液的黏度，Pa·s；

r——饱和蒸汽的冷凝潜热，kJ/kg；

Δt——蒸汽的饱和温度与壁温之差，$\Delta t = t_s - t_w$，℃。

定性温度：蒸汽冷凝潜热取其饱和温度下的值，其余物性取液膜平均温度 $t_m = \frac{1}{2}$ $(t_s + t_w)$ 下的值。

膜层流型的 Re 准数可表示为：

$$Re = \frac{4M}{\mu}, M = \frac{W}{b} \qquad (3\text{-}26)$$

式中　b——润湿周边，m（对垂直管 $b = \pi d_0$，对水平管，$b = 2L$，L 为管长）；

W——冷凝液的质量流量，kg/s；

M——冷凝负荷，kg/(m·s)。

④ 蒸汽在水平管束上冷凝时的蒸汽冷凝传热系数。

若蒸汽在水平管束上冷凝，可用下式计算传热系数：

$$\alpha = 0.725 \left(\frac{g \rho^3 \lambda^3 r}{n_c^{2/3} d_0 \mu \Delta t} \right)^{\frac{1}{4}} \qquad (3\text{-}27)$$

式中，n_c 为水平管束在垂直列上的管数，当管子按正三角形排列时，$n_c = 1.1\sqrt{n}$，当管子按正方形排列时，$n_c = 1.19\sqrt{n}$。其中 n 为换热器的总管数。

上式中其余符号的意义与式（3-25）相同。

3.3.4　阻力损失的计算

列管式换热器的设计必须满足工艺上提出的压降要求。列管式换热器允许的压降范围如表 3-9 所示。

一般来说，液体流经换热器的压降为 $10^4 \sim 10^5 \mathrm{Pa}$，气体为 $10^3 \sim 10^4 \mathrm{Pa}$。

流体流经列管式换热器因流动阻力所引起的压降，可按管程和壳程分别计算。

表 3-9　列管式换热器允许的压降范围

换热器的操作压强/Pa	允许的压降/Pa
$p < 10^5$	$\Delta p = 0.1 P$
$p = 0 \sim 10^5$	$\Delta p = 0.5 P$
$p > 10^5$	$\Delta p < 5 \times 10^4$

3.3.4.1　管程阻力损失

多程换热器管程的总阻力损失 $\sum \Delta p_i$ 为各程直管阻力损失 Δp_1，回弯阻力损失 Δp_2 及进、出口阻力损失之和。相比之下，进、出口阻力损失一般可以忽略不计。因此，管程总阻力损失的计算式为：

$$\sum \Delta p_i = (\Delta p_1 + \Delta p_2) \cdot F_t \cdot N_s \cdot N_p \tag{3-28}$$

式中　N_p——管程数；

N_s——串联的壳程数；

F_t——管程结垢校正系数，无因次，对于 $\phi 25\mathrm{mm} \times 2.5\mathrm{mm}$ 的管子，$F_t = 1.4$，对于 $\phi 19\mathrm{mm} \times 2\mathrm{mm}$ 的管子，$F_t = 1.5$。

上式中直管阻力可按下式计算：

$$\Delta p_1 = \lambda \frac{L}{d_i} \frac{\rho u_i^2}{2} \tag{3-29}$$

式中　Δp_1——直管阻力损失，Pa；

λ——直管内摩擦阻力系数；

L——直管长度，m；

d_i——管内径，m；

ρ——流体密度，$\mathrm{kg/m^3}$；

u_i——管内流速，m/s。

上式中回弯的阻力可以用下面的经验式估算：

$$\Delta p_2 = 3 \frac{\rho u_i^2}{2} \tag{3-30}$$

3.3.4.2　壳程阻力损失

用于计算壳程阻力损失的公式很多，由于壳程流动情况复杂，用不同公式计算的结果往往很不一致。下面介绍目前比较通用的埃索法，此种方法是将壳程阻力损失看成是由流体横向通过管束的阻力损失 $\Delta p_1'$ 与流体通过折流挡板缺口处的折流损失 $\Delta p_2'$ 两部分组成。其总阻力 $\sum \Delta p_0$ 的计算公式为：

$$\sum \Delta p_0 = (\Delta p_1' + \Delta p_2') \cdot F_s \cdot N_s \tag{3-31}$$

其中：
$$\Delta p_1' = F \cdot f_0 \cdot n_c (N_B + 1) \frac{\rho u_0^2}{2} \tag{3-32}$$

$$\Delta p_2' = N_B \left(3.5 - \frac{2h}{D}\right) \frac{\rho u_0^2}{2} \tag{3-33}$$

式中　F_s——壳程结垢校正系数，对液体可取 1.15，对其他或蒸汽可取 1.0；

N_s——壳程数；

F——管子排列方式对压强降的校正系数，正三角形排列 $F=0.5$，正方形斜转 $45°$，$F=0.4$，正方形直列 $F=0.3$；

f_0——壳程流体摩擦系数，当 $Re > 500$ 时，$f_0 = 5Re^{-0.228}$，其中 $Re = \dfrac{u_0 d_0 \rho}{\mu}$；

n_c——水平管束在垂直列上的管数，当管子按正三角形排列时，$n_c = 1.1\sqrt{n}$，当管子按正方形排列时，$n_c = 1.19\sqrt{n}$，其中 n 为换热器的总管数；

N_B——折流挡板数；

h——折流挡板间距，m；

u_0——按壳程最大流动截面积 $S_0 = h(D - n_c d_0)$ 计算的流速，m/s。

3.4　立式热虹吸式再沸器

立式热虹吸式再沸器按流程有循环式（图 3-8）和一次通过式（图 3-9）两种。图 3-8 是循环式的示意图，再沸器进料和塔底产品的组成相同，再沸器内的温度则稍高于塔底产品温度，因此不利于加热在受热时容易分解而结焦的物料。这种流程简单，汽化率虽不宜超过 25%，但可改变再沸器的循环量，因此可以不受塔底产品量的限制。

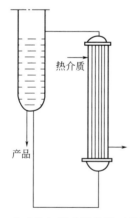

图 3-8　立式热虹吸式再沸器（循环式）

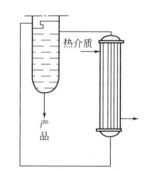

图 3-9　立式热虹吸式再沸器（一次通过式）

3.4.1　立式热虹吸式再沸器内加热过程

立式热虹吸式再沸器内加热过程如图 3-10 所示。为保持良好的液体循环量，塔底的液体维持在再沸器顶部管板的同一水平面上。由于存在一段液柱静压头 $(z_A - z_C)$，液体温度低于沸点。液体从塔底进入再沸器底部并分配到管内，其温度亦低于沸点，这时管内是单相对流传热，液体一直被加热到沸点这个区域。

如图上 BC 段，称为显热加热段（亦称显热带）。到达沸点后，液体沸腾蒸发成为汽-液两相混合物，流体呈汽-液两相流动，这个区域称为蒸发带（图上 CD 段）。所以，垂直管内沸腾传热是由显热加热带和蒸发带两部分所组成。而热虹吸型这一名称的来源是由于塔底到再沸器的溶液循环是靠汽、液两相密度差自然进行，即塔底液体温度低于沸点以液相状态存在，管内液体沸腾蒸发成为汽-液混合物时密度减小。

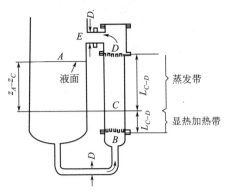

图 3-10 立式热虹吸式再
沸器内加热过程

3.4.2 设计过程

3.4.2.1 操作条件的确定

根据料液和加热介质的操作条件，查取物性常数。

3.4.2.2 估算设备尺寸

① 计算热负荷。

② 计算传热温差。一般用饱和水蒸气做加热介质。设蒸汽温度为 T，料液沸点温度为 t_s，则 $\Delta T = T - t_s$。

③ 假定传热系数 K 值。在一侧蒸发一侧冷凝的情况下，传热系数 K 值可参考表 3-10。

表 3-10　传热系数 K 值范围

管间	管内	K 值/[kJ/(m² · h · ℃)]	备注
水蒸气	液体	5020	垂直式短管
水蒸气	液体	4185	水平管式
水蒸气	水	8160~20500	垂直管式
水蒸气	水	7110~15310	
水蒸气	有机溶液	2050~4100	
水蒸气	轻油	1630~3680	
水蒸气	重油（减压下）	500~1550	

④ 计算传热面积 $A = \dfrac{Q}{K \Delta t_m}$，单位为 m²。

⑤ 参照系列选取结构尺寸。

立式热虹吸式再沸器系列标准 GB/T 28712.4—2012 基本参数见表 3-11 和表 3-12。

3.4.2.3 核算 K 值

加热管总平均传热系数：

$$K = \frac{K_L L_{BC} + K_V L_{CD}}{L} \tag{3-34}$$

式中　K_L——显热带平均传热系数，kJ/(m² · h · ℃)；

L_{BC}——显热带长度，m；

K_V——蒸发带平均传热系数，$kJ/(m^2 \cdot h \cdot ℃)$；

L_{CD}——蒸发带长度，m；

L——管子长度，m。

表 3-11　立式热虹吸式再沸器基本参数

公称直径 DN /mm	公称压力 PN /MPa	管程数 N	管子根数 n	中心排管数	管程流通面积 /m^2	计算换热面积/m^2				
						换热管长度 L/mm				
						1500	2000	2500	3000	4500
400	1.00 1.60 2.50		51	7	0.0410	8.5	11.5	14.6	—	—
500			69	9	0.0555	11.5	15.6	19.7	—	—
600			115	11	0.0942	19.1	26.0	32.9	—	—
700			159	13	0.1280	26.6	36.0	45.5	54.9	—
800			205	15	0.1648	34.1	46.4	58.6	70.8	—
900			259	17	0.2083	43.1	58.6	74.0	89.5	—
1000			355	19	0.2855	59.1	80.3	101.5	122.6	186.2
1100			419	21	0.3370	69.7	94.7	119.7	144.8	219.8
1200	0.25 0.60 1.00 1.60 2.50	1	503	23	0.4045	83.7	113.7	143.8	173.8	263.9
1300			587	25	0.4721	97.7	132.7	167.8	202.8	307.9
1400			711	27	0.5718	—	160.8	203.2	245.6	373.0
1500			813	31	0.6539	—	—	232.4	280.9	426.5
1600			945	33	0.7600	—	—	270.1	326.5	495.7
1700			1059	35	0.8517	—	—	302.7	365.9	555.5
1800			1177	39	0.9466	—	—	336.4	406.6	617.4
1900			1265	39	1.0174	—	—	361.5	437.0	663.6
2000			1403	41	1.1284	—	—	401.0	484.7	736.0
2100	0.60		1545	43	1.2426	—	—	441.6	533.8	810.4
2200			1693	45	1.3616	—	—	483.9	584.9	888.1
2300			1849	47	1.4871	—	—	528.4	638.8	969.9
2400			2025	49	1.6286	—	—	578.3	699.6	1062.2

注：管程流通面积以碳钢管尺寸计算。

表 3-12　立式热虹吸式再沸器接管直径

壳径/mm		400	600	800	1000	1200	1400	1600	1800
最大接管直径	壳程/mm	100	100	125	150	200	250	300	300
	管程/mm	200	250	350	400	450	450	500	500

具体步骤如下。

第一，初步估算循环流量 W_T。

假设一个汽化率（蒸发率），求得循环量：

$$W_T = \frac{蒸发量}{气化率} \quad kg/h \tag{3-35}$$

$$蒸发量 = \frac{q_L}{\Delta H} \quad \text{kg/h} \tag{3-36}$$

式中　q_L——设计要求的热负荷值，kJ/h；

　　　ΔH——料液汽化潜热，kJ/kg。

汽化率一般取 20%（最大不超过 30%），有时只有 10%。

第二，计算管外蒸汽冷凝传热分系数 α_0。

一般情况下，换热器其余各项热阻比蒸汽冷凝的热阻大得多，因此水蒸气冷凝传热分系数可近似取 41840kJ/(m²·h·℃)，或按式（3-37）计算。

$$\alpha_0 = C \frac{\left(\dfrac{3600\lambda^3\rho^2 g}{\mu^2}\right)^n}{Re^m} \tag{3-37}$$

式中　λ——热导率，kJ/(m·h·℃)；

　　　ρ——密度，kg/m³；

　　　g——重力加速度，m/s²；

　　　μ——黏度，毫帕斯卡·秒（mPa·s）；

C,m,n——系数，见表 3-13。

表 3-13　随管束放置形式不同的系数值

类别			C	m	n
形式	程别	雷诺数			
卧式	壳程	$Re<2100$	1.5	1/3	1/3
	壳程	$Re>2100$	0.0071	1/3	−0.4
立式	壳程、管程	$Re<2100$	1.88	1/3	1/3
	壳程	$Re>2100$	0.0077	1/3	−0.4

其中，雷诺数按下式计算：

$$Re = \frac{4\Gamma}{\mu g} \tag{3-38}$$

式中　Γ——$\Gamma = \dfrac{G}{L}$，冷凝负荷，kg/(m·h)；

　　　G——冷凝液量，kg/h；

　　　L——管长，m。

冷凝负荷按表 3-14 计算。

表 3-14　冷凝负荷的计算

类别		冷凝负荷 $\Gamma/[kg/(m\cdot h)]$
形式	程别	
卧式	壳程	$\dfrac{G}{L\cdot n_s}$
	管程	$\dfrac{G}{0.5L\cdot n_s}$
立式	壳程	$\dfrac{G}{\pi d_{外}N}$
	管程	$\dfrac{G}{\pi d_{内}N}$

表 3-14 中，L 为管长，m；N 为管子总数（并联的冷凝器全算在内）；

n_s 为冷凝液流的股数 $=\dfrac{\text{管束的总管数}}{\text{一个管排的平均管数}}$，可以根据以下计算：

正方形排列 $\square$：$n_s = 1.288N^{0.48}$

正方形排列 $\diamondsuit$：$n_s = 1.37N^{0.518}$

三角形排列 $\triangleright$：$n_s = 1.022N^{0.519}$

三角形排列 $\triangle$：$n_s = 2.08N^{0.495}$

水蒸气冷凝传热分系数也可参照图 3-11 查取。

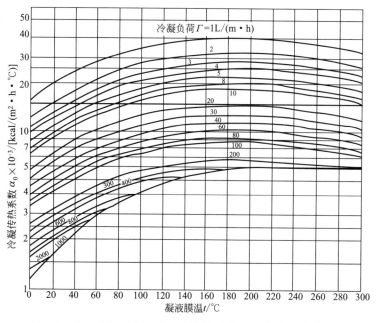

图 3-11　饱和水蒸气在垂直管上冷凝时的 α_0（水平管外乘 0.8）

图上有两个参数，冷凝液膜温度 t 和冷凝负荷 Γ：

$$\text{冷凝液膜温度} = \frac{t_{\text{壁}} + t_{\text{液膜}}}{2} \tag{3-39}$$

式中　$t_{\text{壁}}$——壁温，℃；

　　　$t_{\text{液膜}}$——冷凝液温度，℃。

$$\Gamma = \frac{G}{n\pi d_{\text{外}}} \tag{3-40}$$

式中　G——水蒸气冷凝量，kg/h；

　　　$d_{\text{外}}$——管外径，m；

　　　n——管数。

第三，计算显热带平均传热系数 K_L。

$$\frac{1}{K_L} = \frac{1}{\alpha_L}\frac{d_0}{d_i} + r_i\frac{d_0}{d_i} + \frac{\delta d_0}{\lambda d_m} + r_0 + \frac{1}{\alpha_0} \tag{3-41}$$

式中　　α_L——显热带对流传热分系数，$kJ/(m^2 \cdot h \cdot \text{℃})$；

r_i——壁内侧垢层热阻，$m^2 \cdot h \cdot \text{℃}/kJ$；

r_0——蒸汽加热侧垢层热阻，$m^2 \cdot h \cdot \text{℃}/kJ$；

δ——壁厚，m；

λ——壁的热导率，$kJ/(m \cdot h \cdot \text{℃})$；

d_0——管外径，m；

d_i——管内径，m；

d_m——平均管径$= \dfrac{d_0 + d_i}{2}$，m；

α_0——蒸汽冷凝传热分系数，$kJ/(m^2 \cdot h \cdot \text{℃})$。

显热带对流传热分系数 α_L 根据圆形直管内传热分系数计算式计算：

$$\alpha_L = 0.023 \frac{\lambda_L}{d_i}(Re_L)^{0.8}(Pr)^{0.4} \tag{3-42}$$

式中　　Re_L——雷诺数，$Re_L = \dfrac{d_i W \gamma}{\mu_L g} = \dfrac{d_i G_L}{\mu_L g}$；

G_L——显热带质量流速，$G_L = \dfrac{W_T}{\dfrac{\pi}{4} n d_i^2}$，$kg/(m^2 \cdot h)$；

μ_L——黏度，$Pa \cdot s$；

W_T——管内液体循环量，kg/h。

第四，计算蒸发带平均传热系数 K_V。

$$\frac{1}{K_V} = \frac{1}{\alpha_V}\frac{d_0}{d_i} + r_i\frac{d_0}{d_i} + \frac{\delta d_0}{\lambda d_m} + r_0 + \frac{1}{\alpha_0} \tag{3-43}$$

式中，α_V 为蒸发带沸腾传热分系数，$kJ/(m^2 \cdot h \cdot \text{℃})$；其余的符号含义与式（3-41）相同。

为了计算 α_V 必须先了解气-液两相流动的基本概念。

（1）气-液两相流动的形式

垂直管内的气-液两相流动形式可分为以下四种情况（图 3-12）。

① 气泡流：在上升的液体中气泡均匀分布，气量增加时气泡的大小、速度、数量都随

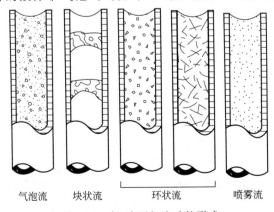

气泡流　　块状流　　　环状流　　　喷雾流

图 3-12　气-液两相流动的形式

着增加。

②块状流：气量继续增加，管内的气体和液体成块状交替上升。

③环状流：如果气量继续增加，液体沿管壁流动，气体以比液体高的速率从管中心处穿过，在气流中夹带有分散的液滴。

④喷雾流：气量再增加，发生了相的转换，即气体成为连续相，液体则以液滴的形式分散在气相中。

（2）蒸发带传热分系数 α_V

根据上面介绍的气-液两相流的四种情况可知，在立式热虹吸式再沸器管内，出蒸发段的底部至顶部两相流动的变化（图 3-13）为：

气泡流（泡核沸腾）→块状流（泡核沸腾＋两相对流传热）→环状流（两相对流传热）→喷雾流。喷雾流时传热系数显著降低，设计时应予避免。一般设计在泡核沸腾和两相对流传热范围内，即蒸发带传热是两相对流传热和泡核沸腾传热的组合。所以在蒸发带内任意一点的传热分系数，可认为是沸腾-对流传热分系数的组合：

$$\alpha_V = a\alpha_b + b\alpha_c \tag{3-44}$$

式中　α_b——沸腾传热分系数，$kJ/(m^2 \cdot h \cdot ℃)$；

　　　α_c——对流传热分系数，$kJ/(m^2 \cdot h \cdot ℃)$。

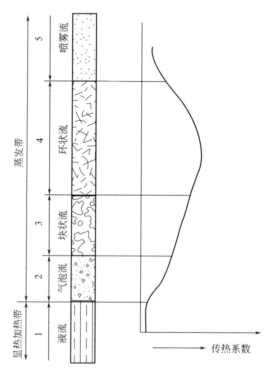

图 3-13　立式热虹吸式再沸器管内的流动形式和传热系数

式（3-44）中的 a 和 b 都是实验测得的常数，对于立式热虹吸式再沸器 $b=1$，即：

$$\alpha_V = a\alpha_b + \alpha_c \tag{3-45}$$

a 称为泡核沸腾修正系数，和管内流动状态有关。如在开始泡核沸腾阶段 $a=1$，在块状流区域 a 值取 $0\sim1$，在环状流区 $a=0$。a 值根据实验结果可整理如图 3-14 所示。图中

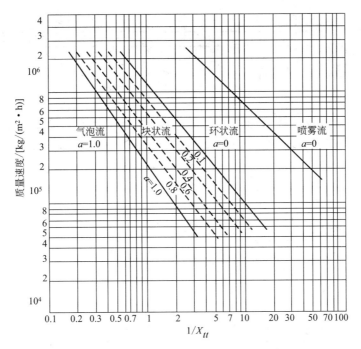

图 3-14　再沸器中推定两相流动形式的列线图

X_{tt} 是无因次参数，称为相关参数，代表了液体和蒸气的动能比例。定义为：

$$X_{tt} = \left(\frac{W_L}{W_V}\right)^{0.9} \left(\frac{\rho_V}{\rho_L}\right)^{0.5} \left(\frac{\mu_L}{\mu_V}\right)^{0.1} \tag{3-46}$$

$$= \left(\frac{1-x}{x}\right)^{0.9} \left(\frac{\rho_V}{\rho_L}\right)^{0.5} \left(\frac{\mu_L}{\mu_V}\right)^{0.1} \tag{3-46(a)}$$

或：

$$\frac{1}{X_{tt}} = \frac{\left(\frac{1-x}{x}\right)^{0.9}}{\psi} \tag{3-46(b)}$$

式中　W_L——液相流量，kg/h；

　　　W_V——气相流量，kg/h；

　　　x——蒸气相质量分数；

　　　ψ——蒸气、液体的物性参数。

$$\psi = \left(\frac{\rho_V}{\rho_L}\right)^{0.5} \left(\frac{\mu_L}{\mu_V}\right)^{0.1} \tag{3-47}$$

式中　ρ_V——蒸气的密度，kg/m^3；

　　　ρ_L——液体的密度，kg/m^3；

　　　μ_V——蒸气的黏度，Pa·s；

　　　μ_L——液体的黏度，Pa·s。

由 x 和 ψ 可求 X_{tt} 值，见图 3-15。

由于蒸发带各点沸腾传热分系数不同，因此在求再沸器传热面积时需要把蒸发带分成几段，按式（3-45）逐段计算。一般采用电子计算机求解，如手算可以应用下面的简单计算法：

先求 a 的有效平均值 $\bar{a}$：

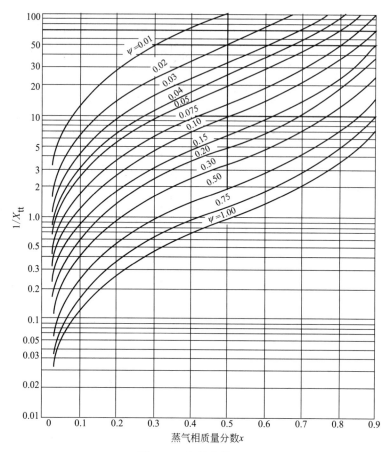

图 3-15 相关参数 X_{tt}

$$\bar{a} = \frac{a_E + a'}{2} \qquad (3-48)$$

式中 a_E——对应出口状态 a 的值;

       a'——对应出口状态蒸发率 40%（$x=40\%$）处的数值。

再用下式计算蒸发带的有效平均沸腾传热分系数:

$$\bar{\alpha}_V = \bar{a}\alpha_b + \bar{\alpha}_c \qquad (3-49)$$

式中 $\bar{\alpha}_c$——为出口蒸发率 40%（$x=40\%$）处的两相对流传热分系数, kJ/($m^2 \cdot h \cdot ℃$);

       α_b——沸腾传热分系数, kJ/($m^2 \cdot h \cdot ℃$)。

α_b 按下式计算, 即:

$$\alpha_b = Z\left(\frac{q}{A}\right)^{0.7} \qquad (3-50)$$

式中 $\dfrac{q}{A}$——称为热流强度, 其中 q 是热负荷, A 是传热面积, 单位为 kJ/m^2;

       Z——常数, 根据对比压力由图 3-16 查得。

对比压力 p_r 定义为:

$$p_r = \frac{p}{p_c} \qquad (3-51)$$

式中 p——操作压力, Pa;

p_c——临界压力，Pa。

常用物质的临界压力数据见表 3-15。

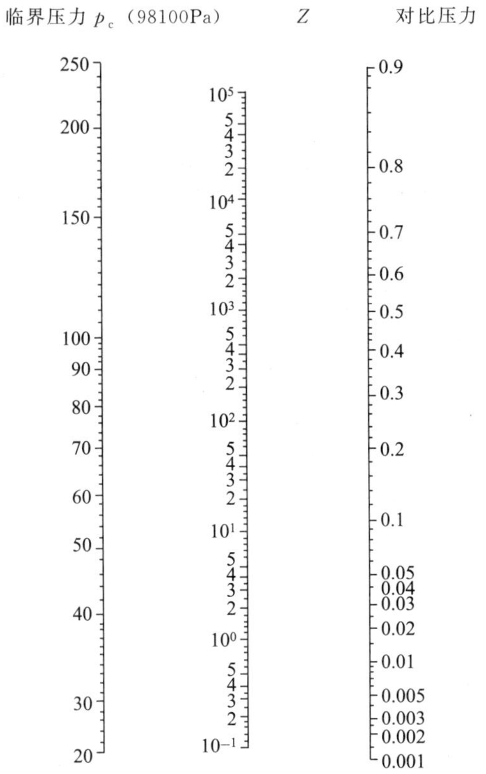

图 3-16　Z 值的计算

表 3-15　常用物质临界压力数据表

物质名称	临界压力 /(98100Pa)	物质名称	临界压力 /(98100Pa)
丙烷	43.4	丙苯	33.4
丁烷	38.7	异丙苯	33.3
戊烷	34.4	糠醛	54.3
己烷	30.9	丙酮	48.6
庚烷	27.9	甲乙基酮	39.5
异丁烷	37.2	酚	62.6
环己烷	41.9	甲醇	81.3
甲基环己烷	35.4	乙醇	64.4
苯	50.7	丙醇	51.8
甲苯	43.0	异丙醇	54.9
乙苯	39.4	丁醇	29.9
邻二甲苯	38.1	氨	111.5
间二甲苯	37.0	水	226.0
对二甲苯	36.2	乙腈	49.3

两相对流传热分系数 α_c 根据下式计算：

$$\alpha_c = 0.023\zeta\frac{\lambda_L}{d_i}\left[\frac{d_iG_L}{\mu g}(1-x)\right]^{0.8}\left(\frac{C_L\mu_L}{\lambda_L}\right)^{\frac{1}{3}}\left(\frac{\mu_L}{\mu_w}\right)^{0.14} \tag{3-52}$$

式中，ζ 为修正系数，可由图 3-17 查得，其他各符号同前，下标 L 表示液体。

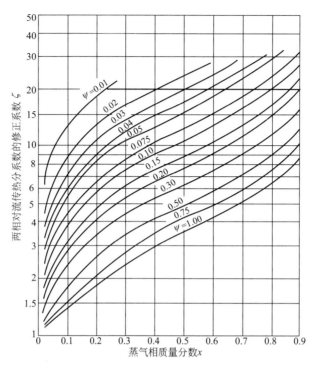

图 3-17　两相对流传热分系数的修正系数

第五，计算显热带和蒸发带的长度。

显热带所占长度的百分数为：

$$L_{BC}\% = \frac{(\Delta t / \Delta p)_S}{(\Delta t / \Delta p)_S - \dfrac{\Delta t / \Delta L}{\Delta p / \Delta L}} = \frac{(\Delta t / \Delta p)_S}{(\Delta t / \Delta p)_S + \dfrac{\pi d_i n K_L \Delta T}{c_L W_T \rho_L}} \tag{3-53}$$

式中　ΔT——传热温差 $= T - t_s$，℃；

$(\Delta t / \Delta p)_S$——蒸气压曲线的斜率，见图 3-18，由表 3-16 查得。

其它各符号同前文。

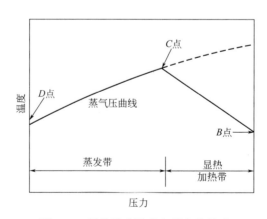

图 3-18　再沸器内温度和压力的关系

表 3-16　常用物质蒸气压曲线斜率

温度/℃	$(\Delta t/\Delta p)_S$					
	丁烷	戊烷	己烷	庚烷	辛烷	苯
70	5.37×10^{-4}	1.247×10^{-3}	3.085×10^{-3}	6.89×10^{-3}	1.548×10^{-2}	3.99×10^{-3}
80	4.59×10^{-4}	1.022×10^{-3}	2.35×10^{-3}	5.17×10^{-3}	1.136×10^{-2}	3.09×10^{-3}
90	4.01×10^{-4}	8.49×10^{-4}	1.955×10^{-3}	4.02×10^{-3}	8.48×10^{-3}	2.45×10^{-3}
100	3.5×10^{-4}	7.075×10^{-4}	1.578×10^{-3}	3.14×10^{-3}	6.6×10^{-3}	1.936×10^{-3}
110	3.21×10^{-4}	6.9×10^{-4}	1.3×10^{-3}	2.565×10^{-3}	5.05×10^{-3}	1.583×10^{-3}
120	2.785×10^{-4}	5.175×10^{-4}	1.053×10^{-3}	2.085×10^{-3}	4.01×10^{-3}	1.317×10^{-3}
130	2.535×10^{-4}	4.5×10^{-4}	9.14×10^{-4}	1.86×10^{-3}	3.23×10^{-3}	1.103×10^{-3}
140	2.29×10^{-4}	3.97×10^{-4}	7.81×10^{-4}	1.43×10^{-3}	2.64×10^{-3}	9.425×10^{-4}
150	2.105×10^{-4}	3.51×10^{-4}	6.66×10^{-4}	1.22×10^{-3}	2.17×10^{-3}	8.12×10^{-4}
160	1.93×10^{-4}	3.14×10^{-4}	5.78×10^{-4}	1.047×10^{-3}	1.825×10^{-3}	7.45×10^{-4}
170	1.79×10^{-4}	2.81×10^{-4}	5.025×10^{-4}	9.1×10^{-4}	1.545×10^{-3}	6.21×10^{-4}
180	1.667×10^{-4}	2.52×10^{-4}	4.44×10^{-4}	7.87×10^{-4}	1.31×10^{-3}	5.525×10^{-4}
190	1.553×10^{-4}	2.305×10^{-4}	3.83×10^{-4}	6.99×10^{-4}	1.128×10^{-3}	5.01×10^{-4}
200	1.48×10^{-4}	2.09×10^{-4}	3.5×10^{-4}	6.22×10^{-4}	1×10^{-3}	4.43×10^{-4}
70	9.775×10^{-3}	2.43×10^{-2}	2.91×10^{-2}	2.2×10^{-2}	3.69×10^{-2}	7.29×10^{-3}
80	7.67×10^{-3}	1.915×10^{-2}	2.09×10^{-2}	1.572×10^{-2}	2.63×10^{-2}	5.22×10^{-3}
90	5.68×10^{-3}	1.422×10^{-2}	1.528×10^{-2}	1.156×10^{-2}	1.878×10^{-2}	3.73×10^{-3}
100	4.36×10^{-3}	1.075×10^{-2}	1.145×10^{-2}	8.86×10^{-3}	1.367×10^{-2}	2.75×10^{-3}
110	3.445×10^{-3}	8.21×10^{-3}	8.78×10^{-3}	6.83×10^{-3}	1.035×10^{-2}	2.055×10^{-3}
120	2.752×10^{-3}	6.425×10^{-3}	6.78×10^{-3}	5.26×10^{-3}	7.875×10^{-3}	1.585×10^{-3}
130	2.21×10^{-3}	5×10^{-3}	5.33×10^{-3}	4.2×10^{-3}	6.09×10^{-3}	1.265×10^{-3}
140	1.84×10^{-3}	4×10^{-3}	4.29×10^{-3}	3.39×10^{-3}	4.79×10^{-3}	9.66×10^{-4}
150	1.508×10^{-3}	3.235×10^{-3}	3.53×10^{-3}	2.755×10^{-3}	3.83×10^{-3}	7.77×10^{-4}
160	1.26×10^{-3}	2.65×10^{-3}	2.88×10^{-3}	2.265×10^{-3}	3.07×10^{-3}	6.37×10^{-4}
170	1.072×10^{-3}	2.175×10^{-3}	2.39×10^{-3}	1.906×10^{-3}	2.505×10^{-3}	5.52×10^{-4}
180	9.07×10^{-4}	1.785×10^{-3}	2.05×10^{-3}	1.6×10^{-3}	2.055×10^{-3}	4.37×10^{-4}
190	7.78×10^{-4}	1.492×10^{-3}	1.687×10^{-3}	1.365×10^{-3}	1.738×10^{-3}	3.61×10^{-4}
200	6.79×10^{-4}	1.26×10^{-3}	1.467×10^{-3}	1.164×10^{-3}	1.462×10^{-3}	3.07×10^{-4}

式（3-53）成立的条件：

① 忽略塔底和循环管的热损失，即 $t_B=t_A$。

② 塔底液面与再沸器管板同样高度（推导从略）。

$$显热带长度\ L_{BC}=管子长度\times L_{BC}\% \tag{3-54}$$

$$蒸发带长度\ L_{CD}=管子长度-L_{BC} \tag{3-55}$$

3.4.2.4　循环流量的校核

循环流量 W_T 的计算式较为复杂。在手算时，即使采用简化了的计算式也嫌烦琐，这里介绍循环流量的压力平衡法，即：循环推动力＝循环阻力。

（1）循环推动力

前面提到立式热虹吸式再沸器内的液体循环是靠再沸器内气-液两相的密度差进行的。所以当塔和再沸器并联时，循环的推动力为：

$$\Delta p_1 = L_{CD}(\rho_L - \bar{\rho}_c) - l \cdot \rho_c \tag{3-56}$$

式中　Δp_1——循环的推动力，Pa；

　　　L_{CD}——蒸发段长度，m；

　　　ρ_L——液相密度，kg/m^3；

　　　$\bar{\rho}_c$——蒸发段气-液混合物的平均密度，按式（3-57）计算，kg/m^3；

　　　l——再沸器管板至入塔口间的高度差，m，l值和再沸器壳体直径有关（表3-17）。

表 3-17　l 的参考值

再沸器公称直径/mm	400	600	800	1000	1200	1400	1600	1800
l/m	0.4	0.45	0.51	0.56	0.62	0.68	0.73	0.79

$$\bar{\rho}_c = \rho_V R_V + \rho_L R_L = \rho_V(1 - \bar{R}_L) + \rho_L \bar{R}_L \tag{3-57}$$

式中　$\bar{R}_L$——$x = x_E/3$ 处液体体积分数；

　　　x_E——出口处蒸发率（即汽化率）；

　　　R_L——液体体积分数，由图3-19查取；

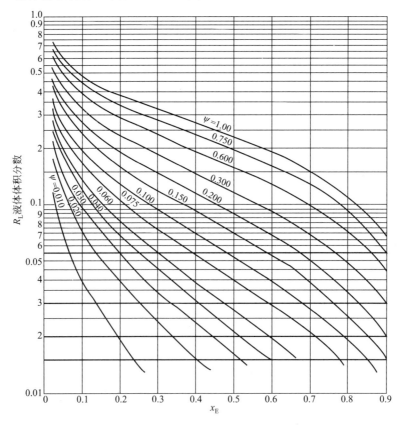

图 3-19　液体体积分数

R_V——气体体积分数。

其余符号同前文。

（2）循环阻力

再沸器的各项阻力之和为：

$$\Delta p_2 = \frac{W_T^2 \times 10^{-5}}{\rho_L}\{a_1 f_1 + a_2 f_2 [L_{BC} + \overline{\phi}(1-\overline{x})^2 L_{CD}] + a_3 f_3 \phi(1-x_E)^2 + a_4 M\}$$

(3-58)

式中　Δp_2——再沸器的各项压降之和，Pa；

　　　a_1——压降系数，由表 3-18 根据入口管径查出；

　　　a_2——再沸器管程压降系数，根据壳径由表 3-18 查出；

　a_3、a_4——压降系数，由表 3-18 根据出口管径查出；

　　　f_1——入口管摩擦系数，查图 3-20；

　　　f_2——管程摩擦系数，查图 3-20；

　　　f_3——出口管摩擦系数，查图 3-20；

　　　$\overline{\phi}$——两相对流摩擦损失修正系数 $\left(\dfrac{两相对流摩擦损失}{液相部分摩擦损失}\right)$，根据 $x = \dfrac{2x_E}{3}$ 查图 3-21；

　　　$\overline{x}$——有效平均蒸发率，$\overline{x} = 2x_E/3$；

　　　x_E——出口处的蒸发率（或汽化率）；

　　　L_{BC}——显热带长度，m；

　　　L_{CD}——蒸发带长度，m；

　　　ϕ——两相对流摩擦修正系数，根据图 3-21 查出；

　　　M——系数，用下式计算。

表 3-18　压降系数表

公称直径/mm	a_1	a_3	a_4	再沸器公称壳径/mm	a_2
80	8030	3710	29.6	400	29.2
100	3320	1530	12.75	600	5.57
150	883	442	2.5	800	1.81
200	168	80.5	0.693	1000	0.6
250	60.5	33.9	0.293	1200	0.3
300	34.3	16.7	0.143	1400	0.15
350	18.5	8.78	0.0782	1600	0.085
400	11.65	5.59	0.05	1800	0.055
450	7.45	3.59	0.0311		

$$M = \frac{(1-x_E)^2}{R_L} + \frac{\rho_L}{\rho_V}\left(\frac{x_E^2}{1-R_L}\right) - 1$$

(3-59)

从阻力计算式可看出，循环阻力与安装尺寸有显著关系。为了能够满足循环流量的要求，应使压力平衡（循环推动力=循环阻力）。实际校验结果应使阻力略小于推动力：$\Delta p_2 < \Delta p_1$，此时所定之安装尺寸是合理的，所假设的汽化率与循环量 W_T 是合适的。在验算中，推动力与阻力相差不大时，可适当调整蒸发率及液面，相差较大则应另选设备重新验算。

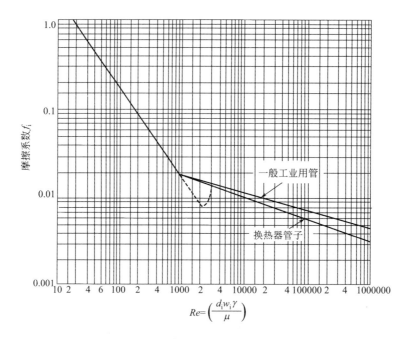

图 3-20　管内摩擦系数（或带有挡板的管壳摩擦系数）

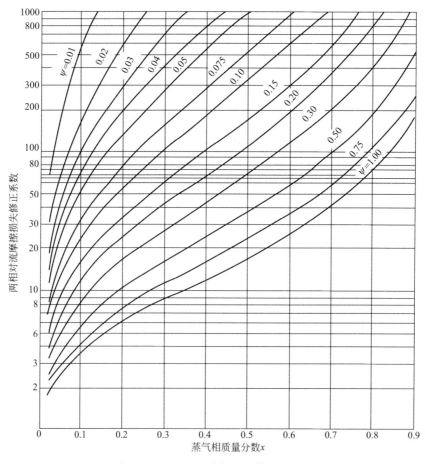

图 3-21　两相对流摩擦损失修正系数 ϕ

3.4.2.5 最大热流密度的核算

在沸腾传热中已知超过临界热流密度 $\left(\dfrac{q_c}{A}\right)$ 时，呈膜式沸腾，α 下降。因此设计时应使再沸器的热流密度低于临界热流密度，即：$\left(\dfrac{q}{A}\right) < \left(\dfrac{q_c}{A}\right)$。对于单组分液体的临界密度可按下式求出：

$$\left(\frac{q_c}{A}\right) = \frac{\pi}{24}\Delta H \rho_V \left[\frac{\sigma g^2 (\rho_L - \rho_V)}{\rho_V^2}\right]^{0.25} \left(\frac{\rho_L + \rho_V}{\rho_L}\right)^{0.5} \qquad (3\text{-}60)$$

对于双组分混合液（如乙醇和丁醇混合液）可用下式：

$$\left(\frac{q_c}{A}\right) = 0.37\Delta H \left[\frac{\sigma g^2 (\rho_L - \rho_V)}{\rho_V^2}\right]^{0.25} \left(\frac{i_A - i_B}{\Delta H}\right) \qquad (3\text{-}61)$$

适用范围：

$$0.02 \leqslant \frac{i_A - i_B}{\Delta H} \leqslant 0.3$$

式中　ΔH——汽化潜热，kJ/kg；

　　　σ——表面张力，kg/m；

　　　i_A——高沸点组分 A 液体的焓，kJ/kg；

　　　i_B——低沸点组分 B 液体的焓，kJ/kg。

其余符号同前文。在式（3-61）中 α、ΔH、ρ_V、ρ_L 都为混合物的物性。

3.5 设计计算案例

3.5.1 列管式换热器

某炼油厂拟采用列管式换热器，用 175℃ 的柴油将原油从 75℃ 加热至 105℃。已知：柴油的处理量为 30000kg/h，原油的处理量为 45000kg/h。原油和柴油平均温度下的有关物性见表 3-19。

表 3-19　原油和柴油平均温度下的物性数据

原油		柴油	
密度 $\rho/(\mathrm{kg/m^3})$	815	密度 $\rho/(\mathrm{kg/m^3})$	715
比热容 $c_p/[\mathrm{kJ/(kg \cdot ℃)}]$	2.20	比热容 $c_p/[\mathrm{kJ/(kg \cdot ℃)}]$	2.48
热导率 $\lambda/[\mathrm{W/(m \cdot ℃)}]$	0.128	热导率 $\lambda/[\mathrm{W/(m \cdot ℃)}]$	0.133
黏度 $\mu/(\mathrm{Pa \cdot s})$	6.65×10^{-3}	黏度 $\mu/(\mathrm{Pa \cdot s})$	0.64×10^{-3}

管、壳程内两侧的压降皆不应超过 0.03MPa，试选用一适当型号的列管式换热器。此为两流体均无相变的列管式换热器的设计计算。

3.5.1.1 试算并初选换热器规格

（1）确定流体通入的空间

柴油温度高，走壳程可以减少热损失，原油的黏度较大，当装有折流板时，走壳程可在较低的雷诺数下即能达到湍流，有利于提高壳程一侧的对流传热系数。

（2）计算传热热负荷

按原油所需的热量计算：

$$Q_c = W_c c_{p_c}(t_2 - t_1) = 45000 \times 2.2 \times (105 - 75) = 2.97 \times 10^6 (\text{kJ/h}) = 8.32 \times 10^5 (\text{W})$$

若忽略热损失，柴油的出口温度可通过热量衡算求得：

$$Q_c = Q_h = W_h c_{p_h}(T_1 - T_2)$$

$$T_2 = T_1 - \frac{Q}{W_h c_{p_h}} = 175 - \frac{2.97 \times 10^6}{30000 \times 2.48} = 135(\text{℃})$$

（3）确定流体的定性温度、物性数据、并选择列管式换热器的形式

加热介质为柴油，被加热物料为原油，取柴油、原油的定性温度为各自的平均温度。

柴油的定性温度为：

$$t_h = \frac{175 + 135}{2} = 155(\text{℃})$$

原油的定性温度为：

$$t_c = \frac{105 + 75}{2} = 90(\text{℃})$$

则两流体在定性温度下的物性数据如表 3-20 所示。

表 3-20　两流体在定性温度下的物性数据

流体物性	温度/℃	密度 ρ/(kg/m³)	黏度 μ/(Pa·s)	比热容 c_p/[kJ/(kg·℃)]	热导率 λ/[W/(m·℃)]
柴油	155	715	0.64×10^{-3}	2.48	0.133
原油	90	815	6.65×10^{-3}	2.20	0.128

由于两流体温差较大，故选用浮头式列管换热器。

（4）计算平均传热温差

逆流传热：

热流体：柴油175℃（T_1）→135℃（T_2）

冷流体：原油105℃（t_2）←75℃（t_1）

$$\Delta t'_m = \frac{(T_1 - t_2) + (T_2 - t_1)}{2} = \frac{(175 - 105) + (135 - 75)}{2} = 65(\text{℃})$$

暂按单数壳程、偶数管程考虑，则：

$$R = \frac{T_1 - T_2}{t_2 - t_1} = \frac{175 - 135}{105 - 75} = 1.34, \quad P = \frac{t_2 - t_1}{T_1 - t_1} = \frac{105 - 75}{175 - 75} = 0.3$$

由 R 和 P 查图得温差校正系数 $\varphi_{\Delta t} = 0.96$，因 $\varphi_{\Delta t} > 0.8$，故可行。

则两流体的平均温差为：

$$\Delta t_m = \varphi_{\Delta t} \Delta t'_m = 0.96 \times 65 = 62.4(\text{℃})$$

（5）传热面积

为求得传热面积 A，需先求出总传热系数 K，而 K 值又和对流传热系数、污垢热阻等因素有关。在换热器的直径、流速等参数未确定时，对流传热系数也无法计算，所以只能进行试算。参照表 3-5，初选 $K = 250\text{W/(m}^2\cdot\text{℃)}$，则估算传热面积为：

$$A_{估} = \frac{Q}{K \Delta t_m} = \frac{8.32 \times 10^5}{250 \times 62.4} = 53.34(\text{m}^2)$$

考虑 15% 的换热面积裕度，则传热面积为：$A = 1.15 \times 53.34 = 61.34 \, (\text{m}^2)$

（6）工程结构尺寸

① 管径和管内流速：选用 $\phi25mm\times2.5mm$ 的传热管（碳钢管）；设流速 $u_i=1m/s$。

② 管程数和传热管数：依据传热管内径和流速确定单程传热管数

$$n_s=\frac{V_i}{\frac{\pi}{4}d_i^2u_i}=\frac{30000/(715\times3600)}{0.785\times0.02^2\times1}=37（根）$$

按单程管计算，所需的传热管总长度为

$$L=\frac{S}{\pi d_i n_s}=\frac{61.34}{3.14\times0.02\times37}=26.4（m）$$

按单管程设计，传热管过长，宜采用多管程结构。现取每管程传热管长 $l=7m$，则该换热器管程数为：

$$N_p=L/l=26.4/7\approx4（管程）$$

传热管总根数：$N=37\times4=148（根）$

（7）初选换热器型号

采用组合排列法，即每程内均按旋转 $45°$ 正四边形排列，其优点为管板强度高，流体走短路的机会少，且管外流体扰动较大，因而对流传热系数较高，相同的壳程内可排列更多的管子。故而取管间距 t 为：

$$t=1.25d=1.25\times25=32（mm）$$

对于换热器壳体，采用多管程结构，预留5%的壳体余量，取管板利用率 $\eta=0.7$，则壳体内径为：

$$D_i=1.05t\sqrt{n/\eta}=1.05\times32\times\sqrt{148/0.7}=488（mm）$$

综上，可取热交换器的壳体内径为 $D_i=500mm$。

其次，由于两流体温差较大和为了清洗壳程污垢，采用 FB 系列的浮头式列管换热器。由 FB 系列标准，初选 FB-500-66-16-4 型换热器，有关参数见表 3-21。

表 3-21　FB-500-66-16-4 浮头式换热器的主要参数

项目	数据	项目	数据
外壳直径/mm	500	管子尺寸/(mm×mm)	$\phi25\times2.5$
公称压强/MPa	1.6	管长/m	7
公称面积/m²	85	管数	144
管程数	4	管中心距/mm	32
管子排列方式	正方形旋转45°		

（8）折流板

采用弓形折流板，取弓形折流板圆缺高度为壳体内径的 25%，则切去的圆缺高度为 $h=0.25\times500=125（mm）$，故可取 $h=125mm$。

取折流板间距 $B=0.6D_i$，则 $B=0.6\times500=300（mm）$

故折流板数 $N_B=\dfrac{传热管长}{折流板间距}-1=\dfrac{7000}{300}-1=22.33\approx23$ 块

折流板圆缺面水平装配。

（9）换热器初步衡算

按上表 3-21 中的数据初步核算管程、壳程的流速及雷诺数，看选用的换热器是否符合。

① 管程：

流通截面积：$A_i = \frac{\pi}{4} d_i^2 \frac{N}{N_p} = \frac{\pi}{4} \times 0.02^2 \times \frac{148}{4} = 0.0116(\text{m}^2)$

管内柴油流速：$u_i = \frac{W_h}{3600 \rho A_i} = \frac{30000}{3600 \times 715 \times 0.0116} = 1.0 \text{m/s}$

$$Re = \frac{u_i \rho d_i}{\mu} = \frac{1.0 \times 715 \times 0.02}{0.64 \times 10^{-3}} = 22300$$

② 壳程：

流通截面积：由《流体力学与传热》（邹华生等编，华南理工大学出版社）查得：

$$A_0 = BD\left(1 - \frac{d_0}{t}\right) = 0.3 \times 0.5 \times \left(1 - \frac{0.025}{0.032}\right) = 0.0328(\text{m}^2)$$

壳内原油流速：$u_0 = \frac{W_c}{3600 \rho_c A_0} = \frac{45000}{3600 \times 815 \times 0.0328} = 0.4676(\text{m/s})$

当量直径：

$$d_e = \frac{4\left(t^2 - \frac{\pi}{4} d_0^2\right)}{\pi d_0} = \frac{4 \times (0.032^2 - 0.785 \times 0.025^2)}{\pi \times 0.025} = 0.027(\text{m})$$

$$Re_0 = \frac{u_0 \rho_c d_e}{\mu_c} = \frac{0.4676 \times 815 \times 0.027}{6.65 \times 10^{-3}} = 1550$$

$$Re_0' = \frac{u_0 \rho_c d_0}{\mu_c} = \frac{0.4676 \times 815 \times 0.025}{6.65 \times 10^{-3}} = 1430$$

由以上核算看出，采用 FB-500-66-16-4 型号，管程、壳程的流速和雷诺数都是合适的。

3.5.1.2 传热系数的校核

已选定的换热器型号是否适用，还要核算 K 值和传热面积 A 才能确定。

（1）管程的对流传热系数 α_i

$$Re_i = 22300 > 10^4$$

$$Pr_h = \frac{\mu_h c_{p_h}}{\lambda_h} = \frac{0.64 \times 10^{-3} \times 2.48 \times 10^3}{0.133} = 11.93$$

$$\alpha_i = 0.023 \frac{\lambda_h}{d_i}\left(\frac{d_i u \rho}{\mu}\right)^{0.8}\left(\frac{c_p \mu}{\lambda}\right)^{0.3} = 0.023 \times \frac{0.133}{0.02} \times 22300^{0.8} \times 11.93^{0.3} = 969[\text{W}/(\text{m}^2 \cdot \text{C})]$$

（2）壳程的对流传热系数 α_0

$$\alpha_0 = 0.36 \frac{\lambda}{d_e} Re^{0.55} Pr^{1/3} \varphi_\mu$$

$$Pr_c = \frac{\mu c_p}{\lambda} = \frac{6.65 \times 10^{-3} \times 2.2 \times 10^3}{0.128} = 114$$

取 $\varphi_\mu = 1.05$

$$\alpha_0 = 0.36 \times \frac{0.128}{0.027} \times 1430^{0.55} \times 114^{\frac{1}{3}} \times 1.05 = 472.5[\text{W}/(\text{m}^2 \cdot \text{℃})]$$

（3）确定污垢热阻

一般地，原油污垢热阻：$3.44 \times 10^{-4} \sim 12.1 \times 10^{-4} \text{m}^2 \cdot \text{℃/W}$；柴油污垢热阻：$3.44 \times$

$10^{-4} \sim 5.16 \times 10^{-4} \, \text{m}^2 \cdot \text{℃/W}$。

取 $R_{si} = R_{s0} = 0.0004 \, \text{m}^2 \cdot \text{℃/W}$。

（4）计算总传热系数 K

以外表面为基准计算总传热系数 K，查得碳钢的热导率 $\lambda = 45 \, \text{W/(m} \cdot \text{℃)}$。由下式可得：

$$K = \cfrac{1}{\cfrac{1}{\alpha_0} + R_{s0} + \cfrac{bd_0}{\lambda d_m} + R_{si}\cfrac{d_0}{d_i} + \cfrac{d_0}{\alpha_i d_i}}$$

$$= \cfrac{1}{\cfrac{1}{472.5} + 0.0004 + \cfrac{0.0025 \times 0.025}{45 \times 0.00225} + 0.0002 \times \cfrac{0.025}{0.020} + \cfrac{0.025}{969 \times 0.02}}$$

$$= 228.93 \, [\text{W/(m}^2 \cdot \text{℃)}]$$

其中，d_m 为钢管内径和外径的平均值，$d_m = \dfrac{1}{2}(d_0 + d_i) = \dfrac{1}{2}(0.02 + 0.025) = 0.0225 \, \text{mm}$

3.5.1.3 计算所需传热面积 A

$$A = \frac{Q}{K\Delta t_m} = \frac{8.32 \times 10^5}{228.93 \times 62.4} = 58.24 \, (\text{m}^2)$$

查表可知所选换热器的实际传热面积为：

$$A' = \pi d_0 L n = \pi \times 0.025 \times 7 \times 144 = 79.17 \, (\text{m}^2)$$

$$\frac{A' - A}{A} = \frac{79.17 - 58.24}{58.24} = 35.9\%$$

核算结果表明，换热器的传热面积有 35.9% 的裕度，故可用。

3.5.1.4 计算阻力损失

（1）管程阻力损失

$$\sum \Delta p_i = (\Delta p_1 + \Delta p_2)F_t N_s N_p$$

当 $Re = 22300$，查得 $\lambda = 0.028$。

$$\Delta p_1 = \lambda \frac{L}{d_i} \frac{\rho u_i^2}{2}$$

$$\Delta p_2 = 3 \frac{\rho u_i^2}{2}$$

$$\Delta p_1 + \Delta p_2 = \left(\lambda \frac{L}{d_i} + 3\right)\frac{\rho u_i^2}{2} = \left(0.028 \times \frac{7}{0.02} + 3\right) \times \frac{715 \times 1^2}{2} = 4576 \, (\text{Pa})$$

$\sum \Delta p_i = (\Delta p_1 + \Delta p_2)F_t N_s N_p = 4576 \times 1.4 \times 1 \times 4 = 25626 \, (\text{Pa}) < 0.03 \, \text{MPa}$

其中，F_t 为结垢校正系数，取 1.4；N_s 为串联壳程数，取 1；N_p 为管程数，为 4。

（2）壳程阻力损失

$$\sum \Delta p_0 = (\Delta p'_1 + \Delta p'_2)F_s N_s$$

$$\Delta p'_1 = F f_0 n_c (N_B + 1)\frac{\rho u_0^2}{2}$$

$$\Delta p'_2 = N_B \left(3.5 - \frac{2h}{D}\right)\frac{\rho u_0^2}{2}$$

因 $Re_0 > 500$，故 $f_0 = 5Re^{-0.228} = 5 \times 1430^{-0.228} = 0.95$

管子排列为正方形 45° 错排，取 $F = 0.4$。

折流板数：$N_B = 23$

则：
$$\Delta p'_1 = 0.4 \times 0.95 \times 14 \times (23+1) \times \frac{815 \times 0.4676^2}{2} = 11376 (\text{Pa})$$

$$\Delta p'_2 = 23 \times \left(3.5 - \frac{2 \times 0.125}{0.5}\right) \times \frac{815 \times 0.4676^2}{2} = 6147.9 (\text{Pa})$$

取污垢校正系数 $F_s = 1.15$

$$\sum \Delta p_0 = (11376 + 6147.9) \times 1.15 \times 1 = 20152.5 (\text{Pa}) < 0.03 \text{MPa}$$

流经管程和壳程流体的压降均未超过 0.03MPa。以上核算结果表明，选用 FB-500-66-16-4 型换热器能符合工艺要求。

3.5.2 立式热虹吸式再沸器

设计一甲苯蒸发量为 9520kg/h 的立式热虹吸式再沸器，操作压强为 0.198MPa，加热介质为 0.785MPa 饱和水蒸气。

3.5.2.1 根据操作条件查取物性数据

甲苯沸点 $t_s = 135℃$；

甲苯在沸点下汽化潜热 $\Delta H = 346.94 \text{kJ/kg}$；

甲苯的临界压力 $p_c = 43 \text{kgf/cm}^2$（$1 \text{kgf/cm}^2 = 0.098 \text{MPa}$）；

甲苯的蒸汽压曲线斜率 $(\Delta t / \Delta p)_S = 2.03 \times 10^{-3} \text{m}^2 \cdot ℃/\text{kg}$；

液相甲苯黏度 $\mu_L = 0.20 \text{mPa} \cdot \text{s}$；

气相甲苯黏度 $\mu_V = 0.0095 \text{mPa} \cdot \text{s}$；

液相甲苯密度 $\gamma_L = 743 \text{kg/m}^3$；

液相甲苯比热容 $c_p = 2.04 \text{kJ/kg} \cdot ℃$；

液相甲苯热导率 $\lambda_L = 0.4013 \text{kJ/(m} \cdot \text{h} \cdot ℃)$；

气相甲苯密度 $\rho_V = 5.38 \text{kg/m}^3$；

0.785MPa 饱和水蒸气对应的饱和温度为 169℃。

3.5.2.2 估算设备尺寸

计算热负荷：
$$q_L = G \Delta H = 9520 \times 346.94 = 3.3 \times 10^6 (\text{kJ/h})$$

计算温差：
$$\Delta T = 169 - 135 = 34 (℃)$$

假设传热系数 K：取再沸器 K 值为 $2299 \text{kJ/(m}^2 \cdot \text{h} \cdot ℃)$。

计算传热面积 A：
$$A = \frac{q_L}{K \Delta T} = \frac{3.3 \times 10^6}{2299 \times 34} = 42.2 (\text{m}^2)$$

由系列选取设备尺寸：

壳径 $D_g = 800 \text{mm}$，管子尺寸为 $\phi = 38 \text{mm} \times 3 \text{mm} \times 2000 \text{mm}$，管子 205 根，取再沸器入口管径 $d_1 = 150 \text{mm}$，出口管径 $d_2 = 250 \text{mm}$。

3.5.2.3 K 值的校核

（1）估算循环流量 W_T

设再沸器出口处汽化率（质量分数）：$x_E = 0.15$

循环流量：

$$W_T = \frac{9520}{0.15} \approx 63400 (\text{kg/h})$$

（2）蒸汽冷凝传热分系数 α_0

水蒸气冷凝量：

$$D = \frac{q_L}{\Delta H} = \frac{3.3 \times 10^6}{2057.2} = 1604 (\text{kg/h})$$

冷凝负荷：

$$\Gamma = \frac{D}{n \pi d_0 L} = \frac{1604}{205 \times \pi \times 0.038 \times 2} = 32.77 [\text{kg/(m·h)}]$$

查图 3-11 得：$\alpha_0 = 12900 \text{kJ/(m}^2 \cdot \text{h} \cdot \text{℃})$

（3）显热带平均传热系数 K_L

$$G_L = \frac{W_T}{0.785 n d_i^2} = \frac{63400}{0.785 \times 205 \times 0.032^2} = 3.85 \times 10^5 [\text{kg/(m}^2 \cdot \text{h})]$$

$$Re_L = \frac{d_i G_L}{\mu g} = \frac{0.032 \times 3.85 \times 10^5}{\frac{0.2 \times 9.81}{9810} \times 3600} = 1.71 \times 10^4$$

$$Pr = \frac{3.6 c_p \mu}{\lambda} = \frac{3.6 \times 2.04 \times 0.2}{0.4013} = 3.66$$

$$\alpha_L = 0.023 \times \frac{0.4013}{0.032} \times (1.71 \times 10^4)^{0.8} \times 3.66^{0.4} = 1170.4 [\text{kJ/(m}^2 \cdot \text{h} \cdot \text{℃})]$$

查表 3-7，取蒸汽加热侧垢层热阻：$R_0 = 0.86 \times 10^{-4} \text{m}^2 \cdot \text{℃/W} = 0.000024 \text{m}^2 \cdot \text{h} \cdot \text{℃/kJ}$

查表 3-8，有机化合物沸腾侧垢层热阻：$R_i = 1.72 \times 10^{-4} \text{m}^2 \cdot \text{℃/W} = 0.000048 \text{m}^2 \cdot \text{h} \cdot \text{℃/kJ}$

管壁热阻： $R_壁 = \frac{\delta}{\lambda} = \frac{0.003 \times 1000}{45 \times 3600} = 0.0000185 (\text{m}^2 \cdot \text{℃/kJ})$

$$\frac{1}{K_L} = \frac{1}{\alpha_L} \frac{d_0}{d_i} + r_i \frac{d_0}{d_i} + \frac{\delta d_0}{\lambda d_m} + r_0 + \frac{1}{\alpha_0}$$

$$\frac{1}{K_L} = \frac{1}{1170.4} \times \frac{0.038}{0.032} + 0.000048 \times \frac{0.038}{0.032} + 0.0000185 \times \frac{0.038}{0.035} + 0.000024 + \frac{1}{12900} = 0.00119$$

$$K_L = 838.69 [\text{kJ/(m}^2 \cdot \text{h} \cdot \text{℃})]$$

（4）蒸发带平均传热系数 K_V

① 沸腾传热分系数 α_b。

对比压力：操作压强为 0.198MPa；甲苯的临界压力 $p_c = 43 \text{kgf/cm}^2$（约为 4.216MPa）。

$$p_r = \frac{0.198}{4.216} = 0.047$$

查图 3-16 得：$Z = 3.5$

$$\alpha_b = Z \left(\frac{q_L}{A} \right)^{0.7} = 3.5 \times \left(\frac{3.3 \times 10^6}{42.2} \right)^{0.7} = 9317.7 [\text{kJ/(m}^2 \cdot \text{h} \cdot \text{℃})]$$

$$\psi = \left(\frac{5.38}{743} \right)^{0.5} \times \left(\frac{0.2}{0.0095} \right)^{0.1} = 0.115$$

由 $x_E = 0.15$，查图 3-15 得：

$$\frac{1}{X_{tt}}=1.9$$

由 $G_L=3.85\times10^5\,\mathrm{kg/(m^2\cdot h)}$，$\frac{1}{X_{tt}}=1.9$，查图 3-14 得：$a_E=0.39$

$x=0.4x_E=0.4\times0.15=0.06$，查图 3-15 得，$\frac{1}{X_{tt}}=0.76$

查图 3-14 得，$a'=0.9$

$$a=\frac{a_E+a'}{2}=\frac{0.39+0.9}{2}=0.65$$

② 两相对流传热分系数 α_c。

$$x=0.4x_E=0.4\times0.15=0.06$$

由图 3-17 查得：$\zeta=3.1$

$$Re_L=1.71\times10^4,\ Pr=3.66$$

$$\alpha_c=0.023\zeta\frac{\lambda_L}{d_i}\left[Re_L(1-x)\right]^{0.8}(Pr)^{\frac{1}{3}}$$

$$=0.023\times3.1\times\frac{0.096}{0.032}\times\left[1.71\times10^4\times(1-0.06)\right]^{0.8}\times(3.66)^{\frac{1}{3}}$$

$$=3239.5\,[\mathrm{kJ/(m^2\cdot h\cdot ℃)}]$$

$$\alpha_V=a\alpha_b+\alpha_c=0.65\times9317.7+3239.5=9296\,[\mathrm{kJ/(m^2\cdot h\cdot ℃)}]$$

$$\frac{1}{K_V}=\frac{1}{9296}\times\frac{0.038}{0.032}+\frac{1}{12900}+0.000024+0.000048\times\frac{0.038}{0.032}+0.000018\times\frac{0.038}{0.035}=0.0003063$$

$$K_V=3264.38\,\mathrm{kJ/(m^2\cdot h\cdot ℃)}$$

（5）显热带和蒸发带长度

$$L_{BC}\%=\frac{(\Delta t/\Delta p)_S}{(\Delta t/\Delta p)_S-\dfrac{\Delta t/\Delta L}{\Delta p/\Delta L}}=\frac{(\Delta t/\Delta p)_S}{(\Delta t/\Delta p)_S+\dfrac{\pi d_i nK_L\Delta T}{C_L W_T\rho_L}}$$

$$=\frac{2.03\times10^{-3}}{2.03\times10^{-3}+0.488\times743\times63400}$$

$$=25.7\%$$

显热带长度：$L_{BC}=0.257\times2=0.514$（m）

蒸发带长度：$L_{CD}=2-0.514=1.486$（m）

（6）加热管平均传热系数 K

$$K=\frac{K_L L_{BC}+K_V L_{CD}}{L}=\frac{838.69\times0.514+3264.38\times1.486}{2}=2641\,[\mathrm{kJ/(m^2\cdot h\cdot ℃)}]$$

比假设值高约 15%，说明假设值尚可。

3.5.2.4 循环流量的校核

（1）循环推动力 Δp_1

$$\Delta p_1=L_{CD}(\rho_L-\overline{\rho}_c)-l\cdot\rho_c$$

由表 3-17 查得：$l=0.51\mathrm{m}$

由表 3-18 查得：$a_1=883$，$a_2=1.81$，$a_3=33.9$，$a_4=0.293$

$$L_{CD}=1.486\mathrm{m}$$

$$\bar{\rho}_c = \rho_V R_V + \rho_L R_L = \rho_V(1-\overline{R}_L) + \rho_L \overline{R}_L$$

$\psi = 0.115$，$x_E = 0.15$，查图 3-19 得：$R_L = 0.155$

$\psi = 0.115$，$x = 0.4 \times 0.15 = 0.06$，查图 3-19 得：$\overline{R}_L = 0.24$

$$\rho_c = 5.38 \times (1-0.155) + 743 \times 0.155 = 119.5 (\text{kg/m}^3)$$

$$\bar{\rho}_c = 5.38 \times (1-0.24) + 743 \times 0.24 = 182.6 (\text{kg/m}^3)$$

$$\Delta p_1 = 1.486 \times (743-182.6) - 0.51 \times 119.5 = 7573 (\text{Pa})$$

(2) 循环阻力 Δp_2

$$\Delta p_2 = \frac{W_T^2 \times 10^{-5}}{\rho_L} \{a_1 f_1 + a_2 f_2 [L_{BC} + \bar{\phi}(1-\bar{x})^2 L_{CD}] + a_3 f_3 \phi(1-x_E)^2 + a_4 M\}$$

各段摩擦系数：

入口管：

$$G_1 = \frac{W_T}{0.785 d_i^2} = \frac{63400}{0.785 \times 0.15^2} = 3.58 \times 10^6 [\text{kg/(m}^2 \cdot \text{h)}]$$

$$Re_1 = \frac{d_1 G_1}{\mu_1 g} = \frac{0.15 \times 3.58 \times 10^6}{\dfrac{0.2 \times 9.81}{9810} \times 3600} = 7.45 \times 10^5$$

查图 3-20 得：$f_1 = 0.0047$

出口管：

$$G_3 = \frac{W_T(1-x_E)}{0.785 d_2^2} = \frac{63400 \times (1-0.15)}{0.785 \times 0.25^2} = 1.1 \times 10^6 [\text{kg/(m}^2 \cdot \text{h)}]$$

$$Re_3 = \frac{d_2 G_3}{\mu_2 g} = \frac{0.25 \times 1.1 \times 10^6}{\dfrac{0.2 \times 9.81}{9810} \times 3600} = 3.82 \times 10^5$$

$$f_2 = 0.005$$

加热管：

入口：$Re_L = 1.71 \times 10^4$，$f = 0.0084$

出口：$Re_L = 1.71 \times 10^4 \times 0.85 = 1.45 \times 10^4$，$f = 0.0088$

$$f_2 = \frac{0.0084 + 0.0088}{2} = 0.0086$$

$x_E = 0.15$，$\psi = 0.115$，查图 3-21 得：$\phi = 38$

$x = \dfrac{2}{3} x_E = \dfrac{2}{3} \times 0.15 = 0.10$，查图 3-21 得：$\bar{\phi} = 24$

$$M = \frac{(1-x_E)^2}{R_L} + \frac{\rho_L}{\rho_V}\left(\frac{x_E^2}{1-R_L}\right) - 1$$

由 $x_E = 0.15$，$\psi = 0.115$，查图 3-19 得：$R_L = 0.16$

$$M = \frac{0.85^2}{0.16} + \frac{743}{5.38} \times \left(\frac{0.15^2}{1-0.16}\right) - 1 = 7.22$$

$$\Delta p_2 = \frac{63400^2 \times 10^{-5}}{743} \times \{883 \times 0.0047 + 1.81 \times 0.0086 \times [0.514 + 24 \times (1-0.06)^2$$

$$\times 1.486] + 33.9 \times 0.005 \times 38 \times (1-0.15)^2 + 0.293 \times 7.22\}$$

$$= 6523 (\text{Pa})$$

所以：$\Delta p_1 > \Delta p_2$

说明安装尺寸能满足所要求的循环量。

3.5.3　冷凝冷却器

试设计一重整装置苯塔塔顶冷凝冷却器，其条件：苯蒸气量每小时 7000kg，需要从 80.1℃冷凝冷却至 40℃，冷却水进口温度为 25℃，出口温度不超过 40℃。

已知：80.1℃苯的饱和气体热焓为 394kJ/kg；80.1℃苯液体的热焓为 450kJ/kg；苯的平均比热容为 1.70kJ/(kg·℃)。

3.5.3.1　计算热负荷、冷却水量和两段交界温度。

$$q_{冷凝} = 7000 \times 394 = 2.76 \times 10^6 (\text{kJ/h})$$

$$q_{冷却} = 7000 \times 1.70 \times (80.1 - 40) = 476000 (\text{kJ/h})$$

由式（3-10）求取两段交界处的冷流体温度 t_a：

$$\frac{q_{冷凝}}{q_{冷却}} = \frac{t_2 - t_a}{t_a - t_1}$$

$$\frac{2.76 \times 10^6}{476000} = \frac{40 - t_a}{t_a - 25}$$

$$t_a = 27.2℃$$

$$W_{水} = \frac{q_{冷凝}}{c_p(t_2 - t_a)} = \frac{2.76 \times 10^6}{1 \times (40 - 27.2)} = 215625(\text{kg/h}) = 215.6(\text{m}^3/\text{h})$$

先计算冷凝段。

3.5.3.2　计算平均温差

$$\Delta t_m = \frac{(80.1 - 40) + (80.1 - 27.2)}{2} = 46.5(℃)$$

3.5.3.3　估算冷凝段传热面积

取 $K = 800\text{kJ/(m}^2 \cdot ℃)$

$$A = \frac{2.76 \times 10^6}{800 \times 46.5} = 74.2(\text{m}^2)$$

选取 FL_A-600-25-82-4

即壳径 600mm，压力 2.45MPa，公称传热面积 82.7m^2，4 管程，管径为 $\phi19\text{mm} \times 2\text{mm}$，管长 4.5m，有效面积为 80.7m^2，管数 $N = 308$ 根，每程管数 $n = 77$ 根。

3.5.3.4　校核传热面积

(1) 冷凝侧传热分系数 $\alpha_{冷凝}$ 的计算

$$\alpha_{冷凝} = 1.51 \frac{\left(\dfrac{\lambda^3 \rho^2 g}{\mu^2}\right)^{1/3}}{Re^{1/3}}$$

由式：　$Re = \dfrac{4\Gamma}{\mu g}$，$\Gamma = \dfrac{G}{Ln_s}$

取三角形排列：$\mu = 0.737\text{MPa} \cdot \text{s}$

$$n_s = 2.08N^{0.495} = 2.08 \times 308^{0.495} = 35.5$$

$$\Gamma = \frac{G}{Ln_s} = \frac{7000}{4.5 \times 35.5} = 44 \, [\text{kg}/(\text{m} \cdot \text{h})]$$

$$Re = \frac{4\Gamma}{\mu g} = \frac{4 \times 44}{\frac{0.737}{9810} \times 9.8 \times 3600} = 66 < 2100$$

$$Re^{1/3} = 66^{1/3} = 4.05$$

$$\frac{\lambda^3 \rho^2 g}{\mu^2} = \frac{\lambda^3 \gamma^2}{\mu^2 g}$$

$\gamma = 0.148\text{W}/(\text{m} \cdot \text{℃})$；$\mu = 0.739\text{mPa} \cdot \text{s}$；$\gamma = 879\text{kg}/\text{m}^3$。

$$\frac{\lambda^3 \rho^2 g}{\mu^2} = \frac{\lambda^3 \gamma^2}{\mu^2 g} = \frac{0.148^3 \times 879^2}{\left(\frac{0.739}{9810}\right)^2 \times 9.81} = 4.5 \times 10^{10}$$

$$\left(\frac{\lambda^3 \rho^2 g}{\mu^2}\right)^{1/3} = \left(\frac{\lambda^3 \gamma^2}{\mu^2 g}\right)^{1/3} = (4.5 \times 10^{10})^{1/3} = 3557$$

$$\alpha_{冷凝} = \frac{1.51 \times 3557}{4.05} = 1326 [\text{W}/(\text{m}^2 \cdot \text{h} \cdot \text{℃})]$$

（2）冷却水传热分系数 $\alpha_{水}$ 的计算

冷却水在管内的流速：

$$u = \frac{215.6}{3600 \times 0.015^2 \times \pi/4 \times 77} = 4.40(\text{m/s})$$

定性温度：
$$t_m = \frac{40 + 27.7}{2} = 33.6(\text{℃})$$

查得：$\mu = 0.7513\text{mPa} \cdot \text{s}$，$\rho = 995.7\text{kg}/\text{m}^3$，$\lambda = 0.6171\text{W}/(\text{m} \cdot \text{h} \cdot \text{℃})$

$$Re = \frac{du\rho}{\mu} = \frac{0.015 \times 4.40 \times 995.7}{0.7513} \times 1000 = 87500$$

$$Pr = \frac{3600 c_p \mu g}{\lambda} = \frac{3600 \times 1 \times 0.7513 \times 9.81}{0.6171 \times 9810} = 4.38$$

$$\alpha_{水} = 0.23 \times \frac{0.6171}{0.015} \times 87500^{0.8} \times 4.38^{0.4} = 1.54 \times 10^5 [\text{W}/(\text{m}^2 \cdot \text{h} \cdot \text{℃})]$$

取：甲苯污垢 $R = 0.0002$，水垢 $R = 0.0002$

$$R_{壁} = \frac{0.002}{40} = 0.00005$$

（3）传热面积校核

$$\frac{1}{K} = \frac{1}{\frac{1}{1.54 \times 10^5} + \frac{1}{1326} + 0.0002 + 0.0002 + 0.00005} = 826 [\text{W}/(\text{m}^2 \cdot \text{℃})]$$

$$A = \frac{2.76 \times 10^6}{826 \times 46.4} = 72(\text{m}^2)$$

$$安全系数 = \frac{80.7 - 72}{72} = 12.1\%$$

安全系数较大可用。

第4章
板式精馏塔的设计

4.1 概述

塔设备是炼油、化工等生产中广泛使用的气液传质设备。根据塔内气液接触部件的结构形式,可分为板式塔与填料塔两大类。

工业上对塔设备的主要要求有:

① 生产能力大;

② 传质、传热效率高;

③ 气液的摩擦阻力小;

④ 操作稳定,适应性强,操作弹性大;

⑤ 结构简单,材料耗用量少;

⑥ 制造安装容易,操作维修方便;

⑦ 不易堵塞、腐蚀。

实际上,任何塔设备都难以满足上述所有要求。因此,设计者应根据塔型特点、物系性质、生产工艺条件、操作方式、设备投资、操作与维修费用等技术经济评价以及设计经验等因素,依矛盾的主次综合考虑,选取适宜的塔型。

4.2 设计方案的确定

板式塔大致可分两类:一类是有降液管的塔板,如泡罩、浮阀、筛板、导向筛板、新型垂直筛板、舌型、弓形、多降液管塔板等;另一类是无降液管的塔板,如穿流式筛板、穿流式波纹板等。工业上应用较多的是有降液管的塔板,如浮阀、筛板和泡罩塔板等。

4.2.1 装置流程的确定

精馏装置包括精馏塔、原料预热器、蒸馏釜（再沸器）、冷凝器、釜液冷却器和产品冷却器等设备。

热量自塔釜输入，物料在塔内多次部分汽化与部分冷凝进行精馏分离，由冷凝器和冷却器中的冷却介质将余热带走。在此过程中，热能利用率很低，为此，确定装置流程应考虑余热的利用，注意节能。

另外，为保持塔的操作稳定性，流程中除用泵将原料直接送入塔内外，有时也采用高位槽送料，以免受泵波动的影响。

塔顶冷凝装置根据生产情况可决定采用分凝器或全凝器。一般塔顶分凝器对上升蒸汽虽有一定增浓作用，但在石油化工等工业中获取产品时往往采用全凝器，以便于准确地控制回流比。若后续装置需使用气态物料，则宜用分凝器。

总之，确定流程时要较全面、合理地兼顾设备、操作费用、操作控制及安全诸因素。

4.2.2 精馏方式的选定

可选用的精馏方式主要有以下几种：
a.简单蒸馏；b.水蒸气蒸馏；c.间歇蒸馏；d.连续精馏；e.特殊精馏。

4.2.3 操作压力的选取

精馏操作可在常压、减压和加压下进行。操作压强取决于冷凝温度。一般情况下，除热敏性物料以外，凡通过常压蒸馏不难实现分离要求，并能用江河水或循环水将馏出物冷凝下来的系统，都应采用常压精馏；对热敏性物料或混和液沸点过高的系统则宜采用减压精馏；对常压下馏出物的冷凝温度过低的系统，需提高塔压或采用深井水、冷冻盐水作冷却剂，而常压下气态的物料必须采用加压精馏。

4.2.4 加料状态的选择

加料状态以进料热状态参数 q 表示，即：

$$q = \frac{使每摩尔进料变成蒸汽所需热量}{每摩尔进料的汽化潜热} \qquad (4-1)$$

其中：
① 当 $q=1$ 时，饱和液体进料；
② 当 $q>1$ 时，冷液进料；
③ 当 $0<q<1$ 时，气液混和进料；
④ 当 $q=0$ 时，饱和蒸汽进料；
⑤ 当 $q<0$ 时，过热蒸汽进料。

原则上，在供热量一定的情况下，热量应尽可能由塔底输入，使产生的气相回流在全塔内发挥作用，即宜冷进料。但为使塔的操作稳定，免受季节气温的影响，精馏段、提馏段采用相同的塔径，则常采用饱和液体（泡点）进料，但需增设原料预热器。若工艺要求减少塔釜加热量，避免釜温过高、料液产生聚合或结焦，则应采用气态进料。

4.2.5 加热方式

蒸馏大多采用间接蒸汽加热，设置蒸馏釜或再沸器，有时也可采用直接水蒸气加热。例如，蒸馏釜残液中的主要成分是水，且在低浓度下轻组分的相对挥发度较大时（如乙醇与水的混和液）宜采用直接水蒸气加热，其优点是可以利用压强较低的加热蒸汽以节省操作费用，并省掉间接加热设备。但由于直接水蒸气的加入，对釜内溶液有一定的稀释作用，在进料条件和产品纯度一定的前提下，釜液浓度相应降低，故需在提馏段增加塔板以达到生产要求。

4.2.6 回流比的选择

选择回流比，主要从经济的观点出发，力求使设备费用和操作费用之和达到最低。一般回流比的经验值按下式计算：

$$R = (1.1 \sim 2.0) R_{min} \tag{4-2}$$

式中　R——操作回流比；

　　　R_{min}——最小回流比。

对特殊物系与特殊场合，则应根据实际需要选定回流比。在设计时，也可参考同类生产的 R 经验值选定。必要时可选若干 R 值，利用吉利兰图（简捷法）求出对应理论板数 N，作出 N-R 曲线或 $(R+1)$-R 曲线，从中找出适宜的操作回流比 R，也可以作出 R 对精馏操作费用的关系曲线，从中确定适宜的回流比 R。

4.2.7 塔顶冷凝器的冷凝方式与冷却介质的选择

塔顶可以选用分凝器或全凝器。一般塔顶产品在后续工段以气态使用时应采用分凝器，气相出料；反之，以液态使用时，则采用全凝器，液相出料。用分凝器时，理论上可将其当作一块理论板，回流温度是回流液的泡点温度。采用全凝器时，回流液常被过冷后进入塔内，使塔内上升的蒸汽部分冷凝而产生内回流，在理论板计算和热量衡算及塔径计算时，应注意到这一点。塔顶冷凝温度不要求低于30℃时，工业上多采用水冷，冷却水可以是江水、河水及湖水，如果用自来水就需要考虑用循环水。因此，冷却水进口温度不仅因气候条件而异，还要注意到冷却水循环系统的出口温度。如果要求冷却到30℃以下时，则需采用冷冻盐水或其他冷冻剂。

在操作条件及流程安排中，首先要根据工艺条件决定选用何种冷凝方式，同时也要从经济上考虑。例如，釜液温度较高时，可以用来预热原料，以回收部分热能，节省加热介质。又如，原料温度较低时，可用其冷却塔顶蒸汽，节省部分冷却剂。

4.2.8 板式塔类型的选择

化工原理教材中已对常用板式塔如泡罩塔、筛板塔、浮阀塔、喷射塔、多降液管塔、无溢流塔等的形式、结构和优缺点等都做了介绍，这里不再重复。从中可以了解：不同的类型，均有各自独特的优点，但也存在一定的缺点，因此各有其适用的场合。任何一种塔型都难以完全满足前述精馏对塔设备提出的所有要求，通过分析比较，选取一种相对比较合适的塔型。表4-1可作为选型时参考。

表 4-1　板式塔类型的选取

序号	内　容	泡罩	条形泡罩	S形泡罩	溢流式筛板	导向筛板	圆形浮阀	条形浮阀	栅板	穿流式筛板	穿流式管板	波纹筛板	异孔径筛板	条孔网状塔板	舌形塔板	文丘里式塔板
1	高气、液相流量	C	B	D	E	E	E	E	E	E	E	E	E	E	E	F
2	低气、液相流量	D	D	D	C	D	F	F	C	D	C	D	D	E	D	B
3	操作弹性大	E	B	E	D	F	F	F	B	B	B	C	D	E	D	D
4	阻力降小	A	A	A	D	C	D	C	D	C	D	E	E	E	C	E
5	雾沫夹带量小	B	B	C	D	D	D	E	E	E	E	E	E	E	E	F
6	板上滞液量小	A	A	A	E	D	E	D	E	E	D	E	E	E	F	F
7	板间距小	D	C	D	E	E	E	F	F	F	E	F	E	F	F	F
8	效率高	E	D	E	E	F	E	E	E	E	D	E	E	E	E	F
9	塔单位体积生产能力大	C	B	C	E	E	E	E	E	E	E	E	E	E	E	F
10	气、液相流量的可变性	D	C	E	D	F	F	B	B	A	C	C	D	D	D	D
11	价格低廉	C	B	D	E	D	D	D	D	E	D	E	E	E	E	E
12	金属消耗量少	C	C	D	E	D	E	F	F	C	E	F	E	F	F	F
13	易于装卸	B	B	D	E	C	B	F	F	F	E	F	E	E	E	E
14	易于检查清洗和维修	C	B	D	C	D	F	F	F	F	E	E	E	D	D	D
15	有固体沉积时用液体进行清洗的可能性	B	A	A	B	A	B	E	E	D	F	E	E	E	C	C
16	开工和停工方便	E	E	E	C	D	E	C	C	D	C	D	D	D	D	D
17	加热和冷却的可能性	B	B	B	D	C	A	D	D	D	F	C	C	A	A	A
18	用于腐蚀介质的可能性	B	B	C	D	C	C	E	E	E	D	C	D	D	C	C

注：A—不合适；B—尚可；C—合适；D—较满意；E—很好；F—最好。

4.3　物料衡算、热量衡算

为进行精馏塔的设计计算和选取辅助设备，首先应进行装置的物料衡算和热量衡算。

装置的物料衡算和热量衡算，就是根据给定的设计原始数据和选定的条件，利用质量和热量守恒规律确定流程中各设备的进、出口（或内部）物流的流率和热流的流率（又称热负荷）。

4.3.1　物料衡算

4.3.1.1　二元精馏塔的物料衡算

（1）间接蒸汽加热情况下精馏塔的物料衡算

① 设 F、D 和 W 分别为进料、塔顶馏出液和釜液的摩尔流率；

② x_F、x_D 和 x_W 分别为进料、塔顶馏出液和釜液中易挥发组分的摩尔分数；

③ V 和 V' 分别为精馏段和提馏段上升蒸汽的摩尔流率；

④ L 和 L' 分别为精馏段和提馏段下降液体的摩尔流率。

对于进料装置的设计，F、x_F、x_D、x_W 和 q 为给定或选取的原始数据。由物料衡算式：

$$F = D + W \tag{4-3}$$

和

$$Fx_F = Dx_D + Wx_W \tag{4-4}$$

可计算塔顶馏出液和釜液的摩尔流率。

基于恒摩尔流假设，当选定回流比 R 后即可计算精馏段、提馏段上升蒸汽和下降液体的摩尔流率：

$$V = (R+1)D \tag{4-5}$$
$$L = RD \tag{4-6}$$
$$V' = V + (q-1)F \tag{4-7}$$
$$L' = L + qF \tag{4-8}$$

应予指出：在后面设备尺寸的计算中，物流的流率常采用质量流率和体积流率单位，要进行必要的换算。

（2）直接蒸汽加热情况下精馏塔的物料衡算

总物料衡算：
$$F + S + L = V + W \tag{4-9}$$

易挥发组分：
$$Fx_F + Sy_0 + Lx_L = Vy_1 + W^* x_{W^*} \tag{4-10}$$

式中　S——直接蒸汽量，kmol/h；

　　y_0——组分的含量，$y_0 = 0$；

　W^*——直接蒸汽加热时的釜液量，kmol/h；

　x_{W^*}——组分的摩尔分数；

　　V——精馏段上升蒸汽量，kmol/h。

$$W^* = W + S$$

$$x_{W^*} = \frac{W}{W+S}x_W$$

恒摩尔流、泡点进料时：
$$V = V' = S$$

4.3.1.2　多元连续精馏物料衡算

$$F = D + W \tag{4-11}$$
$$Fx_{Fi} = Dx_{Di} + Wx_{Wi} \tag{4-12}$$

式中　F、D、W——分别为进料、塔顶馏出液、塔釜馏出液量的摩尔流量；

　x_{Fi}、x_{Di}、x_{Wi}——分别为进料、塔顶馏出液、塔釜馏出液的摩尔分率。

4.3.2　热量衡算

通过热量衡算可以确定加热蒸汽的用量和冷却水的用量。对图4-1中虚线表示的范围作热量衡算。热量均以 0℃ 的液体为基准点计算。

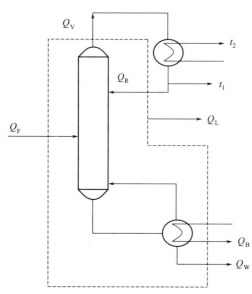

图 4-1　精馏塔热量衡算示意图

4.3.2.1　进入系统的热量

（1）加热蒸汽带入的热量 Q_B

$$Q_B = G_B \gamma_B \tag{4-13}$$

式中　G_B——加热蒸汽用量，kg/h；

$\quad\quad \gamma_B$——加热蒸汽的汽化潜热，kJ/kg。

（2）进料带入的热量 Q_F

$$Q_F = F_G c_{pF} t_F \tag{4-14}$$

式中　F_G——加热蒸汽用量，kg/h；

$\quad\quad c_{pF}$——进料的比热容，kJ/(kg·K)；

$\quad\quad t_F$——进料温度，K。

（3）回流带入的热量 Q_R

$$Q_R = RD_G c_{pR} t_R \tag{4-15}$$

式中　D_G——塔顶馏出液量，kg/h；

$\quad\quad R$——回流比；

$\quad\quad c_{pR}$——回流液比热容，kJ/(kg·K)；

$\quad\quad t_R$——进料温度，K。

4.3.2.2　离开系统的热量

（1）塔顶蒸汽带出的热量 Q_r

$$Q_r = D_G (R+1)(c_{pD} t_D + \gamma_D) \tag{4-16}$$

式中　γ_D——塔顶蒸汽冷凝潜热，kJ/kg；

$\quad\quad c_{pD}$——塔顶饱和液比热容，kJ/(kg·K)；

$\quad\quad t_D$——塔顶蒸汽露点温度，K。

（2）残液带出的热量 Q_W

$$Q_W = W_G c_{pW} t_W \tag{4-17}$$

式中　W_G——残液流率，kg/h；

$\quad\quad c_{pW}$——残液比热容，kJ/(kg·K)；

$\quad\quad t_W$——塔底泡点温度，K。

（3）散于周围的热量 Q_L

一般取：

$$Q_L = Q_B \times 0.5\% \tag{4-18}$$

4.3.2.3　热量衡算式

$$Q_B = Q_r + Q_W + Q_L - Q_F - Q_R \tag{4-19}$$

则有

$$G_B = \frac{Q_B}{\gamma_W} \tag{4-20}$$

如果塔顶冷凝器为全凝器，则冷却水用量可用下式计算：

$$G_C = \frac{Q_r}{c_p (t_2 - t_1)} \tag{4-21}$$

式中　G_C——冷却水用量，kg/h；

c_p——冷却水的比热容，kJ/(kg·K)；

t_1——冷却水进口温度，K；

t_2——冷却水出口温度，K。

在配置这些附属设备时，应当注意到：一方面消耗着大量的加热蒸汽供给热量，另一方面又用大量冷却剂移出热量，在可能的情况下，应考虑有效地回收一部分热量，以节约能源。

4.4 塔板数的计算

板式精馏塔设计的一个主要内容是确定其所需的塔板数。由于塔板上两相的传质情况十分复杂，塔板数的计算常采用分解的方法，即先根据分离要求计算所需的理论板数，然后引入总板效率（又称全塔效率）进行校正，从而求得实际塔板数。

4.4.1 理论塔板数的计算

精馏塔理论塔板数的计算，可采用解析法、图解法或简捷法。不论采用何种方法，首先应查得被精馏物系的气、液平衡数据，并选定适宜的回流比。以下针对恒摩尔流条件下双组分物系的精馏，分别对平衡关系、操作方程等基本关系式，以及上述三种计算理论塔板数的方法做一简单介绍。

4.4.1.1 平衡关系

平衡关系是指气、液两相达到平衡时组成之间的关系。

（1）双组分理想溶液的气液平衡关系

对双组分理想溶液，气液平衡关系常以下式表示：

$$y = \frac{\alpha x}{1 + (\alpha - 1)x} \tag{4-22}$$

或

$$x = \frac{y}{\alpha - (\alpha - 1)y} \tag{4-23}$$

式中　y——气相中易挥发组分的组成，摩尔分数；

　　　x——与气相相平衡的液相中易挥发组分的组成，摩尔分数；

　　　α——易挥发组分对难挥发组分的相对挥发度，简称相对挥发度。

相对挥发度 α 可根据操作温度下该两纯组分的饱和蒸气压数据计算。

式（4-22）常称为相平衡方程。

（2）多组分理想系统的气液平衡关系

多组分理想系统的气液平衡关系，一般采用平衡常数法和相对挥发度表示。

① 平衡常数法。

$$K_i = \frac{y_i}{x_i} \tag{4-24}$$

式中　K_i——组分 i 的平衡常数；

　　　y_i——气液平衡时气相中组分 i 的摩尔分数；

x_i——气液平衡时液相中组分 i 的摩尔分数。

对理想气体，任意组分 i 的平衡分压 p_i 可用分压定律表示，即：

$$p_i = p y_i \tag{4-25}$$

式中 p 为平衡时总压强。

对理想液体，任意组分 i 的平衡分压 p_i 可用拉乌尔定律表示，即：

$$p = p_i^0 x_i \tag{4-26}$$

式中，p_i^0 为平衡温度下纯组分 i 的饱和蒸气压。

气液两相达到平衡时，上两式相等，即：

$$p y_i = p_i^0 x_i \tag{4-27}$$

所以：

$$K_i = \frac{y_i}{x_i} = \frac{p_i^0}{p} \tag{4-28}$$

上式只适用于理想系统。应予说明，平衡常数随温度变化较大，而相对挥发度随温度变化较小，全塔可取定值或平均值，故采用相对挥发度表示平衡关系可使计算大大简化。

但在多组分精馏的计算中，相平衡常数可用来计算泡点温度、露点温度及汽化率。

a. 泡点温度及平衡时气相组成的计算。

因

$$y_1 + y_2 + \cdots + y_n = 1 \tag{4-29}$$

或

$$\sum_{i=1}^{n} y_i = 1 \tag{4-30}$$

将公式（4-24）代入式（4-30）中得：

$$\sum_{i=1}^{n} K_i x_i = 1 \tag{4-31}$$

利用式（4-29）可计算液体混合物的泡点温度和平衡气相组成。显然，计算时要用试差法，即先假设泡点温度，根据已知压强和所设温度，求出平衡常数，再校核 $\sum_{i=1}^{n} y_i$ 是否等于1。若是，即表示所设的泡点温度正确。否则应另设温度，重复上面的计算，直至 $\sum_{i=1}^{n} y_i \approx 1$ 为止，此时的温度和气相组成即为所求。

b. 露点温度和平衡时液相组成的计算。

因

$$x_1 + x_2 + \cdots + x_n = 1 \tag{4-32}$$

或

$$\sum_{i=1}^{n} x_i = 1 \tag{4-33}$$

将公式（4-24）代入式（4-33）中得：

$$\sum_{i=1}^{n} \frac{y_i}{K_i} = 1 \tag{4-34}$$

利用式（4-32）可计算液体混合物的露点温度和平衡时的液相组成。计算时要用试差法。试差原则与计算泡点温度时的完全相同。

c. 多组分溶液的部分汽化。

对一定量的原料液做物料衡算，得：

总物料衡算 $\qquad\qquad\qquad F = V + L \qquad\qquad\qquad$ [4-35(a)]

任一组分 $\qquad\qquad\qquad F x_{Fi} = V y_i + L x_i \qquad\qquad$ [4-35(b)]

而
$$y_i = K_i x_i \qquad (4\text{-}36)$$

由上面三式联立解得：

$$y_i = \frac{x_{Fi}}{\dfrac{V}{F}\left(1 - \dfrac{1}{x_i}\right) + \dfrac{1}{k_i}} \qquad (4\text{-}37)$$

式中　V/F——汽化率；

　　　x_{Fi}——液相混合物中任意组分 i 的组成；

　　　x_i——部分汽化后液相中组分 i 的组成；

　　　y_i——部分汽化后气相中组分 i 的组成。

当物系的温度和压强一定时，可用式（4-37）及式（4-29）计算汽化率及相应的气液组成。反之，当汽化率一定时，也可用于计算汽化的条件。

② 相对挥发度法。

一般取较难挥发的组分 j 作为基准组分，得：

$$x_i = \frac{\dfrac{y_i}{\alpha_{ij}}}{\displaystyle\sum_{i=1}^{n} \dfrac{y_i}{\alpha_{ij}}} \qquad (4\text{-}38)$$

$$y_i = \frac{\alpha_{ij} x_i}{\displaystyle\sum_{i=1}^{n} \alpha_{ij} x_i} \qquad (4\text{-}39)$$

式中，α_{ij} 为 i 组分与 j 组分的相对挥发度。

（3）非理想溶液

对于非理想溶液，平衡关系常根据实验测得的有限个平衡数据，在图中以曲线表示，该曲线称为平衡曲线。

常见物系的平衡关系可由有关数据手册或资料查得。

4.4.1.2　操作方程、q 线方程

（1）双组分连续精馏

① 间接蒸汽加热的情况。

由物料衡算，可求得相邻两块理论塔板之间下降液体和上升蒸汽组成之间的关系，这一关系的解析式被称为操作方程。

对于精馏塔进料以上的精馏段，可求得精馏段的操作线方程为：

$$y_{n+1} = \frac{R}{R+1} x_n + \frac{x_D}{R+1} \qquad (4\text{-}40)$$

式中　x——液相中易挥发组分的组成，摩尔分数；

　　　y——气相中易挥发组分的组成，摩尔分数；

　　　n——由塔顶往下计算时理论塔板的序号。

上述方程在 x-y 图中为一直线，称为精馏段操作线。

对于进料以下（包括进料板）的提馏段，可得到提馏段操作方程：

$$y_{m+1} = \frac{L + qF}{L + qF - W} x_m - \frac{W}{L + qF - W} x_W \qquad (4\text{-}41)$$

式中符号的意义与精馏段操作线方程相同。

式 (4-41) 在 x-y 图中亦为一直线，称为提馏段操作线。

精馏段操作线和提馏段操作线的交点的轨迹称为 q 线方程。联立两操作方程并进行适当的简化，可导得描述 q 线方程的解析式为：

$$y_q = \frac{q}{q-1}x_q - \frac{x_F}{q-1} \tag{4-42}$$

式中　x_q——两操作线交点的横坐标，摩尔分数；

　　　y_q——两操作线交点的纵坐标，摩尔分数。

其余符号的意义与前文相同。

式 (4-42) 称为 q 线方程。

② 直接蒸汽加热的情况。

精馏段操作线方程

$$y_{n+1} = \frac{R}{R+1}x_n + \frac{x_D}{R+1} \tag{4-43}$$

提馏段操作线方程

$$y'_{m+1} = \frac{W^*}{S}x'_m - \frac{W^*}{S}x_{W^*} \tag{4-44}$$

W^* 表示直接蒸汽加热时的釜液量。

(2) 多组分连续精馏

精馏段操作线方程

$$y_{n+1,i} = \frac{R}{R+1}x_{n,i} + \frac{x_{D,i}}{R+1} \tag{4-45}$$

提馏段操作线方程

$$y_{m+1,i} = \frac{L+qF}{L+qF-W}x_{m,i} - \frac{W}{L+qF-W}x_{W,i} \tag{4-46}$$

4.4.1.3　理论塔板数的计算

(1) 解析法

基于理论塔板的概念和物料衡算关系，从塔顶或塔底出发，交替利用相平衡方程和操作方程，逐板计算各理论塔板的气、液相组成，直至达到规定的分离要求为止。这一计算理论塔板数和确定适宜进料位置的方法即为解析法，又称逐板计算法。此法概念清晰、结果准确，特别是对于相对挥发度较小且难以分离的物系，若采用图解法误差过大，更应采用解析法，此法的缺点是计算过程比较繁杂，手算时的工作量很大，但有条件时能应用计算机计算还是非常简便的。图 4-3 给出了双组分精馏理论塔板数解析计算的参考框图。

(2) 图解法

为避免解析法计算之繁，常采用图解法。此法是在直角坐标上，先作出表示相平衡方程和操作方程的平衡线和操作线，然后在两线之间画阶梯即可求得所需的理论塔板数和适宜的进料位置，实质上它就是用图解代替解析计算的逐板计算法。尽管图解时会带来一定的误差，但图解法直观形象，又比较简便，因而仍得到广泛的应用。当分离要求较高和物系较难分离，其所需的理论塔板数较多时，为得到较准确的结果，宜采用适当比例将有关部分放大后再解析图解。

(3) 简捷法

① 双组分系统。

此法是利用最小回流比 R_{min}、实际回流比 R、最小塔板数 N_{min} 之间的经验关系求取理论板数。这一经验关系可用吉利兰图（图 4-2）或其近似表达式来表示。吉利兰（Gilliland）关联图中的曲线可近似用回归方程代替：

$$y = 0.75(1 - x^{0.5668}) \tag{4-47}$$

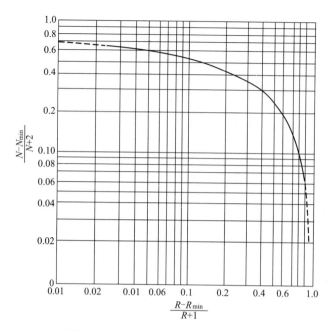

图 4-2 求理论塔板数的吉利兰关联图

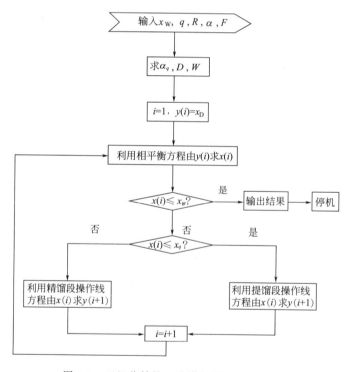

图 4-3 双组分精馏理论塔板数的计算框图

式中:
$$y = (N - N_{\min})/(N + 2) \tag{4-48}$$
$$x = (R - R_{\min})/(R + 1) \tag{4-49}$$

最小回流比和最少理论塔板数（不包括再沸器）可按以下公式计算:

$$R_{\min} = \frac{x_D - y_e}{y_e - x_e} \tag{4-50}$$

$$N_{\min}=\frac{\lg\left[\left(\dfrac{x_{D}}{1-x_{D}}\right)\Big/\left(\dfrac{x_{W}}{1-x_{W}}\right)\right]}{\lg\alpha} \tag{4-51}$$

式中　x_e——q 线与平衡线交点的横坐标值；

　　　y_e——q 线与平衡线交点的纵坐标值；

　　　α——物系的平均相对挥发度，$\alpha=\sqrt{\alpha_{D}\alpha_{W}}$。

其余符号的意义与前文相同。式（4-51）称为芬斯克（Fenske）公式。

根据计算所得 $R_{\min}$ 和 $N_{\min}$，以及选取的回流比 R，利用吉利兰关联图或其近似式即可求得理论塔板数 N（不包括再沸器）。

对于泡点液体进料，若近似认为精馏段也满足吉利兰关联图的经验关联式，类似地可确定进料的位置。简捷法求 N 计算简单，但比较粗略，适于作方案的比较。此法只能用于理想溶液或相对挥发度变化不大的物系。

② 多组分系统。

a. 根据分离要求确定关键组分。

b. 根据进料组成及分离要求解析物料衡算，初步估算各组分在塔顶和塔底产品的组成，并计算各组分的相对挥发度。

c. 用 Fenske 公式求最少理论板数 $N_{\min}$。

多组分全回流的 Fenske 方程式可表示为：

$$N_{\min}+1=\frac{\lg\left[\left(\dfrac{x_l}{x_h}\right)_D\left(\dfrac{x_h}{x_l}\right)_W\right]}{\lg\alpha_{lh}} \tag{4-52}$$

式中　x_l——轻关键组分的摩尔组成；

　　　x_h——重关键组分的摩尔组成；

　　　α_{lh}——相对挥发度。

d. 用 Underwood 法求最小回流比 $R_{\min}$，并选定操作条件下所需的回流比 R。Underwood 方程式如下：

$$\sum_{i=1}^{n}\frac{\alpha_{ij}x_{Fi}}{\alpha_{ij}-\theta}=1-q \tag{4-53}$$

$$R_{\min}=\sum_{i=1}^{n}\frac{\alpha_{ij}x_{Di}}{\alpha_{ij}-\theta}-1 \tag{4-54}$$

式中　α_{ij}——组分 i 对 j 基准组分（一般为重组分或重关键组分）的相对挥发度，可取塔顶和塔底的几何平均值；

　　　θ——公式（4-53）的根，其值介于轻、重关键组分的相对挥发度之间。

若轻、重关键组分为相邻组分，θ 仅有一个值；若两关键组分之间有 k 个中间组分，则 θ 将有 $(k+1)$ 个值。

在求解上述两个方程时，需先用试差法由式（4-54）求出 $R_{\min}$ 值，然后再由公式（4-52）求出 $N_{\min}$。当两关键组分之间有中间组分时，将可得多个 $R_{\min}$ 值，设计时可取 $R_{\min}$ 的平均值。Underwood 法的应用条件：塔内气液相作恒摩尔流动；各组分的相对挥发度为常数。

e. 利用吉利兰关联图或其近似公式计算理论塔板数。

f. 可仿照双组分精馏计算中所采用的方法确定进料板位置。若为泡点进料，也可用下面的经验公式计算，即：

$$\lg \frac{n}{m}=0.206\lg\left[\left(\frac{W}{D}\right)\left(\frac{x_{hF}}{x_{lF}}\right)\left(\frac{x_{lW}}{x_{hD}}\right)^2\right] \tag{4-55}$$

式中　n——精馏段理论板层数；

　　　m——提馏段理论板层数（包括再沸器）；

　　　x_{hF}——重关键组分在原料液中的摩尔组成；

　　　x_{lW}——轻关键组分在塔釜中的摩尔组成；

　　　x_{lF}——轻关键组分在原料液中的摩尔组成；

　　　x_{hD}——重关键组分在塔顶的摩尔组成。

（4）解析法

实际塔板数由吉利兰关联图的回归公式计算：

$$y=Ax^2+Bx$$

其中：

$$y=1-\frac{N_m}{N}, x=\frac{1}{R+1}$$

$$A=\frac{n-m\times\left[1+\dfrac{\alpha}{\ln(m/n/k)}\right]}{m\times n\times(m-n)}, B=\frac{m^2\times\left[1+\dfrac{\alpha}{\ln(m/n/k)}\right]}{m\times n\times(m-n)}$$

式中：$m=\dfrac{1}{1+R_m}$，$n=\dfrac{1}{1+R}$，$\alpha=0.4$，$k=3$。

4.4.2　塔板效率的估算

塔板效率为指定分离要求、回流比下所需理论板 N_T 与实际塔板数 N_P 的比值，即：

$$E_T=\frac{N_T}{N_P} \tag{4-56}$$

塔板效率与系统的物性、塔板结构及操作条件等有关，影响因素多且复杂，只能通过实验测定获取可靠的全塔效率数据。设计中可取条件相近的生产数据或中试实验数据。必要时也可采用适当的关联方法计算，下面介绍两个应用较广的关联方法。

4.4.2.1　Drickamer 和 Brabford 法

该法见图 4-4，其回归公式为：

$$\mu_m=\sum x_{Fi}\mu_{Li} \tag{4-57}$$

式中　μ_m——在塔平均温度下计算的平均黏度，mPa·s；

　　　μ_{Li}——进料中 i 组分在塔平均温度下计算的平均黏度，mPa·s。

图 4-4 也可用下式表示：

$$E_T=0.17-0.616\lg\mu_m \tag{4-58}$$

上式适用于液体黏度为 $0.47\sim1.4$mPa·s 的烃类物系。

4.4.2.2　奥康内尔（O'connell）法

奥康内尔关联图见图 4-5。其回归公式为：

$$E_T=0.49(\alpha\mu_L)^{-0.245} \tag{4-59}$$

上式适用于 $\alpha\mu_L=0.1\sim7.5$mPa·s，且板上液流量≤1.0m/s 的一般工业板式塔。

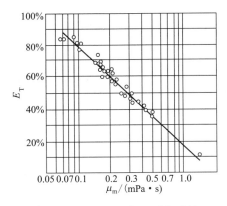

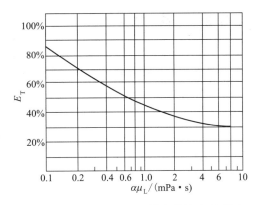

图 4-4　Drickamer 和 Brabford 法
精馏塔全塔效率关联图

图 4-5　O'connell 法精馏塔全塔效率关联图

4.5　板式塔主要工艺尺寸的计算

板式塔工艺尺寸设计计算的主要内容包括：板间距、塔径、塔板形式、溢流装置、塔板布置、流体力学校核、负荷性能图及塔高等。

板式塔设计的原始数据主要包括：

① 气液两相的体积流率；

② 操作温度和压力；

③ 流体的物性常数（如密度、表面张力等）；

④ 实际塔板数。

通常，由于进料状态和各处温度压力的不同，沿塔高方向上两相的体积流率和物性常数有所变化，故常先取某一截面（例如塔顶或塔底等）条件下的值作为设计依据，以此确定塔板的尺寸，然后适当调整部分塔板的某些尺寸，或必要时分段设计（一般尽量保持塔径不变），以适应两相体积流率的变化，作为课程设计训练，这里只讨论所选截面塔板的设计。

塔板设计的任务是以流经塔内气液的物流量、操作条件和系统物性为依据设计出具有良好性能（压降小、弹性宽、效率高）的塔板结构尺寸。但因在一定操作条件下，塔板的性能与其结构、尺寸密切相关，又因必须由设计确定的塔板结构参数实在太多，无法一一找出结构参数、物性、操作条件与流体力学性能之间的定量关系。故为了简化设计程序又可得到合理的结果，设计中通常是选定若干参数（如板间距、塔径、塔板形式等）作为确定塔板形式与尺寸的独立变量，定出这些变量之后，再对其流体力学性能进行校核计算，并绘制塔板负荷性能图，从而确定该塔板的适当操作区。必须指出，在设计中不论是确定独立变量还是进行流体力学性能校核都是以经验数据作为设计的依据和比较的标准。

以通过某一块板的气液处理量和板上气液组成、温度、压力等条件为依据，首先参考经验数据初步确定有关的独立变量，然后进行流体力学计算，校核其是否符合所规定的经验数据范围，并绘制出塔板负荷性能图，如不符合要求就必须修改结果参数，重复上述计算步骤，直到满意为止。

4.5.1　塔高和塔径

4.5.1.1　塔高

板式塔的高度由塔板的有效高度、顶部空间高度、底部空间高度以及支座高度等几部分组成，其中有效高度是设计的主内容。若已知实际塔板数 N_P 和板间距 H_T，则板式塔的有效高度 Z 为：

$$Z \approx H_T N_P \tag{4-60}$$

板间距的选定很重要，它与塔高、塔径、物系性质、分离效果、塔的操作弹性以及塔的安装、检修等都有关。板间距与塔径的关系可参照表 4-2。

表 4-2　板间距与塔径的关系

塔径，D_T/m	0.3~0.5	0.5~0.8	0.8~1.6	1.6~2.4	2.4~4.0
板间距，H_T/mm	200~300	250~350	300~450	350~600	400~600

选定板间距时，还要考虑实际情况，例如塔板层数很多时，可选用较小的板间距，适当加大塔径以降低塔的高度；塔内负荷差别较大时，也可采用不同的板间距以保持塔径一致；对易起泡沫的物系，板间距应取大一些，以保证塔的分离效果；对生产负荷波动较大的场合，也需要加大板间距以保持一定的操作弹性。在设计中，有时需反复调整，选定适宜的板间距。

此外，考虑安装检修的需要，在塔体人孔处的板间距不应小于 $600 \sim 700\text{mm}$，以便有足够的工作空间，对只需开手孔的板间距可取为 450mm 以下。

4.5.1.2　塔径

板式塔设计中，一般按防止出现过量液沫夹带液泛的原则，首先确定液泛气速，然后根据它选取一适宜的设计气速计算所需的塔径。

根据流量公式计算塔径 D，即：

$$D = \sqrt{\frac{4V_s}{\pi u}} \tag{4-61}$$

式中　V_s——塔内的气相流量，m^3/s；

　　　u——空塔气速，m/s。

$$u = (0.6 \sim 0.8)u_f \tag{4-62}$$

$$u_f = C\sqrt{\frac{\rho_L - \rho_V}{\rho_V}} \tag{4-63}$$

式中　u_f——液泛气速，m/s；

　　　ρ_L——液相密度，kg/m^3；

　　　ρ_V——气相密度，kg/m^3；

　　　C——气体负荷因子，m/s。

考虑到实际情况，发现气体负荷因子 C 还与板间距 H_T，液体的表面张力 σ，以及塔板上气液两相的流动情况有关。Fair 等定义了两相流动参数 F_{LV} 来反映气液两相流动因素对 C 的影响：

$$F_{LV} = \frac{L_s}{V_s}\sqrt{\frac{\rho_L}{\rho_V}} = \frac{W_L}{W_V}\sqrt{\frac{\rho_L}{\rho_V}} = \frac{L_h}{V_h}\sqrt{\frac{\rho_L}{\rho_V}} \tag{4-64}$$

式中　V_s、L_s——气、液相的体积流率，m^3/s；

　　　V_h、L_h——气、液相的体积流率，m^3/h；

　　　W_V、W_L——气、液相的质量流率，kg/s。

　　Fair 等还对文献上的许多液泛气速数据进行了关联，得到了筛板塔（以及浮阀塔）的气体负荷因子 C_{20} 和板间距 H_T、两相流动参数 F_{LV} 的关系如图 4-6 所示。气体负荷因子 C_{20} 可由图 4-6 查出，也可由下式计算：

$$C_{20} = 0.0162 - 0.0648x + 0.181y + 0.0162x^2 - 0.139xy + 0.185y^2 \qquad (4-65)$$

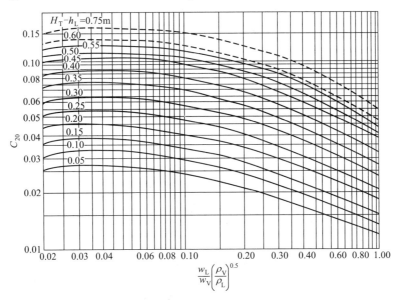

图 4-6　塔的泛点关联图

　　其中：

$$x = \left(\frac{L_s}{V_s}\right)\left(\frac{\rho_L}{\rho_V}\right)^{0.5} \qquad (4-66)$$

$$y = H_T - h_L \qquad (4-67)$$

式中　V_s——气相的体积流率，m^3/s；

　　　L_s——液相的体积流率，m^3/s；

　　　H_T——板间距，m；

　　　h_L——塔板清液层高度，m。

　　图中的 C_{20} 为液体表面张力 $\sigma = 20\text{mN/m}$ 时的气体负荷因子。若实际液体的表面张力不等于上述值，则可由下式计算气体负荷因子 C：

$$C = C_{20}\left(\frac{\sigma}{20}\right)^{0.2} \qquad (4-68)$$

　　其中 σ 为液体表面张力，mN/m。

　　当由上式求得 C 值后，即可利用式（4-63）计算液泛气速 u_f。

　　为防止产生过量液沫夹带液泛，设计的气速 u 必须小于液泛气速 u_f，二者之比 $\dfrac{u}{u_f}$ 称为泛点率。对于一般的液体，设计的泛点率可取 $0.6 \sim 0.8$，对于易起泡的液体，可取 $0.5 \sim 0.6$。这样就可确定设计气速 u，并进而由下式计算所需的气体流通面积：

$$A = \frac{V_s}{u} \qquad\qquad (4\text{-}69)$$

式中　A——气体流通面积，m^2；

　　　u——设计的气速，$\mathrm{m/s}$；

　　　V_s——气相的体积流率，m^3/s。

应予指出：对于上述有降液管的塔板，气体的流通截面积 A 并非塔的截面积，而是塔板上方空间的截面积，也即塔的截面积 A_T 与降液管的截面积 A_f 之差（液泛气速和设计气速均以此为基准）。这样，塔径的设计稍复杂一些。

由

$$A = A_T - A_f \qquad\qquad (4\text{-}70)$$

有

$$\frac{A}{A_T} = 1 - \frac{A_f}{A_T} \qquad\qquad (4\text{-}71)$$

或

$$A_T = \frac{A}{1 - \dfrac{A_f}{A_T}} \qquad\qquad (4\text{-}72)$$

若选定了降液管截面积与塔截面积之比 $\dfrac{A_f}{A_T}$，则可由式（4-71）或式（4-72）求 A_T，这样，塔板的直径 D 即可按下式求得：

$$D = \sqrt{\frac{4A_T}{\pi}} \qquad\qquad (4\text{-}73)$$

依上述方法计算的塔径应按化工机械标准圆整并核算实际气体流通截面积、设计气速和设计泛点率。其标准直径为 0.4m、0.5m、0.6m、0.7m、0.8m、1.0m、1.2m、1.4m、1.6m、1.8m、2.0m 等。此外，还应复核前文所选的塔板间距 H_T 是否和所得塔径 D 相当，否则需重选 H_T 并重新进行塔径的计算。实际上，这一塔径也只是初估值，还有可能在以后的多项校核中加以调整和修正。

4.5.2　塔板上液流流型的选择

液体流过塔板的流动形式，最常见的是由塔的一侧流至另一侧的单流型，如图 4-7 所示。这种液流形式的塔板结构简单，制造安装方便，而且液体流过塔板流动的行程较长，有利于气、液两相的接触，提高塔板效率，直径在 2.2m 以下的塔，普遍采用此型。但由于液体流动时存在阻力，将形成液面落差，使得通过塔板上升的气体分布不均，并使塔板效率降低，当流体流率很大或塔径过大时，这一问题更趋严重，这时，应采用图 4-7 中的双流型或阶梯流型等。反之，若流体流率或塔径较小，则可采用 U 形流型。流型的选择可参考表 4-3。

4.5.3　溢流装置

溢流装置包括降液管、溢流堰、受液盘和底隙等几部分，其结构和尺寸对塔的性能有着重要的影响。

4.5.3.1　降液管

降液管是塔板间液体的通道，也是溢流液体中夹带的气体得以分离的场所。降液管有圆形和弓形两种，前者制造方便，但流通面积小，只在液体流率很小和塔径较小时应用，故一般采用弓形。常用的弓形降液管的结构如图 4-8 所示，其中图 4-8(a) 是将堰与塔壁之间的全

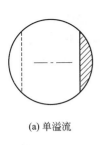 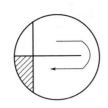 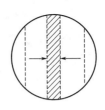 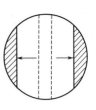

(a) 单溢流　　　　　(b) U形流型　　　　　(c) 双流型(双溢流)

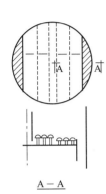 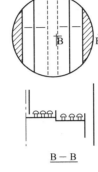 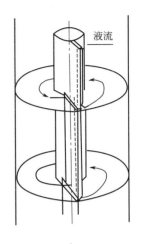

A－A　　　　　　　　B－B

(d) 阶梯式(同一板高)　　　(e) 阶梯式(不同一板高)　　　(f) 环行流动

图 4-7　有溢流塔板上的液流流型

表 4-3　板上液流流型的选择

塔径/mm	液体流量/(m³/h)			
	U 形流型	单流型	双流型	阶梯流型
600	5 以下	5～25		
800	7 以下	7～25		
1000	9 以下	45 以下		
1200	9 以下	9～70		
1400	10 以下	70 以下		
1600	11 以下	11～80		
2000		11～110	110～160	
2400		11～110	110～180	
3000		110 以下	110～200	200～300

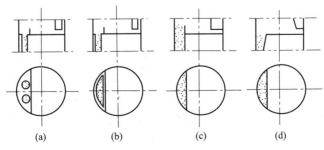

(a)　　　　　(b)　　　　　(c)　　　　　(d)

图 4-8　常用的弓形降液管的结构形式

部截面均作为降液管，降液管的截面积相对较大，多用于塔径较大的塔中。当塔径小时，上述结构制作不方便，可采用图 4-8(b) 的形式，即将弓形降液管固定在塔板上。图 4-8(c)、图 4-8(d) 均为双流型时的弓形降液管，其中图 4-8(d) 的下部倾斜是为了增加塔板上气、液两相接触区的面积。

降液管截面积 A_f 是塔板的重要参数，且常以它与塔截面积 A_T 之比 $\dfrac{A_f}{A_T}$ 表示。$\dfrac{A_f}{A_T}$ 过大，气体的通道截面积 A 和塔板上气液两相接触传质的区域都相对较小，单位塔截面积的生产能力和塔板效率较低；但 $\dfrac{A_f}{A_T}$ 过大，则不易产生气泡夹带，且液体流动不畅，甚至可能引起降液管液泛。对于圆形降液管 $A_f = \dfrac{\pi}{4}d^2$。对于弓形降液管可根据堰长 l_w 与塔径 D 之比用式（4-74）算得 $\dfrac{A_f}{A_T}$ 后，即可求得 A_f。

$$\frac{A_f}{A_T} = \left(\sin^{-1} \frac{l_w}{D} - \frac{l_w}{D} \sqrt{1 - \left(\frac{l_w}{D}\right)^2} \right) / \pi \tag{4-74}$$

根据经验，对于单流型弓形降液管，一般取 $\dfrac{A_f}{A_T} = 0.06 \sim 0.12$；对于双流型可适当取得大一些。具体的值往往又和塔径有一定的联系，可参照表 4-4～表 4-6。

表 4-4　单流型塔板某些参数推荐值

塔径 D/mm	塔截面积 A_T/m²	$\dfrac{A_d}{A_T}$/%	$\dfrac{l_w}{D}$	弓形降液管		降液管面积 A_d/m²
				堰长 l_w/mm	堰宽 b_d/mm	
600	0.2610	7.2	0.667	406	77	0.0188
		9.1	0.714	428	90	0.0238
		11.02	0.734	440	103	0.0289
700	0.3590	6.9	0.666	466	87	0.0248
		9.06	0.714	500	105	0.0325
		11.0	0.750	525	120	0.0395
800	0.5027	7.227	0.661	529	100	0.0363
		10.0	0.726	581	125	0.0502
		14.0	0.800	640	160	0.0717
1000	0.7854	6.8	0.650	650	120	0.0534
		9.8	0.714	714	150	0.0770
		14.2	0.800	800	200	0.1120
1200	1.1310	7.22	0.661	794	150	0.0816
		10.2	0.730	876	190	0.1150
		14.2	0.800	960	240	0.1610
1400	1.5390	6.63	0.645	903	165	0.1020
		10.45	0.735	1029	225	0.1610
		13.40	0.790	1104	270	0.2065
1600	2.0110	7.21	0.660	1056	199	0.1450
		10.3	0.732	1171	255	0.2070
		14.5	0.805	1286	325	0.2913
1800	2.5450	6.74	0.647	1165	214	0.1710
		10.1	0.730	1312	284	0.2570
		13.9	0.797	1434	354	0.3540

塔径 D/mm	塔截面积 A_T/m²	$\dfrac{A_d}{A_T}$ /%	$\dfrac{l_w}{D}$	弓形降液管		降液管面积 A_d/m²
				堰长 l_w/mm	堰宽 b_d/mm	
2000	3.1420	7.00	0.654	1308	244	0.2190
		10.0	0.727	1456	314	0.3155
		14.2	0.799	1599	399	0.4457
2200	3.8010	10.0	0.726	1598	344	0.3800
		12.1	0.766	1686	394	0.4600
		14.0	0.795	1750	434	0.5320
2400	4.5240	10.0	0.726	1742	374	0.4524
		12.0	0.763	1830	424	0.5430
		14.2	0.798	1916	479	0.6430

表 4-5　双流型塔板某些参数推荐值

塔径 D/mm	塔截面积 A_T/m²	$\dfrac{A_d}{A_T}$ /%	$\dfrac{l_w}{D}$	弓形降液管			降液管面积 A_d/m²
				堰长 l_w/mm	堰宽 b_d/mm	堰宽 b'_d/mm	
2200	3.8010	10.15	0.585	1287	208	200	0.3801
		11.80	0.621	1368	238	200	0.4561
		14.70	0.665	1462	278	240	0.5389
2400	4.5240	10.1	0.597	1434	238	200	0.4524
		11.5	0.620	1486	258	240	0.5429
		14.2	0.660	1582	298	280	0.6424
2600	5.3090	9.70	0.587	1526	248	200	0.5309
		11.4	0.617	1606	278	240	0.6371
		14.0	0.655	1702	318	320	0.7539
2800	6.1580	9.30	0.577	1619	258	240	0.6153
		12.0	0.626	1752	308	280	0.7389
		13.75	0.652	1824	338	320	0.8744
3000	7.0690	9.80	0.589	1768	288	240	0.7069
		12.4	0.632	1896	338	280	0.8482
		14.0	0.655	1968	368	360	1.0037
3200	8.0430	9.75	0.588	1882	306	280	0.8043
		11.65	0.620	1987	346	320	0.9651
		14.2	0.660	2108	396	360	1.1420
3400	9.0790	9.80	0.594	2002	326	280	0.9079
		12.5	0.634	2157	386	320	1.0895
		14.5	0.661	2252	426	400	1.2893
3600	10.1740	10.2	0.597	2148	356	280	1.0179
		11.5	0.620	2227	386	360	1.2215
		14.2	0.659	2372	446	400	1.4454
3800	11.3410	9.94	0.590	2242	366	320	1.1340
		11.9	0.624	2374	416	360	1.3609
		14.5	0.662	2516	476	440	1.6104
4200	13.8500	9.88	0.584	2482	406	360	1.3854
		11.7	0.622	2613	456	400	1.6625
		14.1	0.662	2781	526	480	1.9410

表 4-6 小直径塔板某些参数推荐值

D/mm	A_T/m^2	l_w/mm	b_d/mm	$\dfrac{l_w}{D}$	$A_d \times 10^4/m^2$	$\dfrac{A_d}{A_T}$
300	0.0706	164.4	21.4	0.60	20.9	0.0269
		173.1	26.9	0.65	29.2	0.0413
		191.8	33.2	0.70	39.7	0.0562
		205.5	40.4	0.75	52.8	0.0747
		219.2	48.8	0.80	69.3	0.0980
350	0.0960	194.4	26.4	0.60	31.1	0.0323
		210.6	32.9	0.65	43.0	0.0447
		226.8	40.3	0.70	57.9	0.0602
		243.0	48.3	0.75	76.4	0.0794
		259.2	58.8	0.80	100.0	0.1039
400	0.1253	224.4	31.4	0.60	43.4	0.0345
		243.1	38.9	0.65	59.6	0.0474
		261.8	47.5	0.70	79.8	0.0635
		280.5	57.3	0.75	104.7	0.0833
		299.2	68.8	0.80	236.3	0.1085
450	0.1590	254.4	36.4	0.60	57.7	0.0363
		275.6	44.9	0.65	78.8	0.0495
		296.6	54.6	0.70	104.7	0.0658
		318.0	65.5	0.75	137.3	0.0863
		339.2	78.8	0.80	178.1	0.1120
500	0.1960	284.4	41.4	0.60	74.3	0.0378
		308.1	50.9	0.65	100.6	0.0512
		331.8	61.8	0.70	133.4	0.0679
		355.5	74.2	0.75	174.0	0.0886
		379.2	88.8	0.80	225.5	0.1148

降液管的截面保证液流液中的气泡得以分离，液体在降液管内的停留时间一般等于或大于 $3\sim5s$，如果停留时间不足 $3\sim5s$，应将求得的降液管直径或堰长适当加大，再进行校核，以满足停留时间的要求。根据经验，对低发气泡系统可取低值，对高发气泡系统及高压操作的塔，停留时间应加长。故在求得降液管的截面积之后，应按下式验算液体在降液管内的停留时间，即：

$$\tau = \frac{A_f H_T}{L_s} \tag{4-75}$$

式中 τ——液体在降液管中的停留时间，s；

A_f——降液管的截面积，m^2；

H_T——有效板间距，m；

L_s——液相的体积流率，m^3/s。

4.5.3.2 溢流堰

溢流堰又称出口堰，它的作用是维持塔板上有一定的液层并使液体能较均匀地流过塔板。其主要尺寸为堰高 h_w 和堰长 l_w。

溢流堰的高度 h_w 直接影响塔板上的液层厚度。h_w 过小，液层过低使相际传质面积过小不利于传质；但 h_w 过大，液层过高将使夹带量增多而降低塔板效率，且塔板阻力也过大。根据经验，对常压和加压塔，一般取 h_w 为 $50\sim80mm$。对减压塔或要求塔板阻力很小的情况，h_w 可取 $25mm$ 左右。当液体量很大时，h_w 可适当减小。

对于弓形降液管，由图 4-9 可知，当降液管截面积之比 $\dfrac{A_f}{A_T}$ 选定后堰长与塔径之比 $\dfrac{l_w}{D}$ 即由几何关系随之而定（由于 $\dfrac{A_f}{A_T}$ 和 $\dfrac{l_w}{D}$ 互为函数关系，也可先选定 $\dfrac{l_w}{D}$，从而选定 $\dfrac{A_f}{A_T}$；对于单流型，一般取 $\dfrac{l_w}{D}=0.6\sim0.75$；对于双流型，一般取 $\dfrac{l_w}{D}=0.5\sim0.7$），其值可由图 4-10 查得，而 D 已求得，故可计算 l_w。堰长 l_w 的大小对溢流堰上方的液头高度 h_{ow} 有影响，从而对液层高度也有重大影响，为使液层高度不过大，通常应使单位堰长的液体流率 $\dfrac{L_h}{l_w}$（常称为溢流强度）不大于 $100\sim130\mathrm{m}^3/(\mathrm{m}\cdot\mathrm{h})$，否则需调整 $\dfrac{A_f}{A_T}$ 或重新选取液流流型。

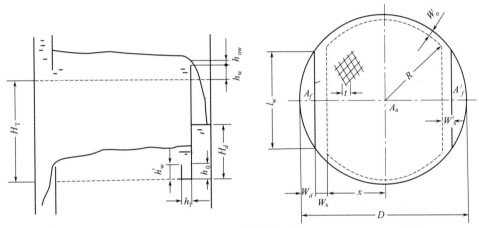

图 4-9 弓形降液管液流装置

A_f—弓形降液管溢流区面积，m^2；A_f'—受液盘溢流区面积，m^2；A_a—开孔区面积，m^2；W_d—弓形降液管的宽度，m；W_s—溢流堰前的安定区，mm；W_s'—进口堰后的安定区，mm；W_c—无效区，mm；l_w—堰长，m

堰上方液头高度 h_{ow} 可由下式计算：

$$h_{ow}=2.84\times10^{-3}E\left(\frac{L_h}{l_w}\right)^{\frac{2}{3}} \qquad (4\text{-}76)$$

式中　L_h——液体流率，m^3/h；

　　　l_w——堰长，m；

　　　E——液流收缩系数。

考虑到塔壁对液流收缩的影响，E 可由图 4-11 查得，若 L_h 不过大，一般可近似取 $E=1$。

若求得的 h_{ow} 过小，则由于堰和塔安装时水平度误差引起的液体流过塔板的流动不均匀问题相当严重，引起效率降低，故一般不应使 h_{ow} 小于 6mm，否则，需调整 $\dfrac{l_w}{D}$（即 $\dfrac{A_f}{A_T}$），或采用上缘开有锯齿形缺口的溢流堰。

4.5.3.3 受液盘和底隙

塔板上接受降液管流下的液体的那部分区域称为受

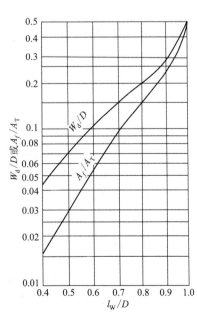

图 4-10 弓形降液管的宽度与面积

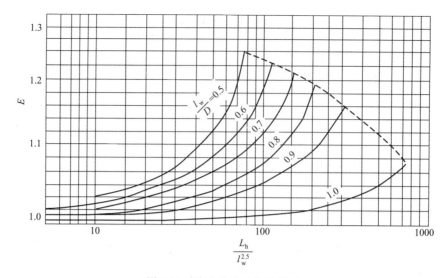

图 4-11　液流收缩系数计算图

L_h—液相流量，m^3/h；l_w—堰长，m；D—塔径，m

液盘。它有平形和凹形两种类型，前者结构简单，最为常用。为使液体更均匀地流过塔板，也考虑在其外侧加设进口堰。受液盘易形成良好的液封，也可改变液体流向，起到缓冲和均匀分布液体的作用，但结构稍复杂，多用于直径较大的场合，它不适用于易聚合或含有固体杂质的物系。

降液管下端与受液盘之间的距离称为底隙，以 h_0 表示。降液管中的液体是经底隙和堰长构成的长方形截面流至下块塔板的，为减小液体流动阻力和考虑到固体杂质可能在底隙处沉积，所以 h_0 不可过小（注：不宜小于 $0.02 \sim 0.025m$）。但若 h_0 过大，气体又可能通过底隙窜入降液管，故底隙易小一些以保证形成一定的液封。通常取 h_0 为 $30 \sim 40mm$，且应使它小于溢流堰高度 $h_w(h_0 < h_w)$：

$$h_0 = h_w - (0.006 \sim 0.012)(m) \tag{4-77}$$

当选定 h_0 后，即可求得液体流经底隙的流速 u'_0 为：

$$u'_0 = \frac{L_s}{l_w h_0}(m/s) \tag{4-78}$$

一般 u'_0 值取 $0.07 \sim 0.25m/s$，不宜大于 $0.3 \sim 0.5m/s$。

4.5.4　筛板塔塔板设计

4.5.4.1　筛板塔塔板设计

（1）塔板及其布置

塔板有整块式和分块式两种，整块式即塔板为一整块，多用于直径小于 $0.8 \sim 0.9m$ 的塔。当塔径较大时，整块式的刚性差，安装检修不方便，且此时已能在塔内进行装配，故多采用由几块板合并而成的分块式塔板。

塔板厚度的选取，除经济性外，主要考虑塔板的刚性和耐腐蚀性。对于碳钢材料，一般取厚度为 $3 \sim 4mm$。对于不锈钢可适当小一些，一般取厚度为 $2 \sim 2.5mm$。

整个塔板面积，以单流型为例，通常可分为以下几个区域，如图 4-12 所示。

① 开孔区：布置筛板、浮阀等部件的有效传质区，也称鼓泡区。其面积 A_a 可以在布

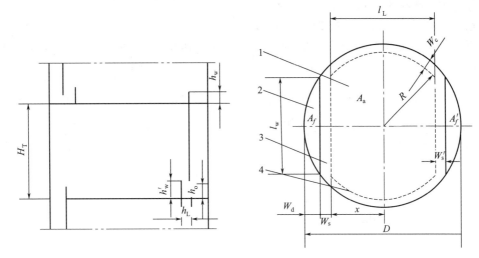

图 4-12　塔板结构参数

1—鼓泡区；2—溢流区；3—安定区；4—无效区；A_f—弓形降液管溢流区面积，m^2；A'_f—受液盘溢流区面积，m^2；

A_a—开孔区面积，m^2；W_d—弓形降液管的宽度，m；W_s—溢流堰前的安定区，mm；W'_s—进口堰后的安定区，mm；

W_c—无效区，mm；l_w—堰长，m；H_T—塔板间距，m

置板面上开孔后求得，也可直接计算。对垂直弓形降液管的单流型塔板可按下式计算，即：

$$A_a = 2\left[x\sqrt{R^2 - x^2} + \frac{\pi}{180}\sin^{-1}\left(\frac{x}{R}\right)\right] \tag{4-79}$$

式中　A_a——鼓泡面积，m^2；

　　　x——$x = \frac{D}{2}(W_d + W_c)$，m；

　　　R——$R = \frac{D}{2} - W_c$，m。

② 溢流区：溢流区面积 A_f 和 A'_f 分别为降液管和受液盘所占的区域，一般两个区域的面积相等，可按降液管截面积 A_f 计。

③ 安定区：开孔区与溢流区之间的不开孔区域为安定区（破沫区），其作用为使自降液管流出的液体在塔板上均匀分布，并防止夹带大量的泡沫进入降液管。其宽度 $W_s(W'_s)$ 是指堰与它最近一排孔中心线之间的距离，可参考下列经验值选定：

溢流堰前的安定区：W_s 为 70~100mm；进口堰后的安定区：W'_s 为 50~100mm。

直径小于 1m 的塔 W_s 可适当减小。

④ 无效区：在靠近塔壁的塔板部分需留出一圈边缘区域供支撑塔板的边梁之用，称为无效区。其宽度视需要选定，小塔为 30~50mm，大塔可取 50~75mm。为防止液体经边缘区流过而产生"短路"现象。可在塔板上沿塔壁设置旁流挡板。

（2）筛板的筛孔与开孔率

① 孔径 d_0：筛孔的孔径 d_0 的选取与塔的操作性能要求、物系性质、塔板厚度、材质及加工费用等有关。一般认为，表面张力为正系统的物系易起泡沫，可采用 d_0 为 3~8mm（常用 4~6mm）的小孔径筛板，属鼓泡型操作；表面张力为负系统的物系及易堵物系，可采用 d_0 为 10~25mm 的大孔径筛板，其造价低，不易堵塞，属喷射型操作。

② 筛板厚度 δ：

一般碳钢：δ 取 $3\sim4$ mm 或 $\delta=(0.4\sim0.8)d_0$

不锈钢：δ 取 $2\sim2.5$ mm 或 $\delta=(0.5\sim0.7)d_0$

③ 孔心距 t：筛孔在筛板上一般按三角形排列，其孔心距 $t=(2.5\sim5)d_0$，常取 $t=(3\sim4)d_0$。

$\dfrac{t}{d_0}$ 过小易形成气流相互扰动，过大则鼓泡不均匀，影响塔板的传质效率。

④ 开孔率 φ：筛板上筛孔的总面积与开孔区的总面积之比称为开孔率。筛孔按三角形排列时可按下式计算：

$$\varphi=\frac{A_0}{A_a}=\frac{0.907}{(t/d_0)^2} \tag{4-80}$$

式中　A_0——筛板上筛孔的总面积，m^2；

　　　A_a——筛板上开孔区的总面积，m^2。

一般情况下，开孔率大，塔板压降低，雾沫夹带量少，漏液量大，板效率低。通常开孔率为 $5\%\sim15\%$。

⑤ 筛孔数 n：筛板上的筛孔数按下式计算：

$$n=\frac{1158\times10^3}{t^2}=A_a \tag{4-81}$$

式中 t 为孔心距，mm。

孔数确定后，在塔板开孔区内布置筛孔，若布孔数较多可适当设置堵孔。

应注意：若塔内上下段负荷变化较大时，应根据流体力学验算情况分段改变孔数，提高全塔的操作稳定性。

4.5.4.2　筛板的流体力学验算

塔板的流体力学验算的目的是检验以上初算塔径及各项工艺尺寸的计算是否合理，塔板能否正常操作。验算项目如下：

(1) 塔板压降 Δp_p

气体通过筛板的压降 Δp_p 以相当的液柱高度表示时可由下式计算，即：

$$h_p=h_c+h_l+h_\sigma \tag{4-82}$$

式中　h_c——气体通过筛板的干板压降相当的液柱高度，m；

　　　h_l——气体通过板上液层的压降相当的液柱高度，m；

　　　h_σ——克服液体表面张力的压降相当的液柱高度，m。

① 干板压降 h_c。

一般可按以下简化式计算，即：

$$h_c=0.051\left(\frac{u_0}{C_0}\right)^2\left(\frac{\rho_V}{\rho_L}\right) \tag{4-83}$$

式中　u_0——筛孔气速，m/s；

　　　C_0——流量系数。

流量系数 C_0 对于干板的影响较大。求取 C_0 的方法有多种，一般推荐采用图 4-13 所示的关系。也可按下式求得：

$$C_0=0.670-0.115x_1+0.514x_2+0.228x_1^2+0.0682x_1x_2+0.441x_2^2 \tag{4-84}$$

其中：$x_1 = \dfrac{\delta}{d_0}$，$x_2 = \dfrac{A_0}{A_T - A_f}$

式中 δ 为塔板厚度，m。

若孔径 $d_0 \geqslant 10\text{mm}$ 时，干板压降应用修正系数 β 修正，即：

$$h_c = 0.051 \left(\frac{u_0}{\beta C_0} \right)^2 \left(\frac{\rho_v}{\rho_L} \right) \tag{4-85}$$

式中　β——干筛孔流量系数的修正系数，一般取值为 1.15。

② 气体通过液层的阻力 h_l。

$$h_l = \varepsilon_0 h_L = \varepsilon_0 (h_w + h_{ow}) \tag{4-86}$$

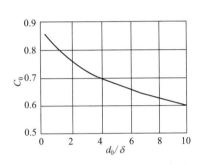

图 4-13　干筛孔的流量系数

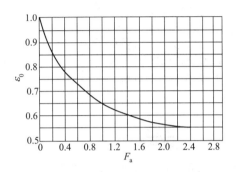

图 4-14　充气系数 ε_0 与 F_a 的关联图

其中：ε_0 为充气系数，反映板上液层的充气程度，其值由图 4-14 查取，一般可近似取 ε_0 值为 0.5～0.6。也可按下式计算：

$$\varepsilon_0 = 0.971 - 0.355 F_a + 0.0757 F_a^2 \tag{4-87}$$

其中：F_a 为气相动能因数。

$$F_a = u_a \sqrt{\rho_V} \tag{4-88}$$

式中　u_a——按有效流通面积计算的气速，m/s。

对于单流型塔板，u_a 可按下式计算，即：

$$u_a = \frac{V_s}{A_T - A_f} \tag{4-89}$$

式中　A_T——全塔的截面积，m^2；

　　　A_f——降液管的截面积，m^2。

③ 液体表面张力的阻力 h_σ。

$$h_\sigma = \frac{4\sigma}{\rho_L g d_0} \tag{4-90}$$

式中　σ——液体的表面张力，N/m。

应该注意：气体通过筛板的压降计算值（$\Delta p_p = h_p \rho_L g$）应低于设计允许值。

（2）雾沫夹带量 e_V（kg 液/kg 气）

雾沫夹带是指气流穿过板上液层时夹带雾滴进入上层塔板的现象，它影响塔板分离效率，为保持塔板一定的效率，应控制雾沫夹带量。

计算夹带量的方法很多，推荐采用 Hunt 的经验式，如下式所示：

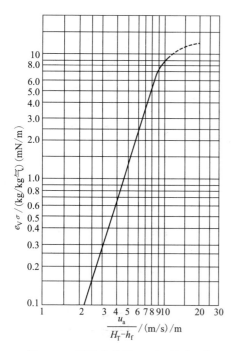

图 4-15 雾沫夹带量 e_V(kg 液/kg 气)

$$e_V = \frac{5.7 \times 10^{-6}}{\sigma}\left(\frac{u_a}{H_T - h_f}\right)^{3.2} \qquad (4\text{-}91)$$

式中，H_T 为塔板间距，h_f 为塔板上鼓泡层高度。h_f 值可按泡沫层相对密度为 0.4 考虑，即：

$$h_f = \frac{h_L}{0.4} = 2.5 h_L \qquad (4\text{-}92)$$

式 (4-91) 也可按图 4-15 求解，适用于 $\frac{u_a}{H_T - h_f} < 12$ 的情况。

（3）漏液点气速 u_{ow}

当气速逐渐减小至某值时，塔板将发生明显的漏液现象，该气速称为漏液点气速 u_{ow}。若气速继续降低，更严重的漏液将使筛板不能积液而破坏正常操作，故漏液点气速为筛板的下限气速。

$$u_{ow} = 4.4 C_0 \sqrt{(0.0056 + 0.13 h_L - h_\sigma)\frac{\rho_L}{\rho_V}}$$

$$(4\text{-}93)$$

为使筛板具有足够的操作弹性，应保持一定范围的稳定性系数 K，即：

$$K = \frac{u_0}{u_{ow}} > 1.5 \sim 2.0 \qquad (4\text{-}94)$$

式中 u_0——筛孔气速，m/s；

u_{ow}——漏液点气速，m/s。

若稳定性系数偏低，可适当减小筛板开孔率 φ 或降低堰高 h_w，前者影响较大。

（4）液泛（淹塔）

降液管内的清液层高度 H_d 用于克服塔板阻力、板上液层的阻力和液体流过降液管的阻力等。若忽略塔板的液面落差，则可用下式计算：

$$H_d = h_p + h_L + h_d \qquad (4\text{-}95)$$

式中 h_d——液体流过降液管的压降相当的液柱高度，m；

h_p——液体流过筛板的压降相当的液柱高度，m；

h_L——板上清液层高度，m。

若塔板上不设进口堰，h_d 可按如下经验式计算，即：

$$h_d = 0.153\left(\frac{L_s}{l_w h_0}\right)^2 = 0.153(u_0')^2 \qquad (4\text{-}96)$$

式中 u_0'——液体流过降液管底隙时的流速，m/s。

为防止液泛，降液管内的清液层高度 H_d 应为：

$$H_d \leqslant \phi(H_T + h_w) \qquad (4\text{-}97)$$

式中 ϕ——考虑降液管内充气及操作安全的校正系数。

对一般物系 ϕ 取 0.5，易起泡物系 ϕ 取 0.3~0.4，不易起泡物系 ϕ 取 0.6~0.7。

塔板经以上各项流体力学验算合格后，还需绘出塔板的负荷性能图。

4.5.4.3 塔板负荷性能图

对各项结构参数已定的筛板，须将气液负荷限制在一定范围内，以维持塔板的正常操作。可用气液相负荷关系线（即 $V_s \sim L_s$ 线）表达允许的气液负荷波动范围，这种关系即为塔板负荷性能图。

对有溢流的塔板，可用下列界限曲线表达负荷性能图，如图 4-16 所示。

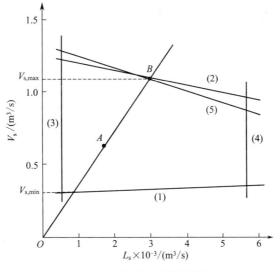

图 4-16　塔板负荷性能图

① 曲线（1）漏液线：由式（4-92）或式（4-93）标绘对应的 $V_s \sim L_s$ 线。

② 曲线（2）雾沫夹带线：取极限值 $e_V = 0.1$ kg 液/kg 气，由式（4-91）绘制 $V_s \sim L_s$ 线作出。

③ 曲线（3）液相负荷下限线：取堰上液层高度最小允许值（$h_{ow} = 0.006$ m），由下式计算：

$$0.006 = h_{ow} = 2.84 \times 10^{-3} E \left(\frac{3600 L_{s,min}}{l_w} \right) \tag{4-98}$$

由此求得最小液相负荷 $L_{s,min}$ 为常数作出。

④ 曲线（4）液相负荷上限线：取液相在降液管内停留时间最低允许值（3～5 秒），计算最大液相负荷 $L_{s,max}$（为常数），作出此线，即：

$$L_{s,max} = \frac{A_f H_T}{3 \sim 5} \tag{4-99}$$

⑤ 曲线（5）液泛线：根据降液管内液层高度的允许高度，联立式（4-82）、式（4-95）、式（4-96）、式（4-97）作出此线。

⑥ 塔的操作弹性：在塔的操作液气比下，如图 4-16 所示，操作线 OAB 与界限曲线交点的气相最大负荷 $V_{s,max}$ 与气相允许最低负荷 $V_{s,min}$ 之比，称为操作弹性，即：

$$操作弹性 = \frac{V_{s,max}}{V_{s,min}} \tag{4-100}$$

设计塔板时，可适当调整塔板结构参数使操作点在图的适中位置，以提高塔的操作弹性。

4.5.5 浮阀塔塔板设计

4.5.5.1 塔板及其布置

有关浮阀塔塔板及其布置详见前面所述筛板塔及其布置的内容。

4.5.5.2 浮阀数的确定和排列

浮阀的形式很多，目前应用最广的是 F_I 型（相当于国外的 V-1 型）和 V-4 型。F_I 的阀件如图 4-17 所示。它又分重阀（代号 Z）和轻阀（代号 Q）两种，分别由不同厚度薄板冲压制成，前者重约为 30g，最为常用；后者阻力小，操作稳定性稍差，适用于处理量大并要求阻力小的系统，如减压塔。V-4 型基本上和 F_I 型相同，除采用轻阀外，其区别仅在于将塔板上的阀孔制成向下弯的文丘里型以减小气体通过阀孔的阻力，主要用于减压塔。两种形式浮阀孔的直径 d_0 均为 39mm。

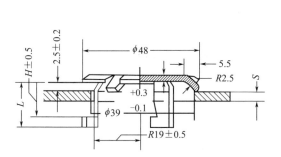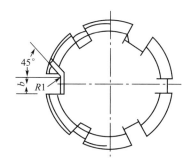

图 4-17　F_I 型浮阀

当气相体积流率 V_s 已知时，由于阀孔直径 d_0 已给定，因而塔板上浮阀的数目 n，即阀孔数，就取决于气速 u_0，可按下式求得：

$$n = \frac{V_s}{\frac{\pi}{4} d_0^2 u_0}$$ (4-101)

阀孔的气速 u_0 常根据阀孔的动能因子确定：

$$F_0 = u_0 \sqrt{\rho_V}$$ (4-102)

动能因子 F_0 反映密度为 ρ_V 的气体以 u_0 速度通过阀孔时动能的大小。综合考虑了 F_0 对塔板效率、压降和生产能力等的影响，根据经验可以取 F_0 为 8～12，即阀孔刚全开时比较适宜，由此可知适宜的阀孔气速 u_0 为：

$$u_0 = \frac{F_0}{\sqrt{\rho_V}}$$ (4-102a)

确定浮阀个数后，应在草图上进行试排列。阀孔一般按正三角形排列，常用的中心距有 75mm、100mm、125mm 等几种，它又分顺排和叉排两种，如图 4-18 所示，通常认为叉排时两相接触情况较好，常被采用。对于大塔，当采用分块式结构时，不便于叉排，阀孔也可按等腰三角形排列，三角形的底边固定为 75mm，三角形高 h 有 65mm，70mm，80mm，90mm，110mm 几种，必要时还可以调整。

经排列后的实际浮阀个数 n 和前述求得的值可能稍有不同，应按实际浮阀个数 n 重新计算实际的阀孔气速 u_0 和实际的阀孔动能因子 F_0。

浮阀塔板的开孔率 φ 是指阀孔总截面积与塔的截面积之比，即：

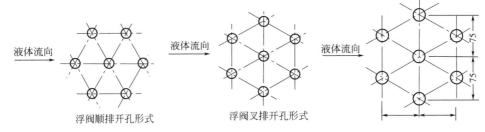

图 4-18　阀孔的排列方式

$$\varphi = \frac{\frac{\pi}{4}d_0^2 n}{\frac{\pi}{4}D^2} = n\frac{d_0^2}{D^2} \tag{4-103}$$

目前工业生产中，对常压和减压塔，$\varphi = 10\% \sim 14\%$，加压塔的 φ 一般小于 10%。

4.5.5.3　塔板流动性能的校核

上述初步设计主要从防止过量液沫夹带液泛出发进行考虑，设计中又选取了不少经验数据。因此，设计的结果是否合适，必须进一步通过多方面的校核来检验，从而了解在给定的设计条件下，该塔是否存在其他形式的异常流动和严重影响传质性能的因素，必要时还应对初步设计的结果进行调整和修正。这些校核主要包括以下几项：

（1）液沫夹带量校核

液沫夹带是引起塔板效率降低和影响正常操作的一个重要因素。液沫夹带量可用单位质量（或摩尔）气体夹带的液体质量（或摩尔）表示，即 kg 液体/kg 气体（或 kmol 液体/kmol 气体）。为防止液沫夹带量过大导致塔板效率过低，一般要求 $e_V \leqslant 0.1$ kg 液体/kg 气体。

目前，浮阀塔液沫夹带量的校核常采用验算泛点率的方法，根据经验，为控制 $e_V \leqslant 0.1$ kg 液体/kg 气体，泛点率 F_1 应为：

① 直径小于 0.9m 的塔：$F_1 < 0.65 \sim 0.75$；

② 一般的大塔：$F_1 < 0.8 \sim 0.82$；

③ 负压操作的塔：$F_1 < 0.75 \sim 0.77$。

泛点率 F_1 可按下列公式计算：

$$F_1 = \frac{V_s\sqrt{\dfrac{\rho_v}{\rho_L - \rho_v}} + 1.36L_s Z}{A_b K C_F} \tag{4-104}$$

$$F_1 = \frac{V_s\sqrt{\dfrac{\rho_v}{\rho_L - \rho_v}}}{0.78A_T K C_F} \tag{4-104a}$$

式中　　V_s——气相体积流率，m^3/s；

$\qquad L_s$——液相推荐流率，m^3/s；

$\qquad Z$——液体穿过塔板流动的行程，m［对单流型，$Z = D - 2b_d$；对双流型，$Z = \dfrac{1}{2}(D - b_d)$］；

A_b——塔板上液流面积，m^2（$A_b = A_T - 2A_d$）；

A_T——塔的截面积，m^2；

K——物性系数，可由表 4-7 查取；

C_F——泛点负荷因数，可由图 4-19 查取。

表 4-7　物性系数 K

系数	K	系数	K
无泡沫,正常系数	1.0	多泡沫系统	0.73
氟化物	0.90	严重起泡沫	0.60
中等起泡沫	0.85	形成稳定泡沫系统	0.30

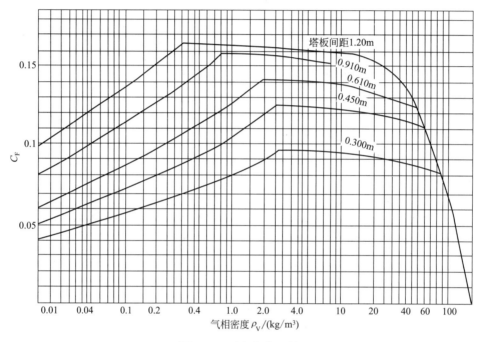

图 4-19　泛点负荷因数

（2）塔板阻力的计算和校核

气体通过塔板的阻力对塔的操作性能有着重要的影响，为减少能耗和满足工艺上的特殊要求，有时还对塔板阻力的数值本身规定限制，特别是减压塔。塔板阻力除用阻力 $-\Delta p_p$ 表示外，在塔板设计中，习惯上以相当的气液层（柱）高度 h_p 表示。即：

$$h_p = \frac{-\Delta p_p}{\rho_L g} \tag{4-105}$$

塔板阻力的计算常采用加和模型，即认为它是以下几部分阻力之和：

① 通过阀孔的阻力 h_0，又称干板阻力，m 液柱；

② 通过塔板上液层的阻力 h_l，m 液柱；

③ 克服阀孔处液体表面张力的阻力 h_σ，m 液柱。

浮阀塔板的十板阻力，可按下式计算：

当阀全开时，
$$h_0 = 5.34\frac{\rho_V}{\rho_L}\left(\frac{u_0^2}{2g}\right) \tag{4-106}$$

当阀未全开时，
$$h_0 = 19.9 \frac{u_0^{0.175}}{\rho_L} \qquad (4\text{-}107)$$

联立上述两式，可解得阀刚全开的临界阀气速：
$$u_{0,K} = \left(\frac{73}{\rho_V}\right)^{\frac{1}{1.825}} \qquad (4\text{-}108)$$

比较实际的阀孔气速 u_0 与临界阀气速 $u_{0,K}$，即可选择前述两式中之一来计算 h_0。

其液层阻力可按经验关系计算：
$$h_l = 0.5(h_w + h_{ow}) \qquad (4\text{-}109)$$

克服液体表面张力近似为：
$$h_\sigma = \frac{4 \times 10^{-3} \sigma}{\rho_L g d_0} \qquad (4\text{-}110)$$

式中　d_0——阀孔直径，m；

　　　σ——液体表面张力，mN/m。

其余符号的意义和单位与前同。一般 h_σ 很小，常可忽略不计。这样即可求得：
$$h_p = h_0 + h_l \qquad (4\text{-}111)$$

若所得过大，可适当增加开孔率以减小 u_0，或降低堰高 h_w。

（3）降液管液泛核算

为防止降液管液泛，降液管内液层高度应低于上块塔板溢流堰顶，如图 4-20，考虑液体的流动，对降液管液面 1 和下块塔板液流截面 2 列伯努力方程，得：

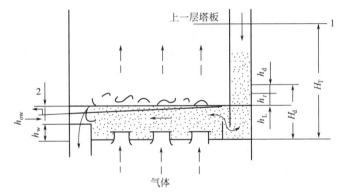

图 4-20　液体流过降液管的机械能衡算

$$H_d + \frac{p_1}{\rho_L g} = h_w + h_{ow} + \Delta + \frac{p_2}{\rho_L g} + h_d$$

或　　　$$H_d = h_w + h_{ow} + \Delta + \frac{p_2 - p_1}{\rho_L g} + h_d = h_w + h_{ow} + \Delta + h_p + h_d \qquad (4\text{-}112)$$

式中　H_d——降液管中清液柱高度，m；

　　　p_1——截面 1 的压力，N/m^2；

　　　p_2——截面 2 的压力，N/m^2；

　　　h_p—— $h_p = \dfrac{p_2 - p_1}{\rho_L g} = \dfrac{-\Delta p}{\rho_L g}$，m；

　　　Δ——液面落差，m；

　　　h_d——液面通过降液管的流动阻力，m 清液柱。

浮阀塔的液面落差 Δ 的大小，常可忽略不计。

液体通过降液管的流动阻力 h_d 主要集中于底隙处。由局部阻力关系式，并近似取局部阻力系数 $\xi = 3$，可得：

$$h_d = \xi \frac{u_0'^2}{2g} = 0.153 \left(\frac{L_s}{l_w h_0} \right)^2 = 1.18 \times 10^{-8} \left(\frac{L_s}{l_w h_0} \right)^2 \qquad (4\text{-}113)$$

式中　u_0'——液体流过底隙处的速度，m/s；

　　　L_s——液体流率，m^3/s；

　　　l_w——堰长，m；

　　　h_0——底隙，m。

应当注意，式中的各项均指清液柱高度。和塔板上的液层相似，实际上降液管中的液体也是含气体的泡沫层。设降液管中的泡沫层高度为 H_d'，则上式所求得的 H_d 实为 H_d' 所相当的清液柱高度，且有 $H_d' \rho_L' = H_d \rho_L$，故有：

$$H_d' = \frac{H_d}{\dfrac{\rho_L'}{\rho_L}} = \frac{H_d}{\phi} \qquad (4\text{-}114)$$

式中　ρ_L'——降液管中泡沫层的平均密度，kg/m^3；

　　　$\phi = \dfrac{\rho_L'}{\rho_L}$——为降液管中泡沫层的相对密度。

ϕ 和液体的起泡性有关，对一般液体，ϕ 可取为 $0.5 \sim 0.6$，对于易发泡的物系可取 ϕ 为 0.4。

根据前述的降液管液泛校核条件，应要求：

$$H_d' \leqslant H_T + h_w \qquad (4\text{-}115)$$

若求得的 H_d' 过大，可设法减小塔板阻力 h_p，特别是其中的干板阻力 h_0，或适当增加塔板间距 H_T。

（4）液体在降液管中停留时间的校核

为避免严重的气泡夹带使传质性能降低，液体通过降液管时应有足够的停留时间，以便释放出其中所夹带的绝大部分气体。

液体在降液管中的平均停留时间为：

$$\tau = \frac{A_f H_T}{L_s} \qquad (4\text{-}116)$$

式中　τ——平均停留时间，s；

　　　L_s——液体流率，m^3/s；

　　　A_f——降液管截面积，m^2；

　　　H_T——塔板间距，m。

根据经验，应使 τ 不小于 $3 \sim 5s$。若求得的 τ 过小，可适当增加 A_d。

（5）严重漏液校核

漏液使塔板上的液体未和气体充分接触就直接漏下，降低了塔板的传质性能，而严重漏液会使塔板无法工作，因此，设计时应避免严重漏液并使漏液量减少。对漏液的研究表明：若阀孔气速 u_0 不过小且气体分布均匀，则漏液情况即可大大改善。当气速由大变小，开始发生严重漏液时的阀孔气速称为漏液点气速，一般要求孔速 u_0 为漏液点气速 u_{ow} 的 $1.5 \sim 2.0$ 倍，它们之比称为稳定系数，以 K 表示。一般应使：

$$K = \frac{u_0}{u_{ow}} > 1.5 \sim 2 \qquad (4\text{-}117)$$

对于浮阀塔，一般取 $F_0 = 5$ 时，对应的阀孔气速为其漏液点气速 u_{ow}。

4.5.5.4　塔板的负荷性能图

浮阀塔的负荷性能图（见图 4-16）中各曲线意义和作法如下：

① 过量液沫夹带线：曲线（1）称为过量液沫夹带线，相应于 $e_V = 0.1$kg 液/kg 气时泛点率的上限值，由式（4-104）作出。

② 降液管液泛线：曲线（2）为降液管液泛线，可根据降液管液泛的校核，由式（4-115）确定。

③ 液相上限线：曲线（3）为液相上限线。当液相负荷过大时，它在降液管中的停留时间过短，所夹带的气泡来不及释放而被带至下一层塔板，使塔板效率降低。一般可令式（4-116）中的停留时间 $\tau = 5$s 求得液相负荷上限，作出曲线（3），显然，它也是一垂线。

④ 严重漏液线：曲线（4）为严重漏液线。对于 FI 型浮阀，当阀孔动能因子 $F_0 = 5 \sim 6$ 时，泄漏将比较严重，为此确定气相负荷的下限（故又称气相负荷下限线），并作得相应的水平线。

⑤ 液相下限线：曲线（5）为液相下限线。对于平堰，一般取 $h_{ow} = 6$mm 时相应的液相负荷作为其下限，以保证塔板上的液流基本上能均匀分布。该线可由式（4-76）作得，由于它和气相负荷无关，为一垂线。

图 4-16 中，还给出了规定液气比操作时（例如一定回流比的精馏或一定液气比的吸收）气、液相负荷关系的操作线 OA，和表示设计条件下气、液相负荷的设计点 A。由操作线和稳定操作区边界线的上、下交点，可确定该塔板操作时两相负荷的上、下限。气相（或液相）负荷上、下限之比常称为塔板的操作弹性。浮阀塔的操作弹性较大，一般可达 $3 \sim 4$，若所设计塔板的弹性稍小，可适当调整塔板的尺寸来满足。

4.6　板式塔的结构与附属设备

4.6.1　板式塔的结构

4.6.1.1　塔体结构

板式塔内部装有塔板、降液管、各物流的进出口管及人孔（手孔）、基坐、除沫器等附属装置。除一般塔板按设计板间距安装外，其他附属装置可根据需要决定其间距。

（1）塔顶空间

塔顶空间是指塔内最上层塔板与塔顶的间距。为利于出塔气体夹带的液滴沉降，此段远高于板间距（甚至高出一倍以上），或根据除沫器要求的高度决定。

（2）塔底空间

塔底空间是指最下层塔板到塔底的间距。其值由如下两个因素决定，即：

① 塔底储液空间依存储液量停留 $3 \sim 5$min 或更长时间（易结焦物料可缩短停留时间）而定。

② 塔底液面至最下层塔板之间要有 $1 \sim 2$m 的间距，大塔可大于此值。

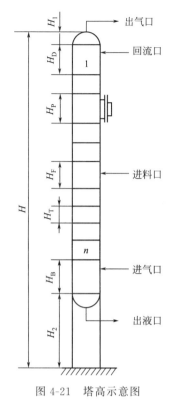

图 4-21 塔高示意图

（3）人孔

一般每隔 6~8 层塔板设一人孔（安装、检修用）；需经常清洗时每隔 3~4 块塔板处设一人孔。设人孔处的板间距等于或大于 600mm，人孔直径一般为 450~500mm（特殊的也有长方形人孔），其伸出塔体的筒体长为 200~250mm，人孔中心距操作平台约 800~1200mm。

（4）塔高

塔高示意图如图 4-21 所示。

$$H = (n - n_F - n_P - 1)H_T + n_F H_F + n_P H_P + H_D + H_B + H_1 + H_2 \tag{4-118}$$

式中　H——塔高（不包括封头、裙坐），m；

　　　　n——实际塔板数；

　　　　n_F——进料板数；

　　　　n_F——进料板处板间距，m；

　　　　n_P——人孔数；

　　　　H_P——设人孔处的板间距，m；

　　　　H_D——塔顶空间（不包括封头部分），m；

　　　　H_B——塔底空间（不包括封头部分），m；

　　　　H_T——塔板间距，m；

　　　　H_1——封头高度，m；

　　　　H_2——裙座高度，m。

4.6.1.2　塔板结构

塔板按结构特点，大致可分为整块式和分块式两类。塔径为 300~900mm 时，一般采用整块式；塔径超过 800~900mm 时，由于刚度、安装、检修等要求，多将塔板分成数块通过人孔送入塔内。对塔径为 800~2400mm 的单流型塔板，分块数与塔径大小关系如表 4-8 所示。

表 4-8　塔板分块数

塔径/mm	800~1200	1400~1600	1800~2000	2200~2400
塔板分块数	3	4	5	6

塔板分成数块，靠近塔壁的两块叫弓形板，其余叫矩形板，为了检修方便，不管分成几块，矩形板中必有一块作为通道板，通道板的宽度（短边尺寸）统一取 400mm。因安装需要，相邻两块板之间的孔间距可取为 100mm。

4.6.2　板式塔的附属设备

精馏塔的附属设备包括蒸汽冷凝器、产品冷凝器、再沸器（蒸馏釜）或直接蒸汽鼓泡管、原料预热器、塔的连接管、高位槽及泵等，可根据化工原理教材或化工手册进行选型与设计。

4.6.2.1　冷凝器、冷却器、再沸器

具体设计项目如下：

① 热量衡算求取塔顶冷凝器、冷却器的热负荷和所需冷却水用量；求取再沸器的热负

荷和加热蒸汽的消耗量。

关于该设计计算，在求取加热蒸汽消耗量时，若所处理的物料量与流量接近恒摩尔流时，可简化计算，原则上就要考虑是否需要通过全塔热量衡算求之。

② 选定冷凝器、冷却器和再沸器的形式，求取所需传热面积，并查阅换热器标准，提出合适的换热器型号。

冷凝器、冷却器和再沸器的设计以选型设计为主，酌情也进行某种换热器校核计算，有关内容可查阅参考文献等资料。

各换热器形式的选定随具体换热系统介质的性质和负荷大小而不同。如分凝器通常因负荷较大，故常用卧式列管换热器；而冷却器则因负荷一般较小，故可选用竖直列管式换热器。换热器的设计应注意传热温差至少保持在 $10 \sim 20 ℃$。冷却水出口温度则不应大于 $40 ℃$。

以下着重介绍再沸器（蒸馏釜）和冷却器的形式和特点。加热蒸汽及冷却剂耗用量及其传热面积通过热量衡算和传热计算求解，此处从略。

（1）再沸器（蒸馏釜）

再沸器是加热塔底料液使之部分汽化提供蒸馏过程所需热量的热交换设备，常用以下几种：

① 内置式再沸器（蒸馏釜）。此系直接将加热装置设于塔底部，可采用夹套、蛇管或列管式加热器。其装料系数依物系起泡倾向取为 $60 \% \sim 80 \%$。

② 釜式（罐式）再沸器。对直径较大的塔，一般将再沸器置于塔外。其管束可抽出，为保证管束浸于沸腾液中，管束末端设溢流堰，堰外空间为出料液的缓冲区。其液面以上空间为气液分离空间。

③ 虹吸式再沸器。利用热虹吸原理，即再沸器内液体被加热部分汽化后，气液混合物密度小于塔内液体的密度，使再沸器与塔间产生静压差，促使塔底液体被"虹吸"进入再沸器，在再沸器内汽化后返回塔，因而不必用泵便可使塔底液体循环。

④ 强制循环式再沸器。对高黏度液体如热敏性物料宜用泵强制循环式再沸器，因其流速大，停留时间短，便于控制和调节液体循环量。

再沸器的选型依据工艺要求和再沸器的特点，并结合经济因素考虑。如处理能力较小，循环量小，或精馏塔为饱和蒸汽进料时，所需传热面积较小，选用立式热虹吸式再沸器较宜，其按单位面积计的再沸器金属耗量显著低于其他形式。并且还具传热效果较好、占地面积小、连接管线短等优点。

但立式热虹吸式再沸器安装时要求精馏塔底部液面与再沸器顶部管板持平，要有固定标高，其循环速率受流体力学因素制约。当处理能力大，要求循环量大，传热面积也大时，常选用卧式热虹吸式再沸器。一则由于随传热面加大其单位面积的金属耗量降低较快，二是其循环量受流体力学因素影响较小，可在一定范围内调整塔底与再沸器之间的高度差以适应要求。

热虹吸式再沸器的汽化率不能大于 40%，否则传热不良，且因加热管不能充分润湿而易结垢，由于料液在再沸器中滞留时间较短也难以提高汽化率。

若要求较高汽化率，易采用罐式再沸器，其汽化率可达 80%。此外，对于某些塔底物料分批移除的塔或间歇精馏塔，因操作范围变化大，也宜采用罐式再沸器。

仅在塔底物料黏度很高或易受热分解而结垢等特殊情况下，才考虑采用泵强制循环式再沸器。再沸器的传热面积是决定塔操作弹性的一个主要因素，故估算其传热面积时，安全系数要适当选大一些，以防塔底蒸发量不足而影响操作。

（2）塔顶回流冷凝器

塔顶回流冷凝器通常采用管壳式换热器，有卧式、立式、管内或管外冷凝等形式。按冷凝器与塔的相对位置区分，有以下几类。

① 整体式及自流式。对小型塔，冷凝器一般置于塔顶，凝液借重力回流入塔。其优点之一是蒸汽压降较小，可借改变气升管或塔板位置调节位差以保证回流与采出所需的压头，可用于凝液难以用泵输送或泵送有危险的场合；优点之二是节省安装面积。常用于减压蒸馏或传热面积较小（如 $50m^2$ 以下）的情况。缺点是塔顶结构复杂，维修不方便。

② 强制循环式。当塔的处理量很大或塔板数很多时，若回流冷凝器置于塔顶将造成安装、检修等诸多不便，且造价高。可将冷凝器置于塔下部适当位置，用泵向塔顶送回流，在冷凝器和泵之间需设回流罐，即为强制循环式。

4.6.2.2 塔主要接管尺寸计算

接管尺寸由管内蒸汽速度及体积流量决定。各接管允许的蒸汽速度如下文所述。

① 塔顶蒸汽出口管径：管内蒸汽允许速度见表 4-9。

表 4-9 管内蒸汽允许速度

操作压强（绝压）	蒸汽流速/(m/s)
常压	12～20
13.3～6.7kPa	30～45
6.7kPa 以下	45～60

② 回流液管径：借重力回流时，回流液速度一般为 0.2～0.5m/s；用泵输送回流液时，回流速度为 1～2.5m/s。

③ 加料管径：料液由高位槽流入塔内时，速度可取 0.4～0.8m/s；泵送料液入塔时，速度可取为 0.2～2.5m/s。

④ 料液排出管径：塔釜液出塔的速度一般可取为 0.5～1.0m/s。

⑤ 饱和水蒸气管径：表压为 295kPa 以下时，速度取为 20～40m/s；表压为 785kPa 以下时，速度取为 40～60m/s；表压为 2950kPa 以上时，速度取为 80m/s。

4.6.2.3 蒸汽喷出器

一般对于黏度大的流体，流速应取得小些；对于黏度小的流体，可采用较大的流速。塔采用直接蒸汽加热时釜中应安装一蒸汽喷出器，使加热蒸汽均匀分布于釜液中。其结构一般为一环形蒸汽管，管的下面和侧面适当开一些小孔供蒸汽喷出。小孔直径一般为 3～10mm，孔心距为孔径的 5～10 倍。小孔总面积应为加热蒸汽管横截面积的 1.2～1.5 倍，管内蒸汽速度为 20～25m/s。加热蒸汽管浸入釜中液层至少 0.6m 以上，以保证蒸汽与溶液有足够的接触时间。

有关接管结构形式和设计所需资料可查阅有关资料。

4.6.2.4 泵

精馏装置使用的泵一般包括回流泵、产品泵、加料泵和冷却泵等，泵的选型计算方法可查阅文献。

4.7 浮阀塔、筛板塔设计案例

4.7.1 浮阀塔

某厂用连续精馏方法将乙醇-水双组分混合液进行初步分离，其原始数据和已知条件如下：

操作压力：塔顶为 0.5MPa；塔底为 0.53MPa。

操作温度：塔顶为 126℃；塔底为 153℃。

该塔采用直接蒸汽加热。根据计算已知求得实际塔板数 $N_P = 55$，加热蒸汽流率为 6.5×10^3 kg/h，料液流率为 3×10^3 kg/h，回流液流率为 1.4×10^4 kg/h，釜液流率为 7.5×10^3 kg/h，已知精馏段与提馏段的流率和组成可按表 4-10 计算。

表 4-10 精馏段和提馏段气、液相流率和组成

	精馏段		提馏段	
	流率/(kmol/h)	乙醇组成(摩尔分数)	流率/(kmol/h)	乙醇组成(摩尔分数)
气相	460	0.80	460	0.40
液相	410	0.75	500	0.38

设该塔采用浮阀塔板，试按精馏段条件确定该塔的主要尺寸。

4.7.1.1 设计参数的确定

根据精馏段物流流率和组成，并近似按塔顶压力和温度考虑，可求得本塔的设计参数如表 4-11：

表 4-11 设计参数

气相	指标	液相	指标
气相平均摩尔质量 M_V/(kg/mol)	42.36	液相平均摩尔质量 M_L/(kg/mol)	41.0
气相密度 ρ_V/(kg/m³)	6.39	液相密度 ρ_L/(kg/m³)	750
气相体积流率 V_h/(m³/h)	3052	液相体积流率 L_h/(m³/h)	21.3
		液相表面张力 σ/(mN/m)	16.5

4.7.1.2 塔高的估算

取塔板间距： $$H_T = 0.45 \text{m}$$

塔的有效高度： $$Z_0 \approx H_T N_P = 0.45 \times 55 = 24.75 \approx 25 (\text{m})$$

4.7.1.3 塔径的选取

液气流动参数： $$F_{LV} = \frac{L_h}{V_h}\sqrt{\frac{\rho_L}{\rho_V}} = \frac{21.3}{3052} \times \sqrt{\frac{750}{6.39}} = 0.0756$$

由 F_{LV} 值及所取塔板间距 H_T 值，查图 4-6，可得表面张力为 20mN/m 时的负荷因子 C_{20} 为 0.08。

负荷因子： $$C = C_{20}\left(\frac{\sigma}{20}\right)^{0.2} = 0.08 \times \left(\frac{16.5}{20}\right)^{0.2} = 0.077 (\text{m/s})$$

液泛气速：$\quad u_f = C \sqrt{\dfrac{\rho_L - \rho_V}{\rho_V}} = 0.077 \times \sqrt{\dfrac{750 - 6.39}{6.39}} = 0.831 (\text{m/s})$

初取设计的泛点率为 0.78，则空塔气速 $u = 0.78 u_f = 0.648\text{m/s}$，所需的气体流通截面积：

$$A = \frac{V_s}{u} = \frac{3052/3600}{0.648} = 1.31 (\text{m}^2)$$

取降液管截面积与塔截面积之比 $\dfrac{A_d}{A_T} = 0.0878$，则：

$$\frac{A}{A_T} = 1 - \frac{A_d}{A_T} = 1 - 0.0878 = 0.9122$$

故 $A_T = \dfrac{A}{0.9122} = \dfrac{1.31}{0.9122} = 1.436 (\text{m}^2)$。

塔径：$\qquad\qquad D = \sqrt{\dfrac{4A_T}{\pi}} = \sqrt{\dfrac{4 \times 1.436}{\pi}} = 1.352 (\text{m})$

圆整后，取 $D = 1.4\text{m}$

故所设计塔的截面积为：$\quad A_T = 0.785 D^2 = 1.539 (\text{m}^2)$

气体流通截面积：$\qquad A = 0.9122 A_T = 1.404 (\text{m}^2)$

空塔气速：$\qquad\qquad u = \dfrac{V_S}{A} = 0.604 (\text{m/s})$

设计的泛点率为：$\qquad\qquad \dfrac{u}{u_f} = \dfrac{0.604}{0.831} = 0.727$

4.7.1.4 液流形式、降液管及溢流堰等尺寸的确定

① 液流及降液管的形式：因塔径和流体量适中，选取单堰流弓形降液管。

② 降液管尺寸：由前所取 $\dfrac{A_f}{A_T} = 0.0878$，故降液管截面积为：

$$A_f = 0.0878 \times 1.539 = 0.135 (\text{m}^2)$$

根据 $\dfrac{A_f}{A_T}$ 值查图 4-10，可得弓形降液管宽度与塔径之比 $\dfrac{b_d}{D} = 0.143$，故降液管宽度为：

$b_d = 0.143 \times 1.4 = 0.2 (\text{m})$，选用平形受液盘，并取降液管底隙 $h_b = 35\text{mm} = 0.035\text{m}$

③ 溢流堰尺寸：取溢流堰高 $h_w = 50\text{mm} = 0.05\text{m}$

由 $\dfrac{A_f}{A_T}$ 值查图 4-10，可得堰长与塔径之比 $\dfrac{l_w}{D} = 0.7$，故溢流堰长：

$l_w = 0.7 \times 1.4 = 0.98 (\text{m})$，并可取得溢流强度 $\dfrac{L_h}{l_w} = \dfrac{21.3}{0.98} = 21.7 [\text{m}^3/(\text{m} \cdot \text{h})]$

因溢流强度不大，取溢流收缩系数 $E = 1$，故堰上方液头高度为：

$$h_{ow} = 2.84 \times 10^{-3} E \left(\frac{L_h}{l_w}\right)^{\frac{2}{3}} = 2.84 \times 10^{-3} \times 21.7^{\frac{2}{3}} = 22 \times 10^{-3} (\text{m}) = 22 (\text{mm})$$

液体的底隙流速：$\quad u_b = \dfrac{L_s}{l_w h_b} = \dfrac{\dfrac{21.3}{3600}}{0.98 \times 0.035} = 0.173 (\text{m/s})$

4.7.1.5 浮阀个数及排列

选取 FI 型浮阀，重型，其阀孔直径 $d_0 = 0.039\text{m}$

初取阀孔动能因子 $F_0 = u_0 \sqrt{\rho_V} = 11$，故阀孔气速为：

$$u_0 = \frac{11}{\sqrt{\rho_V}} = \frac{11}{\sqrt{29}} = 4.352 (\text{m/s})$$

故浮阀个数为：

$$n = \frac{V_s}{\frac{\pi}{4} d_0^2 u_0} = \frac{3052/3600}{0.785 \times 0.039^2 \times 4.352} = 163.2$$

取浮阀个数 $n = 164$ 个。

选取塔板厚度为 3mm，在塔板上按等腰三角形错排排列浮阀，并取塔板上液体进出口安定区宽度 b_s 和 b_s' 均为 75mm，边缘区宽度 b_c 为 50mm。图 4-22 给出了塔板上各区域的布置及浮阀排列的示意图。

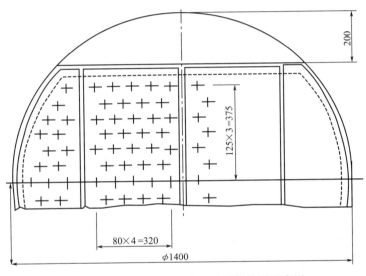

图 4-22　塔板上各区域布置及浮阀排列示意图

设计条件下阀孔气速：$u_0 = \dfrac{V_s}{\frac{\pi}{4} d_0^2 n} = \dfrac{3052/3600}{0.785 \times 0.039^2 \times 164} = 4.33 (\text{m/s})$

动能因子：$F_0 = u_0 \sqrt{\rho_V} = 4.33 \times \sqrt{6.39} = 10.95$

塔板上浮阀的开孔率：$\varphi = \dfrac{n \frac{\pi}{4} d_0^2}{A_T} = \dfrac{164 \times 0.785 \times 0.039}{1.539} = 0.13$

4.7.1.6　塔板流动性能校核

（1）液沫夹带量校核

对本例，为控制液沫夹带量 e_V 不过大，应使泛点率 $F_1 \leqslant 0.8 \sim 0.82$，$F_1$ 按以下二式计算并取其中较大值：

$$F_1 = \frac{V_s \sqrt{\dfrac{\rho_V}{\rho_L - \rho_V}} + 1.36 L_S Z_L}{K C_F A_b} \quad \text{或} \quad F_1 = \frac{V_s \sqrt{\dfrac{\rho_V}{\rho_L - \rho_V}}}{0.78 K C_F A_b}$$

乙醇水溶液为正常物性系统，物性系数 $K = 1$。根据气体密度 ρ_V 及塔板间距 H_T 值，由图 4-19 可查得泛点负荷因数 $C_F = 0.12$。

对单流型，塔板上液体流过的长度 $Z_L = D - 2b_d = 1.4 - 2 \times 0.2 = 1.0$（m），塔板上液体流过的面积 $A_b = A_T - 2A_d = 1.539 - 2 \times 0.135 = 1.269$（m²）。

故

$$F_1 = \frac{V_s \sqrt{\dfrac{\rho_V}{\rho_L - \rho_V}} + 1.36 L_s Z_L}{K C_F A_b} = \frac{\dfrac{3052}{3600} \times \sqrt{\dfrac{6.39}{750 - 6.39}} + 1.36 \times \dfrac{21.3}{3600} \times 1}{1 \times 0.12 \times 1.269} = 0.569$$

或

$$F_1 = \frac{V_s \sqrt{\dfrac{\rho_V}{\rho_L - \rho_V}}}{0.78 K C_F A_b} = \frac{\dfrac{3052}{3600} \times \sqrt{\dfrac{6.39}{750 - 6.39}}}{0.78 \times 0.12 \times 1.539} = 0.546$$

所得 $F_1 = 0.569 < 0.8$，故不会产生过量液沫夹带。

（2）塔板阻力计算

计算公式：$h_f = h_0 + h_l + h_\sigma$。

① 干板阻力 h_0：

临界孔速 $u_{0,k} = \left(\dfrac{73}{\rho_V}\right)^{1/1.825} = \left(\dfrac{73}{6.39}\right)^{1/1.825} = 3.8$（m/s），$u_{0,k} < u_0 = 4.33$m/s，故 h_0 按浮阀全开的情况计算，即按下式计算：

$$h_0 = 5.34 \times \frac{\rho_V}{\rho_L} \times \frac{u_0^2}{2g} = 5.34 \times \frac{6.39}{750} \times \frac{4.33^2}{2 \times 9.81} = 0.0435 \text{（m 液柱）}$$

② 塔板上液层阻力：$h_l = 0.5(h_w + h_{ow}) = 0.5 \times (0.05 + 0.022) = 0.036$（m 液柱）

③ 表面张力产生的阻力：$h_\sigma = \dfrac{4\sigma}{d_0 \rho_L g} = \dfrac{4 \times 21.6 \times 10^{-3}}{0.039 \times 750 \times 9.81} = 3 \times 10^{-4}$（m 液柱）

故 $h_f = 0.0435 + 0.036 + 0.0003 = 0.0798$（m 液柱）。

（3）降液管液泛校核

降液管中的清液柱高度：$H_d = h_w + h_{ow} + h_f + h_d + \Delta$

其中，液体流过降液管及其底隙的阻力：

$$h_d = 1.18 \times 10^{-8} \times \left(\frac{L_h}{l_w h_b}\right)^2 = 1.18 \times 10^{-8} \times \left(\frac{21.3}{0.98 \times 0.035}\right)^2 = 0.00455 \text{（m 液柱）}$$

略去液面梯度，并将前文所得有关值代入得：

$$H_d = 0.05 + 0.022 + 0.0798 + 0.00455 = 0.1564 \text{（m 液柱）}$$

取降液管中泡沫层相对密度 $\phi = 0.6$，则降液管中泡沫层的高度：

$$H_d' = \frac{H_d}{\phi} = \frac{0.1564}{0.6} = 0.26 \text{（m）}$$

而 $H_T + h_w = 0.45 + 0.05 = 0.5 \text{m} > H_d'$，故不会产生降液管液泛。

（4）液体在降液管中停留时间的校核

液体在降液管中的停留时间为：

$$\tau = \frac{A_d H_T}{L_s} = \frac{0.135 \times 0.45}{21.3/3600} = 10.2 \text{（s）} > 5\text{s}$$

故所夹带的气体可以释出。

（5）严重漏液校核

取漏液点气速为 u_0'，阀孔动能因子 $F_0 = 5$，则：

$$u'_0 = \frac{5}{\sqrt{\rho_V}} = \frac{5}{\sqrt{6.39}} = 1.98(\text{m/s})$$

稳定系数：$k = \frac{u_0}{u'_0} = \frac{4.33}{1.98} = 2.187 > 1.5 \sim 2.0$，故不会产生严重漏液。

4.7.1.7 塔板负荷性能图

（1）过量液沫夹带线关系式

在式（4-104）中，令 $F_1 = 0.8$，并将塔板的有关尺寸数据和物性常数值代入，整理可得：

$$V_s = 1.314 - 14.67L_s$$

或

$$V_h = 4730 - 14.67L_h \tag{1}$$

（2）液相下限关系式

由 $h_{ow} = 2.84 \times 10^{-3} E \left(\frac{L_h}{l_w} \right)^{\frac{2}{3}}$，令 $E = 1$，取 $h_{ow} = 6\text{mm} = 0.006\text{m}$，并将 l_w 值代入，可解得：

$$L_h = 3\text{m}^3/\text{h} \tag{2}$$

（3）严重漏液线关系式

令 $F_0 = 5$，则有：

$$V_s = \frac{\pi}{4} d_0^2 n \frac{5}{\sqrt{\rho_V}} = 0.785 \times 0.039^2 \times 164 \times \frac{5}{\sqrt{6.39}} = 0.3873\text{m}^3/\text{s}$$

或

$$V_h = 1394\text{m}^3/\text{h} \tag{3}$$

（4）液相上限线关系式

在 $\tau = \frac{A_d H_T}{L_s}$ 中，令 $\tau = 5\text{s}$，并将 A_d 和 H_T 值代入，可得：

$$L_s = \frac{0.135 \times 0.45}{5} = 0.01215(\text{m}^3/\text{s})$$

或

$$L_h = 43.74\text{m}^3/\text{h} \tag{4}$$

（5）降液管液泛线关系式

由降液管液泛校核条件式 $H'_d \leqslant H_T + h_w$ 或 $H_d = h'_w + h_{ow} + h_f + h_d \leqslant \phi(H_T + h_w)$，将 h_{ow}（令其中 $E = 1$），h_f（略去其中 h_σ）和 h_d 计算式代入，可得：

$$3.41 \times 10^{-8} \frac{\rho_V}{\rho_L} \left(\frac{V_h}{nd_0^2} \right)^2 + 4.26 \times 10^{-3} \left(\frac{L_h}{l_w} \right)^{\frac{2}{3}} + 1.18 \times 10^{-8} \left(\frac{L_h}{l_w h_b} \right)^2 = \phi H_T + (\phi - 1.5) h_w$$

将塔板有关尺寸数据和物性常数等值代入并整理，可得：

$$V_h^2 = 4.82 \times 10^7 - 9.24 \times 10^5 L_h^{\frac{2}{3}} - 2.15 \times 10^3 L_h^2 \tag{5}$$

（6）根据式（1）~式（5），以 L_h 为横坐标，V_h 为纵坐标，可作得本例塔板的负荷性能图，如图 4-23 所示，图中 OAB 线为操作线，点 D 为设计点。由图 4-23 可读得其气相负荷上限 $V_{h,max} = 4155\text{m}^3/\text{h}$，气相负荷下限 $V_{h,min} = 1394\text{m}^3/\text{h}$，其操作弹性为：

$$\frac{V_{h,max}}{V_{h,min}} = \frac{4155}{1394} = 2.98$$

4.7.1.8 设计计算的主要结果

设计计算的主要结果如表 4-12 所示。

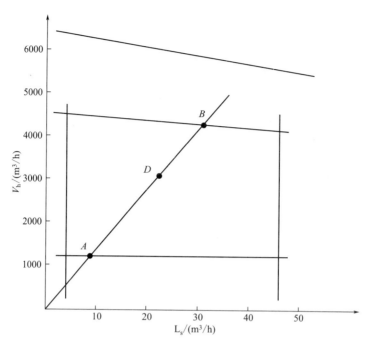

图 4-23 塔板负荷性能图

表 4-12 设计计算结果汇总表

塔板主要结构参数	数据	塔板主要流动性参数	数据
塔的有效高度 Z_0/m	25	液泛气速 u_f/(m/s)	0.831
实际塔板数 N_P	55	空塔气速 u/(m/s)	0.604
塔内径 D/m	1.4	设计泛点率 $\gamma_F = u/u_f$	0.727
塔板间距 H_T/m	0.45	阀孔动能因子 F_0	10.95
液流形式		阀孔气速 u_0/(m/s)	4.33
降液管截面积与塔截面积之比 A_d/A_T	0.0878	漏液点气速 u_0'/(m/s)	1.98
弓形降液管堰长 l_w/m	0.98	雾沫夹带泛点率 F_1/%	56.9
弓形降液管宽度 b_d/m	0.2	稳定系数 k	2.187
出口堰高 h_w/mm	50	溢流强度 L_h/l_w/[m³/(m·h)]	21.7
降液管底隙 h_b/mm	35	堰上方液层高度 h_{ow}/mm	22
边缘区宽度 b_c/mm	50	每块塔板阻力液柱 h_f/mm	79.8
安定区宽度 b_s/mm	75	降液管中液体停留时间 τ/s	10.2
塔板厚度 δ/mm	3	降液管中清液层高度 H_d/m	0.156
塔板分块数	4	降液管中泡沫层高度 H_d/ϕ/m	0.26
浮阀形式	F_1	底隙气速 u_b/(m/s)	0.173
浮阀个数	164	气相负荷上限/(m³/h)	4155
浮阀的排列方式		气相负荷下限/(m³/h)	1394
塔板开孔率 ϕ/%	13	操作弹性	2.98

4.7.1.9　主要接管尺寸的选取

（1）进料管

已知进料液流率为 3000kg/h，取料液密度为 900kg/m³。则料液体积流率为：

$$V_F = \frac{3000}{900} = 3.33(m^3/h)$$

取管内流速 $u_F = 0.5m/s$，则进料管直径：

$$d_F = \sqrt{\frac{4V_F/3600}{\pi u_F}} = \sqrt{\frac{4 \times 3.33/3600}{0.5\pi}} = 0.048(m)$$

取进料管尺寸为 $\phi 57mm \times 3.5mm$。

（2）回流管

已知回流料液流率为 14000kg/h，取回流液密度为 750kg/m³。则回流液体积流率为：

$$V_R = \frac{14000}{750} = 18.67(m^3/h)$$

取管内流速 $u_R = 0.3m/s$，则回流管直径：

$$d_R = \sqrt{\frac{4V_R/3600}{\pi u_R}} = \sqrt{\frac{4 \times 18.67/3600}{0.3\pi}} = 0.148(m)$$

取回流管尺寸为 $\phi 159mm \times 4.5mm$。

（3）釜液出口管

由已知釜液流率为 7500kg/h，取釜液密度为 920kg/m³，则釜液体积流率为：

$$V_W = \frac{7500}{920} = 8.15(m^3/h)$$

取管内流速 $u_W = 0.5m/s$，则釜液出口管直径：

$$d_W = \sqrt{\frac{4V_W/3600}{\pi u_W}} = \sqrt{\frac{4 \times 8.15/3600}{0.5\pi}} = 0.076(m)$$

取釜液出口管尺寸为 $\phi 89mm \times 4mm$。

（4）塔顶蒸汽管

近似取精馏段体积流率为塔顶蒸汽体积流率 V_T，并取管内蒸汽流速 $u_T = 15m/s$，则塔顶蒸汽管的直径为：

$$d_T = \sqrt{\frac{4V_T/3600}{\pi u_T}} = \sqrt{\frac{4 \times 3052/3600}{15\pi}} = 0.268(m)$$

取塔顶蒸汽管尺寸为 $\phi 273mm \times 7mm$。

（5）加热蒸汽管

已知加热蒸汽流率为 6500kg/h，取加热蒸汽密度为 3.25kg/m³（按 160℃ 饱和水蒸气计），则加热蒸汽体积流率为：

$$V_H = \frac{6500}{3.25} = 2000(m^3/h)$$

取管内蒸汽流速 $u_H = 15m/s$，则加热蒸汽管直径为：

$$d_H = \sqrt{\frac{4V_H/3600}{\pi u_H}} = \sqrt{\frac{4 \times 2000/3600}{15\pi}} = 0.217(m)$$

取加热蒸汽管尺寸为 $\phi 219mm \times 6mm$。

4.7.2 筛板塔

在常压连续筛板精馏塔中精馏分离含苯 41% 的苯-甲苯混合液，要求塔顶馏出液中含甲苯量不大于 4%，塔底釜液中含甲苯量不低于 99%（以上均为质量分数）。

已知条件：

苯-甲苯混合液处理量：4000kg/h；进料热状况：自选；回流比：自选；塔顶压强：4kPa（表压）；热源：低压饱和蒸汽；单板压降：不大于 0.7kPa。主要基础数据如下。

① 苯和甲苯的物理性质：见表 4-13。

表 4-13　苯和甲苯的物理性质

项目	分子式	分子量	沸点/℃	临界温度 t_c/℃	临界压强 p_c/kPa
苯 A	C_6H_6	78.11	80.1	288.5	6833.4
甲苯 B	$C_6H_5CH_3$	92.13	110.6	318.57	4107.7

② 常压下苯-甲苯的气液平衡数据：见表 4-14。

表 4-14　常压下苯-甲苯的气液平衡数据

温度 t/℃	液相中苯的摩尔分数 x/%	气相中苯的摩尔分数 y/%
110.56	0.00	0.00
109.91	1.00	2.50
108.79	3.00	7.11
107.61	5.00	11.2
105.05	10.0	20.8
102.79	15.0	29.4
100.75	20.0	37.2
98.84	25.0	44.2
97.13	30.0	50.7
95.58	35.0	56.6
94.09	40.0	61.9
92.69	45.0	66.7
91.40	50.0	71.3
90.11	55.0	75.5
80.80	60.0	79.1
87.63	65.0	82.5
86.52	70.0	85.7
85.44	75.0	88.5
84.40	80.0	91.2
83.33	85.0	93.6
82.25	90.0	95.9
81.11	95.0	98.0
80.66	97.0	98.8
80.21	99.0	99.61
80.01	100.0	100.0

③ 饱和蒸气压 p^*。苯、甲苯的饱和蒸气压可用 Antoine 方程求算，即：

$$\lg p^* = A - \frac{B}{t+C}$$

式中　　t——物系温度，℃；

p^*——饱和蒸气压，kPa；

A、B、C——Antoine 常数，见表 4-15。

表 4-15 Antoine 常数

组分	A	B	C	组分	A	B	C
苯	6.023	1206.35	220.34	甲苯	6.078	1343.94	219.58

④ 苯和甲苯的液相密度：见表 4-16。

表 4-16 苯和甲苯的液相密度

温度 $t/℃$	80	90	100	110	120
苯/(kg/m³)	815	803.9	792.5	780.3	768.9
甲苯/(kg/m³)	810	800.2	790.3	780.3	770.0

⑤ 液体的表面张力：见表 4-17。

表 4-17 液体的表面张力

温度 $t/℃$	80	90	100	110	120
苯/(Nm/m)	21.27	20.06	18.85	17.66	16.49
甲苯/(Nm/m)	21.69	20.59	19.94	18.41	17.31

⑥ 液体的黏度：见表 4-18.

表 4-18 液体的黏度

温度 $t/℃$	80	90	100	110	120
苯/(mPa·s)	0.308	0.279	0.255	0.233	0.215
甲苯/(mPa·s)	0.311	0.286	0.264	0.254	0.228

⑦ 液体的汽化热：见表 4-19。

表 4-19 液体的汽化热

温度 $t/℃$	80	90	100	110	120
苯/(kJ/kg)	394.1	386.9	379.3	371.5	363.2
甲苯/(kJ/kg)	379.9	373.8	367.6	361.2	354.6

试设计筛板精馏塔并选择原料预热器、塔顶冷凝器及塔釜再沸器等附属设备，计算塔的主要接管尺寸。

4.7.2.1 精馏流程的确定

苯-甲苯混合液经原料预热器加热至泡点后，送入精馏塔。塔顶上升蒸汽采用全凝器冷凝后，一部分作为回流，其余为塔顶产品经冷却后送至储槽。塔釜采用间接蒸汽再沸器供热，塔底产品经冷却后送入储槽。流程图从略。

4.7.2.2 精馏塔的物料衡算

(1) 进料液及塔顶、塔底产品含苯摩尔分数

$$x_F = \frac{41/78.11}{41/78.11 + 4/92.13} = 0.45$$

$$x_D = \frac{96/78.11}{96/78.11 + 4/92.13} = 0.966$$

$$x_W = \frac{1/78.11}{1/78.11 + 99/92.13} = 0.0118$$

（2）平均分子量

$$M_F = 0.45 \times 78.11 + 0.55 \times 92.13 = 85.82 (kg/kmol)$$
$$M_D = 0.966 \times 78.11 + 0.034 \times 92.13 = 78.59 (kg/kmol)$$
$$M_W = 0.0118 \times 78.11 + 0.9882 \times 92.13 = 91.96 (kg/kmol)$$

（3）物料衡算

总物料衡算：$D + W = 4000 kg/h$

易挥发组分物料衡算：$0.96D + 0.01W = 0.41 \times 4000$

联立以上二式得：

$F' = 4000 kg/h$；$F = 4000/85.82 = 46.61$（kmol/h）

$D' = 1684.2 kg/h$；$D = 1684.2/78.59 = 21.43$（kmol/h）

$W' = 2315.8 kg/h$；$W = 2315.8/91.96 = 25.18$（kmol/h）

4.7.2.3 塔板数的确定

（1）理论塔板数 N_T 的求取

苯-甲苯属于理想物系，可采用图解法求 N_T。

① 根据苯、甲苯的气液平衡数据作 y-x 图及 t-x-y 图，参见图 4-24 及图 4-25。

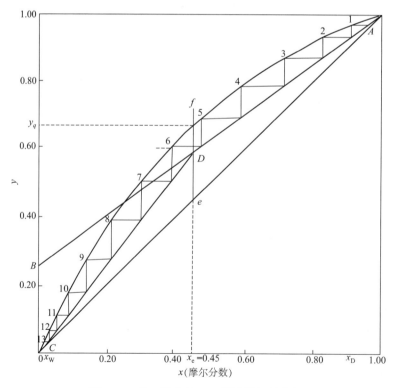

图 4-24　苯、甲苯的 y-x 图及图解理论板

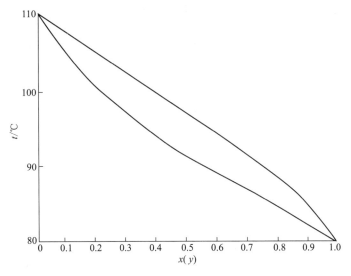

图 4-25 苯、甲苯的 t-x-y 图

② 求最小回流比 R_{min} 及操作回流比 R。因泡点进料，在图 4-24 中对角线自点 e (0.45,0.45) 作垂线即为进料线（q 线），该线与平衡线的交点坐标为 $y_q = 0.667$，$x_q = 0.45$，此即最小回流比时操作线与平衡线的交点坐标。依最小回流比计算式：

$$R_{min} = \frac{x_D - y_D}{y_q - x_q} = \frac{0.966 - 0.667}{0.667 - 0.45} = 1.38$$

取操作回流比 $R = 2R_{min} = 2 \times 1.38 = 2.76$。

③ 求理论板 N_T。依式 (4-40)，精馏段操作线为：

$$y_{n+1} = \frac{R}{R+1}x_n + \frac{x_D}{R+1} = \frac{2.76}{1+2.76}x + \frac{0.966}{2.76+1} = 0.734x + 0.257$$

如图 4-24 所示，按常规作图法得：$N_T = (13.5-1)$ 层（不包括塔釜）。其中精馏段理论板数为 5 层，提馏段理论板数为 7.5 层（不包括塔釜），第 6 层为进料板。

（2）全塔效率 E_T

依式 (4-58)：$E_T = 0.17 - 0.616 \lg \mu_m$

根据塔顶、塔底液相组成查图 4-25，求得塔平均温度为 95.15℃，该温度下进料液相平均黏度为：

$$\mu_m = 0.45\mu_A + (1-0.45)\mu_B = 0.45 \times 0.267 + 0.55 \times 0.275 = 0.271 (\text{mPa} \cdot \text{s})$$

故 $E_T = 0.17 - 0.616 \lg 0.271 = 0.519 \approx 52\%$。

（3）实际塔板数

精馏段：$N_1 = 5/0.52 = 9.6 \approx 10$ 层

提馏段：$N_2 = 7.5/0.52 = 14.42 \approx 15$ 层

注：a. 精馏段以 1 表示；提馏段以 2 表示；b. 经试差计算温度校核 $E_T = 0.53$，$N_1 = 9.43$ 取 10 层，$N_2 = 14.2$，取为 15 层。

4.7.2.4　塔的工艺条件及物性数据计算

以精馏段为例进行计算：

（1）操作压强 p_m

塔顶压强 $p_D = 4 + 101.3 = 105.3 (\text{kPa})$，取每层塔板压降 $\Delta p = 0.7 \text{kPa}$。

则进料板压强 $p_F = 105.3 + 10 \times 0.7 = 112.3(\text{kPa})$。

精馏段平均操作压强 $p_m = \dfrac{105.3 + 112.3}{2} = 108.8(\text{kPa})$。

（2）温度 t_m

根据操作压强，依下式试差计算操作温度：$p = p_A^0 x_A + p_B^0 x_B$。

试差计算结果，塔顶 $t_D = 82.1℃$，进料板 $t_F = 99.5℃$。

则精馏段平均温度：$t_m = \dfrac{82.1 + 99.5}{2} = 90.8(℃)$。

（3）平均分子量 M_m

由前文可知塔顶：$x_D = y_1 = 0.966$

查图 4-24 可得：$x_1 = 0.916$

$$M_{VDm} = 0.966 \times 78.11 + (1 - 0.966) \times 92.13 = 78.59(\text{kg/kmol})$$

$$M_{LDm} = 0.916 \times 78.11 + (1 - 0.916) \times 92.13 = 79.29(\text{kg/kmol})$$

进料板：由图 4-24 可得 $y_F = 0.604$，$x_F = 0.388$

$$M_{VFm} = 0.604 \times 78.11 + (1 - 0.604) \times 92.13 = 83.66(\text{kg/kmol})$$

$$M_{LFm} = 0.388 \times 78.11 + (1 - 0.388) \times 92.13 = 86.69(\text{kg/kmol})$$

精馏段平均分子量：$M_{vm(1)} = \dfrac{78.59 + 83.66}{2} = 81.131 \ (\text{kg/kmol})$

$$M_{Lm(2)} = \dfrac{79.29 + 86.69}{2} = 82.99(\text{kg/kmol})$$

（4）平均密度 ρ_m

① 液相密度 ρ_{Lm}。

依式：$\dfrac{1}{\rho_{Lm}} = \dfrac{\alpha_A}{\rho_{LA}} + \dfrac{\alpha_B}{\rho_{LB}}$（$\alpha$ 为质量分数）

由塔顶 $t_D = 82.1℃$，查表 4-16 得塔顶：$\rho_{LA} = 812.7\text{kg/m}^3$，$\rho_{LB} = 807.9\text{kg/m}^3$。

$$\frac{1}{\rho_{LmD}} = \frac{0.96}{812.7} + \frac{0.04}{807.9}$$

$$\rho_{LmD} = 812.5\text{kg/m}^3$$

进料板：由进料板液相组成 $x_A = x_F = 0.388$

$$\alpha_A = \frac{0.388 \times 78.11}{0.388 \times 78.11 + 0.612 \times 92.13} = 0.35$$

由进料板 $t_F = 99.5℃$，查表 4-16 得 $\rho_{LA} = 793.1\text{kg/m}^3$，$\rho_{LB} = 790.8\text{kg/m}^3$

$$\frac{1}{\rho_{LmF}} = \frac{0.35}{793.1} + \frac{0.65}{790.8}$$

$$\rho_{LmF} = 791.6\text{kg/m}^3$$

则精馏段平均液相密度：$\rho_{Lm} = \dfrac{812.5 + 791.6}{2} = 802.1 \ (\text{kg/m}^3)$

② 气相密度 ρ_{Vm}。

$$\rho_{Vm} = \frac{p_m M_{Vm}}{R T_m} = \frac{108.8 \times 81.13}{8.314 \times (90.8 + 273.1)} = 2.92(\text{kg/m}^3)$$

（5）液体表面张力 σ_m

$$\sigma_m = \sum_{i=1}^{n} x_i \sigma_i$$

由 $t_D = 82.1℃$ 查表 4-17 得 $\sigma_A = 21.24\text{mN/m}$，$\sigma_B = 21.42\text{mN/m}$

$$\sigma_{mD} = 0.966 \times 21.24 + (1-0.966) \times 21.42 = 21.25\text{mN/m}$$

由 $t_F = 99.5℃$ 查表 4-17 得 $\sigma_A = 18.9\text{mN/m}$，$\sigma_B = 20\text{mN/m}$

$$\sigma_{mF} = 0.388 \times 18.9 + (1-0.388) \times 20 = 19.57\text{mN/m}$$

则精馏段平均表面张力：$\sigma_m = \dfrac{21.25 + 19.57}{2} = 20.41$（mN/m）

（6）液体黏度 μ_{Lm}

$$\mu_{Lm} = \sum_{i=1}^{n} x_i \mu_i$$

$$\mu_{LD} = 0.966 \times 0.302 + (1-0.966) \times 0.306 = 0.302(\text{mPa} \cdot \text{s})$$

$$\mu_{LF} = 0.388 \times 0.256 + (1-0.388) \times 0.265 = 0.262(\text{mPa} \cdot \text{s})$$

则精馏段平均液相黏度：$\mu_{Lm} = \dfrac{0.302 + 0.262}{2} = 0.282(\text{mPa} \cdot \text{s})$

4.7.2.5 精馏段气液负荷计算

$$V = (R+1)D = (2.76+1) \times 21.43 = 80.58(\text{kmol/h})$$

$$V_s = \frac{VM_{Vm}}{3600\rho_{Vm}} = \frac{80.58 \times 81.13}{3600 \times 2.92} = 0.62(\text{m}^3/\text{s})$$

$$L = RD = 2.76 \times 21.43 = 59.15(\text{kmol/h})$$

$$L_s = \frac{LM_{Lm}}{3600\rho_{Lm}} = \frac{59.15 \times 82.99}{3600 \times 802.9} = 0.0017(\text{m}^3/\text{s})$$

$$L_h = 6.12\text{m}^3/\text{h}$$

4.7.2.6 塔和塔板主要工艺尺寸计算

（1）塔径 D

参考表 4-2，初选板间距 $H_T = 0.40\text{m}$，取板上清液层高度 $h_L = 0.06\text{m}$。故：

$$H_T - h_L = 0.40 - 0.06 = 0.34(\text{m})$$

$$\left(\frac{L_s}{V_s}\right)\left(\frac{\rho_L}{\rho_V}\right)^{1/2} = \left(\frac{0.0017}{0.62}\right)\left(\frac{802.1}{2.92}\right)^{1/2} = 0.0454$$

查图 4-6 得 $C_{20} = 0.072$，依式（4-68）校正得到物系表面张力为 20.4mN/m 时的 C，即：

$$C = C_{20}\left(\frac{\sigma}{20}\right)^{0.2} = 0.072 \times \left(\frac{20.41}{20}\right)^{0.2} = 0.0723(\text{m/s})$$

$$u_{max} = C\sqrt{\frac{\rho_L - \rho_V}{\rho_V}} = 0.0723 \times \sqrt{\frac{802.9 - 2.92}{2.92}} = 1.197(\text{m/s})$$

取安全系数为 0.70，则 $u = 0.70u_{max} = 0.70 \times 1.197 = 0.838(\text{m/s})$

故
$$D = \sqrt{\frac{4V_s}{\pi u}} = \sqrt{\frac{4 \times 0.62}{\pi \times 0.838}} = 0.971(\text{m})$$

按标准，塔径圆整为 1.0m，则空塔气速为 0.79m/s。

（2）溢流装置

采用单溢流、弓形降液管、平形受液盘及平形溢流堰，不设进口堰。各项计算如下：

① 溢流堰长 l_w。取堰长 $l_w = 0.66D$，即：

$$l_w = 0.66 \times 1.0 = 0.66(\text{m})$$

② 出口堰高 h_w：

$$h_w = h_L - h_{ow}$$

由 $\dfrac{l_w}{D} = 0.66$，$\dfrac{L_h}{l_w^{2.5}} = \dfrac{3600 \times 0.0017}{0.66^{2.5}} = 17.3(\text{m})$

查图 4-11 知 $E = 1.05$，依式（4-76）计算：

$$h_{ow} = 2.84 \times 10^{-3} E \left(\frac{L_h}{l_w} \right)^{\frac{2}{3}} = 2.84 \times 10^{-3} \times 1.05 \times \left(\frac{3600 \times 0.0017}{0.66} \right)^{\frac{2}{3}} = 0.013(\text{m})$$

故 $h_w = 0.06 - 0.013 = 0.047(\text{m})$

③ 降液管的宽度 W_d 与降液管的面积 A_f：由 $\dfrac{l_w}{D} = 0.66$，查图 4-10，得 $\dfrac{W_d}{D} = 0.124$，

$\dfrac{A_f}{A_T} = 0.0722$。

故 $W_d = 0.124\text{m}$。

$$A_f = 0.0722 \times \frac{\pi}{4} D^2 = 0.0722 \times 0.785 \times 1^2 = 0.0567(\text{m}^2)$$

由式（4-75）计算液体在降液管中停留时间以检验降液管面积，即：

$$\tau = \frac{A_f H_T}{L_s} = \frac{0.0567 \times 0.40}{0.0017} = 13.34s (> 5s \text{ 符合要求})$$

④ 降液管底隙高度 h_0

取液体通过降液管底隙的流速 u'_0 为 0.08m/s，依式（4-78）

则

$$u'_0 = \frac{L_s}{l_w h_0} \Rightarrow h_0 = \frac{L_s}{l_w u'_0}$$

$$h_0 = \frac{L_s}{l_w u'_0} = \frac{0.0017}{0.66 \times 0.08} = 0.032(\text{m})$$

（3）塔板布置

① 取边缘区宽度 $W_c = 0.035\text{m}$，安全区宽度 $W_s = 0.065\text{m}$。

② 依式（4-79）计算开孔区面积

$$A_a = 2 \left[x \sqrt{R^2 - x^2} + \frac{\pi}{180} R^2 \sin^{-1} \left(\frac{x}{R} \right) \right]$$

$$= 2 \times \left[0.311 \times \sqrt{0.465^2 - 0.311^2} + \frac{\pi}{180} \times 0.465^2 \sin^{-1} \left(\frac{0.311}{0.465} \right) \right]$$

$$= 0.532(\text{m}^2)$$

其中：

$$x = \frac{D}{2}(W_d + W_s) = \frac{1.0}{2} \times (0.124 + 0.065) = 0.311(\text{m})$$

$$R = \frac{D}{2} - W_c = \frac{1.0}{2} - 0.035 = 0.465(\text{m})$$

以上各参数见图 4-11，此处塔板布置图从略。

（4）开孔数 n 与开孔率 ϕ

取筛孔的孔径 $d_0 = 5\text{mm}$，正三角形排列，一般碳钢的板厚为 3mm，取 $\dfrac{t}{d_0} = 3.0$。故：

孔中心距 $\qquad\qquad\qquad t = 3.0 \times 5.0 = 15.0(\text{mm})$

依式（4-81）计算塔板上的筛孔数 n，即：

$$n = \frac{1158 \times 10^3}{t^2} A_a = \frac{1158 \times 10^3}{15^2} \times 0.532 = 2738$$

依式（4-80）计算塔板上开孔区的开孔率 ϕ，即：

$$\phi = \frac{A_0}{A_a} = \frac{0.907}{(t/d_0)^2} = \frac{0.907}{3.0^2} = 10.1\% \ (\text{在}\ 5\% \sim 15\% \ \text{范围内})$$

每层塔板上的开孔面积 A_0 为：$A_0 = \phi A_a = 0.101 \times 0.532 = 0.0537(\text{m}^2)$。

气体通过筛孔的气速：$u_0 = \dfrac{V_s}{A_0} = \dfrac{0.62}{0.0537} = 11.55(\text{m/s})$。

（5）塔有效高度 Z（精馏段）

$$Z = (10 - 1) \times 0.40 = 3.6\text{m}$$

（6）塔高计算（略）

4.7.2.7 筛板的流体力学验算

（1）气体通过筛板压降相当的液柱高度

依式（4-82）计算：$h_p = h_c + h_l + h_0$

① 干板压降相当的液柱高度。

孔径与板厚之比 $\dfrac{d_0}{\delta} = 5/3 = 1.67$，查图 4-13 得：$C_0 = 0.84$。

由式（4-83）计算：$h_c = 0.051 \left(\dfrac{u_0}{C_0}\right)^2 \left(\dfrac{\rho_V}{\rho_L}\right) = 0.051 \times \left(\dfrac{11.55}{0.084}\right)^2 \times \left(\dfrac{2.92}{802.9}\right) = 0.035(\text{m})$

② 气流穿过板上液层压降相当的液柱高度 h_l。

$$u_a = \frac{V_s}{A_T - A_f} = \frac{0.62}{0.785 - 0.057} = 0.852(\text{m/s})$$

$$F_a = u_a \sqrt{\rho_V} = 0.852\sqrt{2.92} = 1.46$$

由图 4-14 查取板上液层充气系数 $\varepsilon_0 = 0.61$。依式（4-86）：

$$h_l = \varepsilon_0 h_L = \varepsilon_0 (h_w + h_{ow}) = 0.61 \times 0.06 = 0.0366(\text{m})$$

③ 克服液体表面张力压降相当的液柱高度 h_σ。

依式（4-90）计算：

$$h_\sigma = \frac{4\sigma}{\rho_L g d_0} = \frac{4 \times 20.4 \times 10^{-3}}{802.9 \times 9.81 \times 0.005} = 0.00207(\text{m})$$

故：$h_p = 0.0351 + 0.0366 + 0.00207 = 0.074(\text{m})$。

单板压降：$\Delta p_p = h_p \rho_L g = 0.074 \times 802.9 \times 9.81 = 580\text{Pa} < 0.7\text{kPa}$（设计允许值）。

（2）雾沫夹带量 e_V 的验算

依式（4-91）计算：

$$e_V = \frac{5.7 \times 10^{-6}}{\sigma} \left(\frac{u_a}{H_T - h_f}\right)^{3.2}$$

$$e_{\rm V}=\frac{5.7\times10^{-6}}{20.4\times10^{-3}}\left(\frac{0.85}{0.4-2.5\times0.06}\right)^{3.2}=0.014{\rm kg}\,液/{\rm kg}\,气<0.1{\rm kg}\,液/{\rm kg}\,气$$

故在设计负荷下不会发生过量的雾沫夹带。

（3）漏液的验算

由式（4-93）计算漏液点气速：

$$u_{\rm ow}=4.4C_0\sqrt{(0.0056+0.13h_{\rm L}-h_\sigma)\rho_{\rm L}/\rho_{\rm V}}$$
$$=4.4\times0.84\sqrt{(0.0056+0.13\times0.06-0.00207)\,802.9/2.92}=6.6({\rm m/s})$$

筛板的稳定性系数：$k=\dfrac{u_0}{u_{\rm ow}}=\dfrac{11.6}{6.5}=1.78>1.5$。

故在设计负荷下不会产生过量漏液。

（4）液泛验算

为防止降液管液泛的发生，应使降液管中清液层高度 $H_{\rm d}\leqslant\phi(H_{\rm T}+h_{\rm w})$

依式（4-95）计算，即：$H_{\rm d}=h_p+h_{\rm L}+h_{\rm d}$

$H_{\rm d}$ 依式（4-96）计算：

$$h_{\rm d}=0.153\left(\frac{L_{\rm s}}{l_{\rm w}h_0}\right)^2=0.153\times\left(\frac{0.0017}{0.66\times0.032}\right)^2=0.00099({\rm m})$$
$$H_{\rm d}=0.074+0.06+0.00099=0.135({\rm m})$$

取 $\phi=0.5$，则 $\phi(H_{\rm T}+h_{\rm w})=0.5\times(0.4+0.047)=0.223({\rm m})$

故 $H_{\rm d}\leqslant\phi(H_{\rm T}+h_{\rm w})$，在设计负荷下不会发生液泛。

根据以上塔板的各项流体力学验算，可认为精馏段塔径及各工艺尺寸是合适的。

4.7.2.8 塔板负荷性能图

（1）雾沫夹带线

依式（4-91）：

$$e_{\rm V}=\frac{5.7\times10^{-6}}{\sigma}\left(\frac{u_{\rm a}}{H_{\rm T}-h_{\rm f}}\right)^{3.2}$$

式中：

$$u_a=\frac{V_{\rm s}}{A_{\rm T}-A_f}=\frac{V_{\rm s}}{0.785-0.0567}=1.373V_{\rm s} \qquad(a)$$

$$h_{\rm f}=2.5(h_{\rm w}+h_{\rm ow})=2.5\left[h_{\rm w}+2.84\times10^{-3}E\left(\frac{3600L_{\rm s}}{l_{\rm w}}\right)^{2/3}\right]$$

近似取 $E\approx1.0$，$h_{\rm w}=0.047{\rm m}$，$l_{\rm w}=0.66{\rm m}$

$$h_{\rm f}=2.5(h_{\rm w}+h_{\rm ow})=2.5\left[h_{\rm w}+2.84\times10^{-3}E\left(\frac{3600L_{\rm s}}{l_{\rm w}}\right)^{2/3}\right]=0.118+2.206L_{\rm s}^{2/3} \qquad(b)$$

取雾沫夹带限极值 $e_{\rm V}=0.1{\rm kg}\,液/{\rm kg}\,气$，已知 $\sigma=20.4\times10^{-3}{\rm N/m}$，$H_{\rm T}=0.4{\rm m}$，并将（a）、（b）式代入式（4-91）中，得下式：

$$0.1=\frac{5.7\times10^{-6}}{20.41\times10^{-3}}\left(\frac{1.373V_{\rm s}}{0.4-0.118-2.206L_{\rm s}^{2/3}}\right)^{3.2}$$

整理得：$\qquad\qquad V_{\rm s}=1.29-10.09L_{\rm s}^{2/3} \qquad\qquad(1)$

在操作范围内，任取几个 $L_{\rm s}$ 值，依式（1）计算出相应的 $V_{\rm s}$ 值列于表 4-20 中。

表 4-20 雾沫夹带线计算结果

$L_s/(m^3/s)$	0.6×10^{-4}	1.5×10^{-3}	3.0×10^{-3}	4.5×10^{-3}
$V_s/(m^3/s)$	1.21	1.76	1.08	1.02

依表中数据在 V_s-L_s 图中作出雾沫夹带线（1），如图 4-26 中线（1）所示。

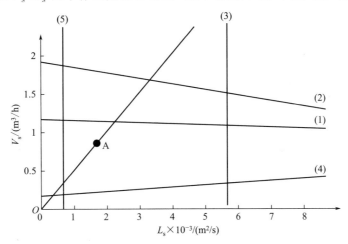

图 4-26 塔板负荷性能图

（2）液泛线

联立联立式（4-82）、式（4-95）、式（4-96）、式（4-97）得：

$$\phi(H_d + h_w) = h_p + h_w + h_{ow} + h_d$$

近似取 $E \approx 1.0$，$l_w = 0.66\text{m}$，由式（4-76）：

$$h_{ow} = 2.84 \times 10^{-3} E\left(\frac{L_h}{l_w}\right)^{2/3} = 2.84 \times 10^{-3}\left(\frac{3600L_s}{0.66}\right)^{2/3} = 0.8825L_s^{2/3} \qquad (c)$$

由式（4-82）得：

$$h_p = h_c + h_l + h_\sigma$$

由式（4-83）计算：

$$h_c = 0.051 \times \left(\frac{V_s}{0.0537 \times 0.84}\right)^2 \times \left(\frac{2.88}{805.4}\right) = 0.051 \times \left(\frac{V_s}{0.084 \times 0.0537}\right)^2 \times \left(\frac{2.92}{802.9}\right) = 0.0915V_s^2$$

由式（4-86）及式（c）得：

取 $\varepsilon_0 = 0.60$

$$h_l = \varepsilon_0(h_w + h_{ow}) = 0.60 \times (0.047 + 0.8825L_s^{2/3}) = 0.0303 + 0.0915V_s^2 + 0.53L_s^{2/3}$$

故：$h_p = 0.0915V_s^2 + 0.0282 + 0.53L_s^{2/3} + 0.00207$

$$= 0.0303 + 0.0915V_s^2 + 0.53L_s^{2/3} \qquad (d)$$

由式（4-113）：

$$h_d = 0.153\left(\frac{L_s}{l_w h_0}\right)^2 = 0.153 \times \left(\frac{L_s}{0.66 \times 0.032}\right)^2 = 343L_s^2 \qquad (e)$$

将 $H_T = 0.4\text{m}$，$h_w = 0.047\text{m}$，$\phi = 0.5$ 及式（c）、式（d）、式（e）代入式（4-82）、式（4-95）、式（4-96）、式（4-97）联立式得：

$$0.5 \times (0.4 + 0.047) = 0.303 + 0.0915V_s^2 + 0.53L_s^{2/3} + 0.047 + 0.8825L_s^{2/3} + 343L_s^2$$

整理得下式：

$$V_s^2 = 1.6 - 15.44L_s^{2/3} - 3748.6L_s^2 \qquad (2)$$

在操作范围内，任取几个 L_s 值，依式（2）计算出相应的 V_s 值列于表 4-21 中，依表中数据作出液泛线（2），如图 4-26 中线（2）所示。

表 4-21　液泛线的计算结果

$L_s/(\text{m}^3/\text{s})$	0.6×10^{-4}	1.5×10^{-3}	3.0×10^{-3}	4.5×10^{-3}
$V_s/(\text{m}^3/\text{s})$	1.48	1.39	1.25	1.10

（3）液相负荷上限线

取液体在降液管中停留时间为 4s，由式（4-116）得：

$$L_{s,\max} = \frac{H_T A_f}{\tau} = \frac{0.4 \times 0.0567}{4} = 0.00567 \ (\text{m}^3/\text{s})$$

液相负荷上限线（3）在 V_s-L_s 坐标图上为与气体流量 V_s 无关的垂直线，如图 4-26 中线（3）所示。

（4）漏液线（气液负荷下限线）

由 $h_L = h_w + h_{ow} = 0.047 + 0.8825L_s^{2/3}$

将式 $u_{ow} = \dfrac{V_{s,\min}}{A_0}$ 代入式（4-93）中计算漏液点气速：

$$u_{ow} = 4.4C_O \sqrt{(0.0056 + 0.13h_L - h_\sigma)\rho_L/\rho_V}$$

$$\frac{V_{s,\min}}{A_0} = 4.4 \times 0.84 \sqrt{[0.0056 + 0.13 \times (0.047 + 0.08825L_s^{2/3}) - 0.00207] \times \frac{802.9}{2.92}}$$

$A_0 = 0.0537\text{m}^2$，整理得：

$$V_{s,\min} = \sqrt{0.00964 + 0.115L_s^{2/3}}$$

此即气相负荷下限线关系式，在操作范围内任取几个 L_s 值，依式计算相应的 V_s 值，列于表 4-22，依表中数据作气相负荷下限线（4），如图 4-26 中线（4）所示。

表 4-22　气相下限线计算结果

$L_s/(\text{m}^3/\text{s})$	0.6×10^{-4}	1.5×10^{-3}	3.0×10^{-3}	4.5×10^{-3}
$V_s/(\text{m}^3/\text{s})$	0.335	0.346	0.36	0.371

（5）液相负荷下限线

取平堰、堰上液层高度 $h_{ow} = 0.006\text{m}$ 作为液相负荷下限线条件。依式（4-76）：
取 $E = 1.0$，则

$$h_{ow} = 2.84 \times 10^{-3} E \left(\frac{L_h}{l_w}\right)^{\frac{2}{3}}$$

$$0.006 = 2.84 \times 10^{-3} \left(\frac{L_h}{0.66}\right)^{\frac{2}{3}}$$

整理得下式：

$$L_{s,\min} = 5.61 \times 10^{-4} \ \text{m}^3/\text{s}$$

此值在 V_s-L_s 图上作线（5）即为液相负荷下限线。如图 4-26 中线（5）所示。

将以上 5 条线绘于 V_s-L_s 图中，即为塔板负荷性能图。5 条线包围区域为塔板操作区，

A 为操作点，OA 为操作线。OA 线与线（1）的交点相应气相负荷为 $V_{s,max}$，OA 线与气相负荷下线（4）的交点相应气相负荷为 $V_{s,min}$。

可知本设计塔板上限由雾沫夹带控制，下限由漏液控制。

$$临界点的操作弹性 = \frac{V_{s,max}}{V_{s,min}} = \frac{1.11}{0.34} = 3.27$$

4.7.2.9　筛板塔的工艺设计计算结果汇总表

筛板塔设计计算结果见表 4-23。

表 4-23　筛板塔设计计算结果

项目		符号	单位	计算结果
各段平均压强		p_m	kPa	109.3
各段平均温度		t_m	℃	90.8
平均流量	气相	V_s	m³/s	0.62
	液相	L_s	m³/s	0.0017
实际塔板数		N	块	10
板间距		H_T	m	0.4
塔底有效高度		Z	m	3.6
塔径		D	m	1.0
空塔气速		u	m/s	0.79
塔板液流形式				单流型
溢流装置	溢流管形式			弓形
	堰长	l_w	m	0.66
	堰高	h_w	m	0.047
	溢流堰宽度	W_d	m	0.124
	管底与受液盘距离	h_0	m	0.032
板上清液层高度		h_L	m	0.06
孔径		d_0	mm	5.0
孔间距		t	mm	15.0
孔数		n		2738
开孔面积			m²	0.0537
筛孔气速		u_0	m/s	11.55
塔板压降		Δp_0	kPa	0.58
液体在降液管中的停留时间		τ	s	13.34
降液管内清液层高度		H_d	m	0.135
雾沫夹带		e_V	kg/kg	0.014
负荷上限				雾沫夹带控制
负荷下限				漏液控制
气相最大负荷		$V_{s,max}$	m³/s	1.11
气相最小负荷		$V_{s,min}$	m³/s	0.34
操作弹性				3.27

第5章

填料吸收塔设计

5.1 概述

在化工生产中，经常需将气体混合物中的各个组分加以分离。气体吸收过程是利用气体混合物各组分（吸收质）在液体（吸收剂）中溶解度的差异，在气液两相接触时发生传质，实现气体混合物分离的单元操作。在化工生产中，吸收操作主要应用于原料气的净化、有用组分的回收、气体产品的精制、有害气体的治理等方面。因此，吸收操作是一种重要的分离方法，在化工生产中应用相当普遍。

用于吸收的塔设备类型很多，有填料塔、板式塔、喷洒塔和鼓泡塔等，工业上较多地使用填料塔。由于填料塔具有结构简单、通量大、阻力小、吸收效果好、装置灵活等优点，尤其是近年高效填料塔的开发，使得填料塔在分离过程中的应用日益广泛。

5.2 设计方案

5.2.1 装置流程

吸收装置的流程，是指气体和液体进出吸收塔的流向安排。主要有以下几种，图 5-1～图 5-4 列出了部分流程。

5.2.1.1 逆流操作

气相自塔底进入，由塔顶排出，液相自塔顶进入，由塔底排出，即为逆流操作。逆流操作的特点是传质平均推动力大、传质速率快、分离程度高、吸收剂利用率高。工业上多采用逆流操作。

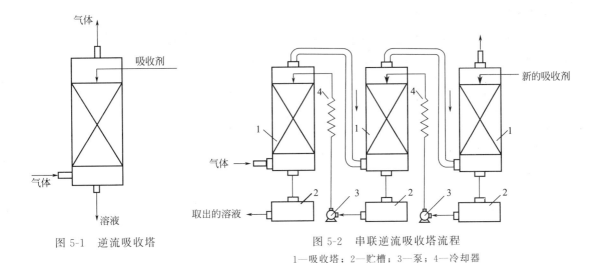

图 5-1 逆流吸收塔

图 5-2 串联逆流吸收塔流程
1—吸收塔；2—贮槽；3—泵；4—冷却器

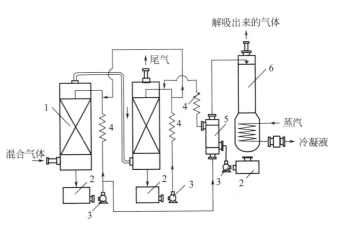

图 5-3 吸收剂部分循环吸收塔
1—吸收塔；2—泵；3—冷却器

图 5-4 吸收剂部分循环的吸收解吸联合流程
1—吸收塔；2—贮槽；3—泵；4—冷却器；5—换热器；6—解吸塔

5.2.1.2 并流操作

气液两相均从塔顶流向塔底，此即并流操作。并流操作的特点是，系统不受液流限制，可提高操作气速，以提高生产能力。并流操作通常用于以下情况：易溶气体的吸收，当吸收过程的平衡曲线较平坦时，流向对推动力影响不大；处理的气体不需要完全吸收；吸收剂用量特别大，逆流操作易引起液泛。

5.2.1.3 吸收剂部分再循环操作

在逆流操作系统中，用泵将吸收塔排出的一部分液体冷却后与补充的新鲜吸收剂一同送回塔内，即为部分再循环操作。主要用于：当吸收剂用量较小，为提高塔的液体喷淋密度以充分润湿填料；对于非等温吸收过程，为控制塔内的温升，需取出一部分热量。该流程特别适宜于相平衡常数 m 值很小的情况，通过吸收液的部分再循环，提高吸收剂的使用效率。应予指出，吸收剂部分再循环操作较逆流操作的平均推动力要低，还需设置循环泵，操作费用增加。

5.2.1.4 多塔串联操作

若设计的填料层高度过大，或由于所处理物料等原因需经常清理填料，为便于维修，可把填料层分装在几个串联的塔内，每个吸收塔通过的吸收剂和气体量都相等，即为多塔串联操作。此种操作因塔内需留较大空间，输液、喷淋、支承板等辅助装置增加，使设备投资费用增加。

5.2.1.5 串联-并联混合操作

若吸收过程处理的液量很大，如果用通常的流程，则液体在塔内的喷淋密度过大，操作气速势必很小（否则易引起塔的液泛），塔的生产能力很低。实际生产中可采用气相作串联、液相作并联的混合流程；若吸收过程处理的液量不大而气相流量很大时，可采用液相作串联、气相作并联的混合流程。

总之，在实际应用中，应根据生产任务、工艺特点，结合各种流程的优缺点选择适宜的流程布置。

5.2.2 操作条件的选择

5.2.2.1 操作压力的选择

对物理吸收，加压既能提高溶质溶解度和传质速率，又能减小塔径和吸收剂用量，但压力过高会使塔的造价增加，同时惰性组分的溶解损失也会增大。对物理吸收，减压是常用的解吸方法之一，可一次或逐次减至常压甚至真空。

对化学吸收，其速率可为传质速率控制，也可为化学反应速率控制。加压能提高溶质的溶解度，利于前者，对后者影响不大，但加压可以减小塔径。工程上必须考虑吸收过程与前后工序间压力条件的联系与制约，以求得总体上的协调一致。

5.2.2.2 操作温度的选择

对物理吸收，选择较低的操作温度是有利的。如用水（或碳酸丙烯酯）脱二氧化碳宜选择常温；若用甲醇脱二氧化碳则宜选择$-30 \sim -70 ℃$的低温。解吸可为常温或稍加升温，化学吸收温度应由保持合适的化学吸收速率而定。对于发生可逆化学反应的吸收液通常是以减压加热的方法解吸。工程上，吸收剂通常要循环使用，为此吸收和解吸的温度条件必须统筹考虑。实践表明，等温下的吸收和解吸流程，其过程能耗一般最省。

5.2.2.3 吸收因子 A 的选值

吸收因子 A 综合反映了操作液气比和相平衡常数对传质过程的影响，对于给定的任务，A 值取得大，吸收剂用量（或循环量）必然大，操作费用增加；若 A 值取得小，则过程推动力小，塔必然很高。合理的 A 值实质是将设备投资和操作费用总体优化的结果，在不具备优化条件时，可按经验取值。对于净化气体、提高溶质回收率的吸收，一般取 $A = 1.4$；对于制取液体产品的吸收一般取 $A < 1.0$；对于解吸，一般取 $A = 1.4^{-1}$。对于特殊气-液物系，及有特殊要求的吸收过程，A 的选值需具体考虑。

5.2.3 吸收剂的选择

吸收过程是依靠气体吸收质在吸收剂中的溶解来实现的，因此吸收剂的选择是吸收操作的关键问题。选择吸收剂时，首先要考虑前后工序对吸收操作提供的条件和要求，其次从吸收过程的基本原理出发，考虑主要技术经济指标并加以选择。具体为：

① 对溶质的溶解度大，选择性好；

② 利于再生、循环使用，对于化学吸收剂应与溶质发生可逆反应，以利于再生；

③ 蒸气压宜低，黏度宜小，不易发泡，以减少溶剂损失，实现高效稳定操作；

④ 具有较好的化学稳定性和热稳定性；

⑤ 对设备腐蚀性宜小，并可能无毒；

⑥ 价廉，易得。

实际上，很难选到一种能全面满足上述所有要求的理想吸收剂，选用时应针对具体情况和主要矛盾，能满足主要要求即可。工业上常用的吸收剂列于表 5-1。

表 5-1　工业常用吸收剂

溶质	吸收剂	溶质	吸收剂
氨	水、硫酸	苯蒸气	煤油、洗油
丙酮蒸汽	水	丁二烯	乙醇、乙腈
二氧化碳	水、碱液、碳酸丙烯酯	二氯乙烯	煤油
二氧化硫	水	一氧化碳	铜氨液
硫化氢	碱液、砷碱液、有机吸收剂		

5.2.4　能量的合理利用

吸收装置设计中应充分考虑能量的合理利用，只有充分利用了工艺物流的各种能量，才能最大限度地减少公用工程外加的能量，以实现分离过程的节能和降耗。

5.2.4.1　压力参数

吸收操作压力是重要的操作参数，原则上讲，选用前道工序送来的混合气的压强最经济；当然，也可以和后续工序操作压力相一致。总之，力求避免吸收压力与前道工序操作压力有大起大落的变化。

5.2.4.2　节能设备

尽可能减少吸收（或解吸）塔压力降，选择大通量、低阻力的新型塔填料和配套的各种塔内件，是实现塔设备节能的中心内容。

5.2.4.3　汽提解吸过程

对于汽提解吸过程，降低解吸塔压降是解吸过程节能的基础。此外，对于溶剂蒸气汽提解吸过程，需设再沸器和冷凝器，再沸器最好能利用工艺物流的余热加热；冷凝器应选用温位恰当并廉价的冷却介质。吸收装置能量合理利用的具体方案有多种形式，应广泛参考典型实例。

5.3　塔填料的类型和选择

塔填料（简称为填料）是填料塔的核心构件，其作用是为气、液两相提供充分而密切的接触，以实现相际间的高效传热和传质。填料性能的优劣是决定填料塔操作性能的主要因素，因此塔填料的选择是填料塔设计的重要环节。

5.3.1 填料的类型

填料的种类很多，根据装填方式的不同，可分为散装填料和规整填料两大类。

5.3.1.1 散装填料

散装填料是一个个具有一定几何形状和尺寸的颗粒体，一般以随机的方式堆积在塔内，又称为乱堆填料或颗粒填料。散装填料根据结构特点的不同，又可分为环形填料、鞍形填料、环鞍形填料及球形填料等。现介绍几种较典型的散装填料。

① 拉西环填料。拉西环填料是最早提出的工业填料，其结构为外径与高度相等的圆环，可用陶瓷、塑料、金属等材质制造。拉西环填料的气液分布较差、传质效率低、阻力大、通量小，目前工业上已很少应用。

② 鲍尔环填料。鲍尔环是在拉西环的基础上改进而得。其结构为在拉西环的侧壁上开出两排长方形的窗孔，被切开的环壁的一侧仍与壁面相连，另一侧向环内弯曲，形成内伸的舌叶，诸舌叶的侧边在环中心相搭，可用陶瓷、塑料、金属等材质制造。鲍尔环由于环壁开孔，大大提高了环内空间及环内表面的利用率，气流阻力小，液体分布均匀。与拉西环相比，其通量可增加50％以上，传质效率提高30％左右。鲍尔环是目前应用较广的填料之一。

③ 阶梯环填料。阶梯环是对鲍尔环的改进。与鲍尔环相比，阶梯环高度减少了一半，并在一端增加了一个锥形翻边。由于高径比减少，使得气体绕填料外壁的平均路径大为缩短，减少了气体通过填料层的阻力。锥形翻边不仅增加了填料的机械强度，而且使填料之间由线接触为主变成以点接触为主，这样不但增加了填料间的空隙，同时成为液体沿填料表面流动的汇集分散点，可以促进液膜的表面更新，有利于传质效率的提高。阶梯环的综合性能优于鲍尔环，成为目前所使用的环形填料中最为优良的一种。

④ 弧鞍填料。弧鞍填料属鞍形填料的一种，其形状如同马鞍，一般采用瓷质材料制成。弧鞍填料的特点是表面全部敞开，不分内外，液体在表面两侧均匀流动，表面利用率高，流道呈弧形，流动阻力小。其缺点是易发生套叠，致使一部分填料表面被重合，使传质效率降低。弧鞍填料强度较差，容易破碎，工业生产中应用不多。

⑤ 矩鞍填料。将弧鞍填料两端的弧形面改为矩形面，且两面大小不等，即成为矩鞍填料。矩鞍填料堆积时不会套叠，液体分布较均匀。矩鞍填料一般采用瓷质材料制成，其性能优于拉西环。目前，国内绝大多数应用瓷拉西环的场合，均已被瓷矩鞍填料所取代。

⑥ 环矩鞍填料。环矩鞍填料（国外称为intalox）是兼顾环形和鞍形结构特点而设计出的一种新型填料，该填料一般以金属材质制成，故又称为金属环矩鞍填料。环矩鞍填料将环形填料和鞍形填料两者的优点集于一体，其综合性能优于鲍尔环和阶梯环，是工业应用最为普遍的一种金属散装填料。

5.3.1.2 规整填料

规整填料是按一定的几何图形排列，整齐堆砌的填料。规整填料种类很多，根据其几何结构可分为格栅填料、波纹填料、脉冲填料等，工业上应用的规整填料绝大部分为波纹填料。波纹填料按结构分为网波纹填料和板波纹填料两大类，可用陶瓷、塑料、金属等材质制造。加工中，波纹与塔轴的倾角有30°和45°两种，倾角为30°以代号BX（或X）表示，倾角为45°以代号CY（或Y）表示。

金属丝网波纹填料是网波纹填料的主要形式，是由金属丝网制成的。其特点是压降低、分离效率高，特别适用于精密精馏及真空精馏装置，为难分离物系、热敏性物系的精馏提供了有效的手段。尽管其造价高，但因性能优良仍得到了广泛的应用。

金属板波纹填料是板波纹填料的主要形式。该填料的波纹板片上冲压有许多 $\phi 4mm \sim \phi 6mm$ 的小孔，可起到粗分配板片上的液体，加强横向混合的作用。波纹板片上轧成细小沟纹，可起到细分配板片上的液体、增强表面润湿性能的作用。金属孔板波纹填料强度高、耐腐蚀性强，特别适用于大直径塔及气液负荷较大的场合。

波纹填料的优点是结构紧凑、阻力小、传质效率高、处理能力大、比表面积大。其缺点是不适于处理黏度大、易聚合或有悬浮物的物料，且装卸、清理困难，造价高。

5.3.2　填料的选择

无论对新型填料塔的设计，还是将现有塔设备改造成新型填料塔，填料的选择均包括确定填料的种类、规格及材质等。为此设计者要从分离工艺的特点出发，对可选用的各种填料做比较全面的技术经济评价，以在完成同一规定任务时，选出用较少的投资获得最佳生产经济指标的填料。具体来说，选填料时必须综合考虑生产能力（或通量）、效率、压力降、操作弹性、耐腐蚀性能、货源和价格等。所选填料既要满足生产工艺的要求，又要使设备投资和操作费用较低。

5.3.2.1　填料种类的选择

填料种类的选择要考虑分离工艺的要求，通常考虑以下几个方面。

① 传质效率。传质效率即分离效率，它有两种表示方法：一种是以理论级进行计算的表示方法，以每个理论级当量的填料层高度表示，即 HETP（表示等板高度）值；另一种是以传质速率进行计算的表示方法，以每个传质单元相当的填料层高度表示，即 HTU 值。在满足工艺要求的前提下，应选用传质效率高，即 HETP 值（或 HTU 值）低的填料。对于常用的工业填料，其 HETP 值（或 HTU 值）可由有关手册或文献查到，也可通过一些经验公式来估算。

② 通量。在相同的液体负荷下，填料的泛点气速越高或气相动能因子越大，则通量越大，塔的处理能力亦越大。因此，在选择填料种类时，在保证具有较高传质效率的前提下，应选择具有较高泛点气速或气相动能因子的填料。对于大多数常用填料，其泛点气速或气相动能因子可由有关手册或文献查到，也可通过一些经验公式来估算。

③ 填料层的压降。填料层的压降是填料的主要应用性能，填料层的压降越低，动力消耗越低，操作费用越小。选择低压降的填料对热敏性物系的分离尤为重要。比较填料的压降有两种方法，一是比较填料层单位高度的压降 $\Delta p / Z$；二是比较填料层单位传质效率的比压降 $\Delta p / N_T$。填料层的压降可用经验公式计算，亦可从有关图表中查出。

④ 填料的操作性能。填料的操作性能主要指操作弹性、抗污堵性及抗热敏性等。所选填料应具有较大的操作弹性，以保证塔内气液负荷发生波动时维持操作稳定。同时，还应具有一定的抗污堵、抗热敏能力，以适应物料的变化及塔内温度的变化。

此外，所选的填料要便于安装、拆卸和检修。

5.3.2.2　填料规格的选择

填料的外径应该与塔相配合，以使填料床层空隙均匀，以保证气-液两相流体能均匀分布、密切接触。这是填料塔实现大通量、低阻力而获得高效率的必要条件之一。通常，散装填料与规整填料的规格表示方法不同，选择的方法亦不尽相同，现分别加以介绍。

① 散装填料规格的选择。散装填料的规格通常是指填料的公称直径。工业塔常用的散装填料主要有 $DN16$、$DN25$、$DN38$、$DN50$、$DN76$ 等几种规格。同类填料，尺寸越小，分离效率越高，但阻力增加，通量减小，填料费用也增加很多。而大尺寸的填料应用于小直径塔中，又会产生液体分布不良及严重的壁流，使塔的分离效率降低。因此，对塔径与填料尺寸的比值要有规定，常用填料的塔径与填料公称直径比值 D/DN 的推荐值列于表 5-2。

表 5-2　塔径与填料公称直径比值 D/DN 的推荐值

填料种类	D/DN 的推荐值	填料种类	D/DN 的推荐值
拉西环	$D/DN \geqslant 20 \sim 30$	阶梯环	$D/DN > 8$
鞍环	$D/DN \geqslant 15$	环矩鞍	$D/DN > 8$
鲍尔环	$D/DN \geqslant 10 \sim 15$		

对于一定的塔径，满足以上直径比的填料尺寸可能有几种，必须按照填料性能及经济性能加以比较。一般来说，填料尺寸大，成本低，通量大，但效率低。工业上使用 50mm 以上的大尺寸填料，虽然成本低，但通量的提高往往不能补偿生产效率的降低，故一般大型塔中更常用公称尺寸为 50mm 的填料，大者可达 75mm。反之，用较小尺寸的填料时，则效率的提高弥补不了通量降低和造价的缺点，因此，25mm 以下的填料很少使用。有的资料推荐按塔径选定填料尺寸，见表 5-3。

表 5-3　常用填料尺寸

塔径/mm	填料公称尺寸/mm
$D < 300$	$20 \sim 25$
$300 \leqslant D \leqslant 900$	$25 \sim 38$
$D > 900$	$50 \sim 75$

② 规整填料规格的选择。工业上常用规整填料的型号和规格的表示方法很多，国内习惯用比表面积表示，主要有 125、150、250、350、500、700 等几种规格。同种类型的规整填料，其比表面积越大，传质效率越高，但阻力增加，通量减小，填料费用也明显增加。选用时应从分离要求、通量要求、场地条件、物料性质及设备投资、操作费用等方面综合考虑，使所选填料既能满足工艺要求，又具有经济合理性。

应予指出，一座填料塔可以选用同种类型、同一规格的填料，也可选用同种类型、不同规格的填料；可以选用同种类型的填料，也可以选用不同类型的填料；有的塔段可选用规整填料，而有的塔段可选用散装填料。设计时应灵活掌握，根据技术经济统一的原则来选择填料的规格。

5.3.2.3　填料材质的选择

选择填料时，首先应根据工艺物料的腐蚀性和操作温度，确定填料用材。工业上，填料的材质分为陶瓷、金属和塑料三大类。

① 陶瓷填料。陶瓷填料历史最悠久，具有良好的耐腐蚀性及耐热性，一般能耐除氢氟酸以外的各种无机酸、有机酸以及各种有机溶剂的腐蚀。对强碱介质，可以选用耐碱陶瓷填料。其缺点是质脆、易破碎，不宜在高冲击强度下使用。

② 金属填料。金属填料可用多种材质制成，金属材质的选择主要根据物系的腐蚀性和金属材质的耐腐蚀性来综合考虑。碳钢填料造价低，且具有良好的表面润湿性能，对于无腐

蚀或低腐蚀性物系应优先考虑使用；不锈钢填料耐腐蚀性强，一般能耐除 Cl⁻ 以外常见物系的腐蚀，但其造价较高；钛材、特种合金钢等材质制成的填料造价极高，一般只在某些腐蚀性极强的物系下使用。

金属填料多为薄金属片冲压制成，与同种类型、同种规格的陶瓷、塑料填料相比，它的空隙率高、通量大、流体阻力小，且具有很高的抗冲击性能，能在高温、高压、高冲击强度下使用，特别适用于真空解吸或蒸馏。目前已有许多金属填料塔取代板式塔，而且收到了高产、优质、低能耗的经济效益。

③ 塑料填料。塑料填料的材质主要包括聚丙烯（PP）、聚乙烯（PE）及聚氯乙烯（PVC）等。其中聚丙烯使用最为普遍，一是因为耐腐蚀性能好，可耐一般无机酸、碱和有机溶剂；二是因为质轻，易于注塑成型、价格低。纯聚丙烯可长期在 100℃ 以下使用，玻璃纤维增强的聚丙烯可在 120℃ 以下长期使用。但应注意，聚丙烯填料在低温（低于 0℃）时具有冷脆性，在低于 0℃ 的条件下使用要慎重，此时可选用耐低温性能好的聚氯乙烯填料。

塑料填料具有质轻、价廉、耐冲击、不易破碎等优点，多用于操作温度较低的吸收、解吸、萃取、除尘等过程。塑料填料的缺点是表面润湿性能差，在某些特殊应用场合，需要对其表面进行处理，以提高表面润湿性能。此外，使用、检修时严防塑料填料超温、蠕变甚至熔融而导致起火燃烧等现象发生。

5.4　填料吸收塔工艺设计

根据给定的吸收任务，在选定吸收剂、操作条件和塔填料之后，可以进行填料吸收塔的工艺设计。其主要内容为：查取气-液相平衡关系数据，确定吸收塔流程，计算吸收剂用量（或部分循环量）和吸收液出塔浓度，计算塔径、填料层高度、填料层压降、吸收剂循环功率等，进而选择泵及风机。

填料塔工艺尺寸的计算包括塔径的计算、填料层高度的计算及分段等。

5.4.1　塔径的计算

填料塔直径采用式(5-1)计算，即：

$$D = \sqrt{\frac{4V_s}{\pi u}} \tag{5-1}$$

式中　D——塔径，m；

　　V_s——气体的体积流量，m^3/s；

　　u——空塔气速，m/s。

式中气体体积流量 V_s 由设计任务给定。由上式可见，计算塔径的核心问题是确定空塔气速 u。

5.4.1.1　空塔气速的确定

（1）泛点气速法

泛点气速 u_F 是填料塔操作气速的上限，填料塔的操作空塔气速必须小于泛点气速，操作空塔气速与泛点气速之比称为泛点率。

对于散装填料，其泛点率的经验值为 $u/u_F = 0.5 \sim 0.85$。

对于规整填料，其泛点率的经验值为 $u/u_F = 0.6 \sim 0.95$。

泛点率的选择主要考虑填料塔的操作压力和物系的发泡程度两方面的因素。设计中，对于加压操作的塔，应取较高的泛点率；对于减压操作的塔，应取较低的泛点率；对易起泡沫的物系，泛点率应取低限值；而无泡沫的物系，可取较高的泛点率。

泛点气速可用经验方程式计算，亦可用关联图求取。

① 贝恩（Bain)-霍根（Hougen）关联式。填料的泛点气速可由贝恩-霍根关联式计算，即：

$$\lg\left[\frac{u_F^2}{g}\left(\frac{a_t}{\varepsilon^3}\right)\left(\frac{\rho_V}{\rho_L}\right)\mu_L^{0.2}\right] = A - K\left(\frac{W_L}{W_V}\right)^{1/4}\left(\frac{\rho_V}{\rho_L}\right)^{1/8} \tag{5-2}$$

式中 u_F——泛点气速，m/s；

g——重力加速度，9.81 m/s^2；

a_t——填料总比表面积，m^2/m^3；

ε——填料层空隙率，m^3/m^3；

ρ_V、ρ_L——分别为气体和液体的密度，kg/m^3；

μ_L——液体黏度，mPa·s；

W_L、W_V——分别为液体和气体的质量流量，kg/h；

A、K——关联常数。

常数 A 和 K 与填料的形状及材质有关，不同类型填料的 A、K 值列于表 5-4 中。由式（5-2）计算泛点气速，误差在 15% 以内。

表 5-4 式 5-2 中的 A、K 值

散装填料类型	A	K	规整填料类型	A	K
塑料鲍尔环	0.0942	1.75	金属丝网波纹填料	0.30	1.75
金属鲍尔环	0.1	1.75	塑料丝网波纹填料	0.4201	1.75
塑料阶梯环	0.204	1.75	金属网孔波纹填料	0.155	1.47
金属阶梯环	0.106	1.75	金属孔板波纹填料	0.291	1.75
瓷矩鞍	0.176	1.75	塑料孔板波纹填料	0.291	1.563
金属环矩鞍	0.06225	1.75			

② 埃克特（Eckert）通用关联图。散装填料的泛点气速可用埃克特关联图计算，如图 5-5 所示。计算时，先由气液相负荷及有关物性数据求出横坐标 $\frac{W_L}{W_V}\left(\frac{\rho_V}{\rho_L}\right)^{0.5}$ 的值，然后作垂线与相应的泛点线相交，再通过交点作水平线与纵坐标相交，求出纵坐标 $\frac{u^2\phi\psi}{g}\left(\frac{\rho_V}{\rho_L}\right)\mu_L^{0.2}$ 值，其中 ϕ 为填料因子。此时所对应的 u 即为泛点气速 u_F。

应予指出，用埃克特通用关联图计算泛点气速时，所需的填料因子为液泛时的湿填料因子，称为泛点填料因子，以 ϕ_F 表示。泛点填料因子 ϕ_F 与液体喷淋密度有关，为了工程计算的方便，常采用与液体喷淋密度无关的泛点填料因子平均值。表 5-5 列出了部分散装填料的泛点填料因子平均值，可供设计参考。

图 5-5 适用于乱堆的颗粒形填料，如拉西环、弧鞍形填料、矩鞍形填料、鲍尔环等，其上还绘制了整砌拉西环和弦栅填料两种规整填料的泛点曲线。对于其他填料，尚无可靠的填料因子数据。

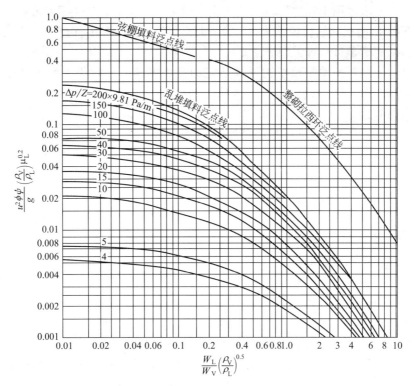

图 5-5 填料塔泛点和压降通用关联图

u—空塔气速，m/s；ϕ—湿填料因子，简称填料因子，1/m；

ψ—水的密度和液体的密度之比；g—重力加速度，m/s^2；

ρ_V，ρ_L—分别为气体和液体的密度，kg/m^3；W_L，W_V—分别为液体和气体的质量流量，kg/s

表 5-5　散装填料泛点填料因子平均值

填料类型	填料因子/(1/m)				
	DN16	DN25	DN38	DN50	DN76
金属鲍尔环	410	—	117	160	—
金属环矩鞍	—	170	150	135	120
金属阶梯环	—	—	160	140	—
塑料鲍尔环	550	280	184	140	92
塑料阶梯环	—	260	170	127	—
瓷矩鞍	1100	550	200	226	—
瓷拉西环	1300	832	600	410	—

（2）气相动能因子（F 因子）法

气相动能因子简称 F 因子，其定义为：

$$F = u\sqrt{\rho_V} \tag{5-3}$$

式中　F——气相动能因子；

　　　ρ_V——气体的密度，kg/m^3；

　　　u——空塔气速，m/s。

气相动能因子法多用于规整填料空塔气速的确定。计算时，先从手册或图表中查出填料在操作条件下的 F 因子，然后依据式（5-3）即可计算出操作空塔气速 u。常见规整填料的适宜操作气相动能因子可从有关图表中查得。

应予指出，采用气相动能因子法计算适宜的空塔气速，一般用于低压操作（压力低于 0.2MPa）的场合。

（3）气相负荷因子（C_s 因子）法

气相负荷因子简称 C_s 因子，其定义为：

$$C_s = u \sqrt{\frac{\rho_V}{\rho_L - \rho_V}} \qquad (5\text{-}4)$$

式中　C_s——气相负荷因子，m/s；

　　　　u——空塔气速，m/s；

　　　　ρ_V——气体的密度，kg/m^3；

　　　　ρ_L——液体的密度，kg/m^3。

气相负荷因子法多用于规整填料空塔气速的确定。计算时，先求出最大气相负荷因子 $C_{s,\max}$，然后依据以下关系求得 C_s：

$$C_s = 0.8 C_{s,\max} \qquad (5\text{-}5)$$

计算出 C_s，再依据式（5-4）求出操作空塔气速 u。

常用规整填料的 $C_{s,\max}$ 的计算见有关填料手册。波纹填料的最大气相负荷因子可从图 5-6 所示的 $C_{s,\max}$ 曲线图查得，图中的横坐标 ψ 称为流动参数，其定义为：

$$\psi = \frac{W_L}{W_V} \left(\frac{\rho_V}{\rho_L} \right)^{0.5} \qquad (5\text{-}6)$$

式中　ψ——流动参数；

　　　　W_L——液体质量流量，kg/s；

　　　　W_V——气体质量流量，kg/s；

　　　　ρ_V——气体的密度，kg/m^3；

　　　　ρ_L——液体的密度，kg/m^3。

图 5-6 曲线适用于板波纹填料。若以 250Y 型板波纹填料为基准，对于其他类型的板波纹填料，需要乘以修正系数 C，其值参见表 5-6。

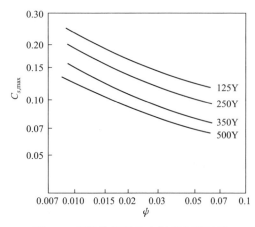

图 5-6　板波纹填料最大气相负荷因子

表 5-6　其他类型的板波纹填料的最大负荷修正系数

填料类型	型号	修正系数
板波纹填料	250Y	1.0
丝网波纹填料	BX	1.0
丝网波纹填料	CY	0.65
陶瓷波纹填料	BX	0.8

5.4.1.2　塔径的计算与圆整

根据上述方法得出空塔气速 u 后，即可由式(5-1)计算出塔径 D。应予指出，由式(5-1)计算出塔径 D 后，还应按塔径系列标准进行圆整。常用的标准塔径为：400mm、500mm、600mm、700mm、800mm、1000mm、1200mm、1400mm、1600mm、2000mm、2200mm 等。圆整后，再核算操作空塔气速 u 与泛点率。

5.4.1.3　液体喷淋密度的验算

填料塔的液体喷淋密度是指单位时间、单位塔截面上液体的喷淋量，其计算式为：

$$U = \frac{L_h}{0.785D^2} \tag{5-7}$$

式中　U——液体喷淋密度，$m^3/(m^2 \cdot h)$；

　　　L_h——液体喷淋量，m^3/h；

　　　D——填料塔直径，m。

为使填料能获得良好的润湿，塔内液体喷淋量应不低于某一极限值，此极限值称为最小喷淋密度，以 U_{min} 表示。

对于散装填料，其最小喷淋密度通常采用下式计算，即：

$$U_{min} = (L_W)_{min} a_t \tag{5-8}$$

式中　U_{min}——最小喷淋密度，$m^3/(m^2 \cdot h)$；

　　　$(L_W)_{min}$——最小润湿速率，$m^3/(m \cdot h)$；

　　　a_t——填料的总比表面积，m^2/m^3。

最小润湿速率是指在塔的截面上，单位长度的填料周边的最小液体体积流量。其值可由经验公式计算（见有关填料手册），也可采用一些经验值。对于直径不超过 75mm 的散装填料，可取最小润湿速率 $(L_W)_{min}$ 为 $0.08m^3/(m \cdot h)$；对于直径大于 75mm 的散装填料，取 $(L_W)_{min} = 0.12 \ m^3/(m \cdot h)$。

对于规整填料，其最小喷淋密度可从有关填料手册中查得，设计中，通常取 $U_{min} = 0.2m^3/(m^2 \cdot h)$。

实际操作时采用的液体喷淋密度应大于最小喷淋密度。若液体喷淋密度小于最小喷淋密度，则需进行调整，重新计算塔径。

5.4.2　填料层高度计算及分段

5.4.2.1　填料层高度计算

填料层高度的计算分为传质单元数法和等板高度法。在工程设计中，对于吸收、解吸及萃取等过程中的填料塔的设计，多采用传质单元数法；而对于精馏过程中的填料塔的设计，则习惯用等板高度法。

（1）传质单元数法

采用传质单元数法计算填料层高度的基本公式为：

$$Z = H_{OG} N_{OG} \tag{5-9}$$

式中　Z——填料层高度，m；

　　　H_{OG}——气相总传质单元高度，m；

　　　N_{OG}——气相总传质单元数。

① 传质单元数的计算。传质单元数的计算方法在《化工原理》（华平，张进主编）教材的吸收一章中已详尽介绍，此处不再赘述。

② 传质单元高度的计算。传质过程的影响因素十分复杂，对于不同的物系、不同的填料以及不同的流动状况与操作条件，传质单元高度各不相同，迄今为止，尚无通用的计算方法和计算公式。目前，在进行设计时多选用一些准数关联式或经验公式进行计算，其中应用较为普遍的是修正的恩田（Onde）公式。

修正的恩田公式为：

$$k_G = 0.237 \left(\frac{U_V}{a_t \mu_v}\right)^{0.7} \left(\frac{\mu_V}{\rho_V D_V}\right)^{1/3} \left(\frac{a_t D_V}{RT}\right) \tag{5-10}$$

$$k_L = 0.0095 \left(\frac{U_L}{a_w k_L}\right)^{2/3} \left(\frac{U_L}{\rho_L D_L}\right)^{-1/2} \left(\frac{\mu_L g}{\rho_L}\right)^{1/3} \tag{5-11}$$

$$k_G a = k_G a_w \psi^{1.1} \tag{5-12}$$

$$k_L a = k_L a_w \psi^{0.4} \tag{5-13}$$

其中
$$\frac{a_w}{a_t} = 1 - \exp\left[-1.45 \left(\frac{\sigma_c}{\sigma_L}\right)^{0.75} \left(\frac{U_L}{a_t \mu_L}\right)^{0.1} \left(\frac{U_L^2 a_t}{\rho_L^2 g}\right)^{-0.05} \left(\frac{U_L^2}{\rho_L \sigma_L a_t}\right)^{0.2}\right] \tag{5-14}$$

式中　k_G——气膜吸收系数，$kmol/(m^2 \cdot s \cdot kPa)$；

U_V、U_L——液膜吸收系数，m/s；

μ_V、μ_L——气体、液体的黏度，$kg/(m \cdot h)[1Pa \cdot s = 3600kg/(m \cdot h)]$；

ρ_V、ρ_L——气体、液体的密度，kg/m^3；

D_V、D_L——溶质在气体、液体中的扩散系数，m^2/s；

R——通用气体常数，$8.314(m^3 \cdot kPa)/(kmol \cdot K)$；

T——系统温度，K；

a——填料的有效比表面积，m^2/m^3；

a_t——填料的总比表面积，m^2/m^3；

a_w——填料的润湿比表面积，m^2/m^3；

g——重力加速度，$1.27 \times 10^8 m/h^2$；

σ_L——液体的表面张力；

σ_c——填料材质的临界表面张力，$kg/h^2 (1mN/m = 12960kg/h^2)$；

ψ——填料形状系数。

常见材质的临界表面张力值见表 5-7，常见填料的形状系数见表 5-8。

表 5-7　常见材质的临界表面张力值

材质	碳	瓷	玻璃	聚丙烯	聚氯乙烯	钢	石蜡
表面张力 /(mN/m)	56	61	73	33	40	75	20

表 5-8　常见填料的形状系数

填料类型	球形	棒形	拉西环	弧鞍	开孔环
ψ 值	0.72	0.75	1	1.19	1.45

由修正的恩田公式计算出 $k_G a$ 和 $k_L a$ 后，可按下式计算气相总传质单元高度 H_{OG}：

$$H_{OG} = \frac{V}{K_Y a \Omega} = \frac{V}{K_G a p \Omega} \tag{5-15}$$

$$K_G a = \frac{1}{1/(k_G a) + 1/(H k_L a)} \tag{5-16}$$

式中　H_{OG}——气相总传质单元高度，m；

$\quad\quad V$——气体的体积流量，m^3/h；

$\quad\quad a$——填料的有效比表面积，m^2/m^3；

$\quad\quad p$——操作压力，Pa；

$\quad\quad K_G$——气相总吸收系数，$kmol/(m^2 \cdot s \cdot kPa)$；

$\quad\quad k_L$——液膜吸收系数，m/s；

$\quad\quad k_G$——气膜吸收系数，$kmol/(m^2 \cdot s \cdot kPa)$；

$\quad\quad H$——气体、液体的质量通量，$kg/(m^2 \cdot h)$；

$\quad\quad \Omega$——气体、液体的黏度，$kg/(m \cdot h)$ [$1Pa \cdot s = 3600 kg/(m \cdot h)$]。

应予指出，修正的恩田公式只适用于 $u \leqslant 0.5 u_F$ 的情况，当 $u > 0.5 u_F$ 时，需要按下式进行校正，即：

$$k_G' a = \left[1 + 9.5 \left(\frac{u}{u_F} - 0.5\right)^{1.4}\right] k_G a \tag{5-17}$$

式中　k_G——气膜吸收系数，$kmol/(m^2 \cdot s \cdot kPa)$

$\quad\quad a$——填料的有效比表面积，m^2/m^3；

$\quad\quad u$——空塔气速，m/s；

$\quad\quad u_F$——泛点气速，m/s。

$$k_L' a = \left[1 + 2.6 \left(\frac{u}{u_F} - 0.5\right)^{2.2}\right] k_L a \tag{5-18}$$

式中　k_L——液膜吸收系数，m/s；

$\quad\quad a$——填料的有效比表面积，m^2/m^3；

$\quad\quad u$——空塔气速，m/s；

$\quad\quad u_F$——泛点气速，m/s。

（2）等板高度法

采用等板高度法计算填料层高度的基本公式为：

$$Z = HETP N_T \tag{5-19}$$

式中　Z——板式塔的有效高度，m；

$\quad$HETP——等板高度，m；

$\quad\quad N_T$——理论塔板数。

① 理论板数的计算。理论板数的计算方法在《化工原理》（华平，张进主编）教材的蒸馏一章中已详尽介绍，此处不再赘述。

② 等板高度的计算。等板高度与许多因素有关，不仅取决于填料的类型和尺寸，而且受系统物性、操作条件及设备尺寸的影响。目前尚无准确可靠的方法计算填料的 HETP 值。一般的方法是通过实验测定，或从工业应用的实际经验中选取 HETP 值，某些填料在一定条件下的 HETP 值可从有关填料手册中查得。近年来研究者通过大量数据回归得到了常压蒸馏时的 HETP 关联式如下：

$$\ln(HETP) = h - 1.292 \ln\sigma_L + 1.47 \ln\mu_L \tag{5-20}$$

式中 σ_L——液体表面张力，N/m；

  HETP——等板高度，m；

  μ_L——液体黏度，Pa·s；

  h——常数，其值见表5-9。

表 5-9 HETP 关联式中的常数值

填料类型	h	填料类型	h
$DN25$ 金属环矩鞍填料	6.8505	$DN50$ 金属鲍尔环	7.3781
$DN40$ 金属环矩鞍填料	7.0382	$DN25$ 瓷环矩鞍填料	6.8505
$DN50$ 金属环矩鞍填料	7.2883	$DN38$ 瓷环矩鞍填料	7.1079
$DN25$ 金属鲍尔环	6.8505	$DN50$ 瓷环矩鞍填料	7.4430
$DN38$ 金属鲍尔环	7.0779		

式(5-20)考虑了液体黏度及表面张力的影响，其适用范围如下：

$$10^3 < \sigma_L < 36 \times 10^{-3} \text{ N/m}; 0.08 \times 10^{-3} < \mu_L < 0.83 \times 10^{-3} \text{ Pa·s}$$

应予指出，采用上述方法计算出填料层高度后，还应留出一定的安全系数。根据设计经验，填料层的设计高度一般为：

$$Z' = (1.2 \sim 1.5)Z \tag{5-21}$$

式中 Z'——设计时的填料高度，m；

  Z——工艺计算得到的填料层高度，m。

5.4.2.2 填料层的分段

液体沿填料层下流时，有逐渐向塔壁方向集中的趋势，形成壁流效应。壁流效应造成填料层气液分布不均匀，使传质效率降低。因此，设计中，每隔一定的填料层高度，需要设置液体收集再分布装置，即将填料层分段。

① 散装填料的分段。对于散装填料，一般推荐的分段高度值见表5-10，表中 h/D 为分段高度与塔径之比，H_{max} 为允许的最大填料层高度。

表 5-10 散装填料分段高度推荐值

填料类型	h/D	H_{max}/m
拉西环	2.5	$\leqslant 4$
矩鞍	5~8	$\leqslant 6$
鲍尔环	5~10	$\leqslant 6$
阶梯环	8~15	$\leqslant 6$
环矩鞍	5~15	$\leqslant 6$

② 规整填料的分段。对于规整填料，填料层分段高度可按下式确定：

$$h = (15 \sim 20)\text{HETP} \tag{5-22}$$

式中 h——规整填料分段高度，m；

  HETP——规整填料的等板高度，m。

亦可按表5-11推荐的分段高度值确定。

表 5-11　规整填料分段高度推荐值

填料类型	h/m
250Y 板波纹填料	6.0
500Y 板波纹填料	5.0
500(BX)丝网波纹填料	3.0
700(CX)丝网波纹填料	1.5

5.5　填料塔压降的计算

填料层压降通常用单位高度填料层的压降 $\Delta p/Z$ 表示。设计时，根据有关参数，由通用关联图（或压降曲线）先求得每米填料层的压降值，然后再乘以填料层高度，即得出填料层的压力降。

5.5.1　散装填料压降的计算

5.5.1.1　由埃克特通用关联图计算

散装填料的压降值可由埃克特通用关联图计算。计算时，先根据气液负荷及有关物性数据，求出横坐标值，再根据操作空塔气速 u 及有关物性数据，求出纵坐标值。通过作图得出交点，读出过交点的等压线数值，即得出每米填料层压降值。

应予指出，用埃克特通用关联图计算压降时，所需的填料因子为操作状态下的湿填料因子，称为压降填料因子，以 ϕ_p 表示。压降填料因子 ϕ_p 与液体喷淋密度有关，为了工程计算的方便，常采用与液体喷淋密度无关的压降填料因子平均值。表 5-12 列出了部分散装填料的压降填料因子平均值，可供设计参考。

表 5-12　散装填料压降填料因子平均值

填料类型	填料因子,1/m				
	DN16	DN25	DN38	DN50	DN76
金属鲍尔环	306	—	114	98	—
金属环矩鞍	—	138	93.4	71	36
金属阶梯环			118	82	
塑料鲍尔环	343	232	114	125	62
塑料阶梯环	—	176	116	89	
瓷矩鞍环	700	215	140	160	
瓷拉西环	1050	576	450	288	—

5.5.1.2　由填料压降曲线查得

散装填料压降曲线的横坐标通常以空塔气速 u 表示，纵坐标以单位高度填料层压降

$\Delta p/Z$ 表示，常见散装填料的 $u\text{-}\Delta p/Z$ 曲线可从有关填料手册中查得。

5.5.2 规整填料压降的计算

5.5.2.1 由填料的压降关联式计算

规整填料的压降通常关联成以下形式：

$$\Delta p/Z = \alpha (u\sqrt{\rho_V})^{\beta} \tag{5-23}$$

式中　　u——空塔气速，m/s；

　　$\Delta p/Z$——每米填料层高度的压力降，Pa/m；

　　ρ_V——气体密度，kg/m³；

　　α、β——关联式常数，可从有关填料手册中查得。

5.5.2.2 由填料压降曲线查得

规整填料压降曲线的横坐标通常以 F 因子表示，纵坐标以单位高度填料层压降 $\Delta p/Z$ 表示，常见规整填料的 $F\text{-}\Delta p/Z$ 曲线可从有关填料手册中查得。

5.6 填料塔内件的类型与设计

填料塔的设计中，除了正确地进行填料层本身的计算外，合理选择和设计填料塔的附属结构，对于保证填料塔正常操作，充分发挥通量大、压力低、效率高、弹性好等性能至关重要。主要附属结构有：填料支承装置、填料压紧装置、液体分布装置、液体收集再分布装置等。合理地选择和设计塔内件，对保证填料塔的正常操作及优良的传质性能十分重要。

5.6.1 塔内件的类型

5.6.1.1 填料支承装置

填料支承装置的作用是支撑塔内的填料。常用的填料支承装置有栅板型、孔管型、驼峰型等。对于散装填料，通常选用孔管型、驼峰型支承装置；对于规整填料，通常选用栅板型支承装置。设计中，为防止在填料支承装置处压降过大甚至发生液泛，要求填料支承装置的自由截面积应大于75%。

5.6.1.2 填料压紧装置

为防止在上升气流的作用下填料床层发生松动或跳动，需在填料层上方设置填料压紧装置。填料压紧装置有压紧栅板、压紧网板、金属压紧器等不同的类型。对于散装填料，可选用压紧网板，也可选用压紧栅板，在其下方，根据填料的规格敷设一层金属网，并将其与压紧栅板固定；对于规整填料，通常选用压紧栅板。设计中，为防止在填料压紧装置处压降过大甚至发生液泛，要求填料压紧装置的自由截面积应大于70%。

为了便于安装和检修，填料压紧装置不能与塔壁采用连续固定方式，对于小塔可用螺钉固定于塔壁，而大塔则用支耳固定。

5.6.1.3 液体分布装置

液体分布装置的种类多样，有喷头式、盘式、管式、槽式及槽盘式等。工业应用以管式、槽式及槽盘式为主。

管式分布器由不同结构形式的开孔管制成。其突出的特点是结构简单，供气体流过的自由截面大，阻力小。但小孔易堵塞，操作弹性一般较小。管式液体分布器多用于中等以下液体负荷的填料塔中。在减压精馏及丝网波纹填料塔中，由于液体负荷较小，设计中通常用管式液体分布器。

槽式液体分布器是由分流槽（又称主槽或一级槽）、分布槽（又称副槽或二级槽）构成的。一级槽通过槽底开孔将液体初分成若干流股，分别加入其下方的液体分布槽。分布槽的槽底（或槽壁）上设有孔道或导管，将液体均匀分布于填料层上。槽式液体分布器具有较大的操作弹性和极好的抗污堵性，特别适合于气液负荷大及含有固体悬浮物、黏度大的液体的分离场合，应用范围非常广泛。

槽盘式分布器是近年来开发的新型液体分布器，它兼有集液、分液及分气三种作用，结构紧凑，气液分布均匀，阻力较小，操作弹性高达 10∶1，适用于不同范围的液体喷淋量。近年来应用非常广泛，在设计中建议优先选用。

5.6.1.4 液体收集及再分布装置

前已述及，为减小壁流现象，当填料层较高时需进行分段，故需设置液体收集及再分布装置。

最简单的液体再分布装置为截锥式再分布器。截锥式再分布器结构简单，安装方便，但它只起到将壁流向中心汇集的作用，无液体再分布的功能，一般用于直径小于 0.6m 的塔中。

在通常情况下，一般将液体收集器及液体分布器同时使用，构成液体收集及再分布装置。液体收集器的作用是将上层填料流下的液体收集，然后送至液体分布器进行液体再分布。常用的液体收集器为斜板式液体收集器。

前已述及，槽盘式液体分布器兼有集液和分液的功能，故槽盘式液体分布器是优良的液体收集及再分布装置。

5.6.2 塔内件的设计

填料塔操作性能的好坏、传质效率的高低在很大程度上与塔内件的设计有关。在塔内件设计中，最关键的是液体分布器的设计，它直接影响到塔内填料表面的有效利用率。现对液体分布器的设计进行简要的介绍。

5.6.2.1 液体分布器设计的基本要求

性能优良的液体分布器设计时必须满足以下几点：

① 液体分布均匀。评价液体分布均匀的标准是：足够的分布点密度；分布点的几何均匀性；降液点间流量的均匀性。

a.分布点密度。液体分布器分布点密度的选取与填料类型及规格、塔径大小、操作条件等密切相关，各种文献推荐的值也相差很大。大致规律是：塔径越大，分布点密度越小；液体喷淋密度越小，分布点密度越大。对于散装填料，填料尺寸越大，分布点密度越小；对于规整填料，比表面积越大，分布点密度越大。表 5-13、表 5-14 分别列出了散装填料塔和规整填料塔的分布点密度推荐值，可供设计时参考。

表 5-13　Eckert 的散装填料塔分布点密度推荐值

塔径/mm	分布点密度/[点/(m² 塔截面)]
$D = 400$	330
$D = 750$	170
$D \geqslant 1200$	42

表 5-14　苏尔寿公司的规整填料塔分布点密度推荐值

填料类型	分布点密度/[点/(m² 塔截面)]
250Y 孔板波纹填料	$\geqslant 100$
500(BX) 丝网波纹填料	$\geqslant 200$
700(CX) 丝网波纹填料	$\geqslant 300$

b. 分布点的几何均匀性。分布点在塔截面上的几何均匀分布是较分布点密度更为重要的问题。设计中，一般需通过反复计算和绘图排列，进行比较，选择较佳方案。分布点的排列可采用正方形、正三角形等不同方式。

c. 降液点间流量的均匀性。为保证各分布点的流量均匀，需要分布器总体的合理设计、精细的制作和正确的安装。高性能的液体分布器，要求各分布点与平均流量的偏差小于 6%。

② 操作弹性大。液体分布器的操作弹性是指液体的最大负荷与最小负荷之比。设计中，一般要求液体分布器的操作弹性为 2～4，对于液体负荷变化很大的工艺过程，有时要求操作弹性达到 10 以上，此时，分布器必须特殊设计。

③ 自由截面积大。液体分布器的自由截面积是指气体通道占塔截面积的比值。根据设计经验，性能优良的液体分布器，其自由截面积为 50%～70%。设计中，自由截面积最小应在 35% 以上。

④ 其他。液体分布器应结构紧凑、占用空间小、制造容易、调整和维修方便。

5.6.2.2　液体分布器布液能力的计算

液体分布器布液能力的计算是液体分布器设计的重要内容。设计时，按其布液作用原理不同和具体结构特性，选用不同的公式计算。

（1）重力型液体分布器布液能力计算

重力型液体分布器有多孔型和溢流型两种形式，工业上以多孔型应用为主，其布液工作的动力为开孔上方的液位高度。多孔型分布器布液能力的计算公式为：

$$L_s = \frac{\pi}{4} d_0^2 n \varphi \sqrt{2g \Delta H} \tag{5-24}$$

式中　L_s——液体流量，m^3/s；

　　　n——开孔数目（分布点数目）；

　　　φ——孔流系数，通常 φ 取 0.55～0.60；

　　　d_0——孔径，m；

　　　ΔH——开孔上方的液位高度，m。

（2）压力型液体分布器布液能力计算

压力型液体分布器布液工作的动力为压力差（或压降），其布液能力的计算公式为：

$$L_s = \frac{\pi}{4} d_0^2 n \varphi \sqrt{2g \frac{\Delta p}{\rho_L g}}$$

(5-25)

式中　L_s——液体流量，m^3/s；

$\quad\quad n$——开孔数目（分布点数目）；

$\quad\quad \varphi$——孔流系数，通常 φ 取 $0.55 \sim 0.60$；

$\quad d_0$——孔径，m；

$\quad \Delta p$——分布器的工作压力差（或压降），Pa；

$\quad \rho_L$——液体密度，kg/m^3。

设计中，液体流量 L_s 为已知，给定开孔上方的液位高度 ΔH（或已知分布器的工作压力差 Δp），依据分布器布液能力计算公式，可设定开孔数目 n，计算孔径 d_0；亦可设定孔径 d_0，计算开孔数目 n。

5.7　填料吸收塔设计案例

设计一座填料吸收塔，用于脱除混于空气中的 SO_2。混合气体的处理量为 $2400 m^3/h$，其中含 SO_2 为 5%（体积分数），要求 SO_2 的吸收率为 95%。采用清水进行吸收，吸收剂的吸收塔为常压操作，因该过程液气比很大，吸收温度基本不变，可近似取为清水的温度。试设计该填料吸收塔。

5.7.1　设计方案的确定

用水吸收 SO_2 属于中等溶解度的吸收过程，为提高传质效率，选用逆流吸收流程。因用水作为吸收剂，且 SO_2 不作为产品，故采用纯溶剂。

5.7.2　填料的选择

对于水吸收 SO_2 的过程，操作温度及操作压力较低，工业上通常选用塑料散装填料。在塑料散装填料中，塑料阶梯环填料的综合性能较好，故此选用 $DN38$ 聚丙烯阶梯环填料。

5.7.3　基础物性数据

5.7.3.1　液相物性数据

对低浓度吸收过程，溶液的物性数据可近似取纯水的物性数据。查附录十一得 $20℃$ 时水的有关物性数据如下：

密度为：$\rho_L = 998.2 kg/m^3$；

黏度为：$\mu_L = 0.001 Pa \cdot s = 3.6 kg/(m \cdot h)$；

表面张力为：$\sigma_L = 72.6 mN/m = 940896 kg/h^2$；

SO_2 在水中的扩散系数为：$D_L = 1.47 \times 10^{-5} cm^2/s = 5.29 \times 10^{-6} m^2/h$。

5.7.3.2　气相物性数据

混合气体的平均摩尔质量为：

$$M_{\mathrm{Vm}} = \sum y_i M_i = 0.05 \times 64.06 + 0.95 \times 29 = 30.75 (\mathrm{kg/kmol})$$

混合气体的平均密度为:

$$\rho_{\mathrm{Vm}} = \frac{P M_{\mathrm{Vm}}}{RT} = \frac{101.3 \times 30.75}{8.314 \times 298} = 1.257 (\mathrm{kg/m^3})$$

混合气体的黏度可近似取为空气的黏度,查手册得 20℃空气的黏度为: $\mu_V = 1.81 \times 10^{-5} \mathrm{Pa \cdot s} = 0.065 \mathrm{kg/(m \cdot h)}$。

$$u_{\mathrm{F}} = \sqrt{\frac{0.023 g \rho_{\mathrm{L}}}{\varphi_{\mathrm{F}} \varphi \rho_{\mathrm{V}} \mu_{\mathrm{L}}^{0.2}}} = \sqrt{\frac{0.023 \times 9.81 \times 998.2}{170 \times 1 \times 1.257 \times 1^{0.2}}} = 1.027 (\mathrm{m/s})$$

得 SO_2 在空气中的扩散系数为:

$$D_{\mathrm{V}} = 0.108 \mathrm{cm^2/s} = 0.039 \mathrm{m^2/h}$$

5.7.3.3 气液相平衡数据

由手册查得,常压下 20℃时 SO_2 在水中的亨利系数为: $E = 3.55 \times 10^3 \mathrm{kPa}$。

相平衡常数为:

$$m = \frac{E}{P} = \frac{3.55 \times 10^3}{101.3} = 35.04$$

溶解度系数为:

$$H = \frac{\rho_{\mathrm{L}}}{E M_{\mathrm{s}}} = \frac{998.2}{3.55 \times 10^3 \times 18.02} = 0.0156 [\mathrm{kmol/(kPa \cdot m^3)}]$$

5.7.4 物料衡算

进塔气相摩尔比为

$$Y_1 = \frac{y_1}{1 - y_1} = \frac{0.05}{1 - 0.05} = 0.0526$$

出塔气相摩尔比为

$$Y_2 = Y_1 (1 - \varphi_A) = 0.0526 \times (1 - 0.95) = 0.00263$$

进塔惰性气相流量为

$$V = \frac{2400}{22.4} \times \frac{273}{273 + 25} \times (1 - 0.05) = 93.25 (\mathrm{kmol/h})$$

该吸收过程属低浓度吸收,平衡关系为直线,最小液气比可按下式计算,即

$$\left(\frac{L}{V} \right)_{\min} = \frac{Y_1 - Y_2}{Y_1/m - X_2}$$

对于纯溶剂吸收过程,进塔液相组成为 $X_2 = 0$。则:

$$\left(\frac{L}{V} \right)_{\min} = \frac{0.0526 - 0.00263}{0.0526/35.04 - 0} = 33.29$$

取操作液气比为

$$\frac{L}{V} = 1.4 \left(\frac{L}{V} \right)_{\min}$$

$$\frac{L}{V} = 1.4 \times 33.29 = 46.61$$

$$L = 46.61 \times 93.25 = 4346.38 (\mathrm{kmol/h})$$

$$V(Y_1 - Y_2) = L(X_1 - X_2)$$

$$X_1 = \frac{93.25 \times (0.0526 - 0.00263)}{4346.38} = 0.0011$$

5.7.5 填料塔工艺尺寸的计算

5.7.5.1 塔径计算

采用 Eckert 通用关联图（图 5-5）计算泛点气速。

气相质量流量为

$$W_V = 2400 \times 1.257 = 3016.8(\text{kg/h})$$

液相质量流量可近似按纯水的流量计算，即

$$W_L = 4346.38 \times 18.02 = 78321.77(\text{kg/h})$$

Eckert 通用关联图的横坐标为

$$\frac{W_L}{W_V}\left(\frac{\rho_V}{\rho_L}\right)^{0.5} = \frac{78321.77}{3016.8} \times \left(\frac{1.257}{998.2}\right)^{0.5} = 0.921$$

查图 5-5 得

$$\frac{u_F^2 \phi_F \psi}{g} \times \frac{\rho_V}{\rho_L} \mu_L^{0.2} = 0.023$$

查表 5-5 得

$$\phi_F = 170/\text{m}$$

$$u_F = \sqrt{\frac{0.023g\rho_L}{\phi_F \psi \rho_V \mu_L^{0.2}}} = \sqrt{\frac{0.023 \times 9.81 \times 998.2}{170 \times 1 \times 1.257 \times 1^{0.2}}} = 1.027(\text{m/s})$$

取 $u = 0.7u_F = 0.7 \times 1.027 = 0.719$ （m/s）。

由

$$D = \sqrt{\frac{4V_s}{\pi u}} = \sqrt{\frac{4 \times 2400/3600}{3.14 \times 0.719}} = 1.087(\text{m})$$

圆整塔径，取 $D = 1.2\text{m}$。

① 泛点率校核：

$$u = \frac{2400/3600}{0.785 \times 1.2^2} = 0.59(\text{m/s})$$

$$\frac{u}{u_F} = \frac{0.59}{1.027} \times 100\% = 57.45\%(\text{在允许范围内})$$

② 填料规格校核：

$$\frac{D}{d} = \frac{1200}{38} = 31.58 > 8$$

③ 液体喷淋密度校核：

取最小润湿速率为

$$(L_W)_{min} = 0.08\text{m}^3/\text{m} \cdot \text{h}$$

查填料手册得

$$a_t = 132.5\text{m}^2/\text{m}^3$$

$$U_{min} = (L_W)_{min}a_t = 0.08 \times 132.5 = 10.6[\text{m}^3/(\text{m}^2 \cdot \text{h})]$$

$$U = \frac{78321.77/998.2}{0.785 \times 1.2^2} = 61.42 > U_{min}$$

经以上校核可知，填料塔直径选用 $D=1200\mathrm{mm}$ 合理。

5.7.5.2　填料层高度计算

$$Y_1^* = mX_1 = 35.04 \times 0.0011 = 0.0385$$

$$Y_2^* = mX_2 = 0$$

脱吸因数为（计算方法参考华平，张进主编的《化工原理》教材第一章）

$$S = \frac{mV}{L} = \frac{35.04 \times 93.25}{4346.38} = 0.752$$

气相总传质单元数为

$$N_{\mathrm{OG}} = \frac{1}{1-S}\ln\left[(1-S)\frac{Y_1-Y_2^*}{Y_2-Y_2^*}+S\right]$$

$$= \frac{1}{1-0.752} \times \ln\left[(1-0.752) \times \frac{0.0526-0}{0.00263-0}+0.752\right] = 7.026$$

气相总传质单元高度采用修正的恩田关联式计算：

$$\frac{a_{\mathrm{w}}}{a_{\mathrm{t}}} = 1-\exp\left[-1.45\left(\frac{\sigma_{\mathrm{c}}}{\sigma_{\mathrm{L}}}\right)^{0.75}\left(\frac{U_{\mathrm{L}}}{a_{\mathrm{t}}\mu_{\mathrm{L}}}\right)^{0.1}\left(\frac{U_{\mathrm{L}}^2 a_{\mathrm{t}}}{\rho_{\mathrm{L}}^2 g}\right)^{-0.05}\left(\frac{U_{\mathrm{L}}^2}{\rho_{\mathrm{L}}\sigma_{\mathrm{L}}a_{\mathrm{t}}}\right)^{0.2}\right]$$

查表 5-7 得 $\sigma_{\mathrm{c}} = 33\mathrm{mN/m} = 427680\mathrm{kg/h^2}$。

液体质量通量为

$$U_{\mathrm{L}} = \frac{78321.77}{0.785 \times 1.2^2} = 69286.77[\mathrm{kg/(m^2 \cdot h)}]$$

$$\frac{a_{\mathrm{w}}}{a_{\mathrm{t}}} = 1-\exp\left[1.45 \times \left(\frac{427680}{940896}\right)^{0.75} \times \left(\frac{69286.77}{132.5 \times 3.6}\right)^{0.1} \times \left(\frac{69286.77^2 \times 132.5}{998.2^2 \times 1.27 \times 10^8}\right)^{-0.05}\right.$$

$$\left. \times \left(\frac{69286.77^2}{998.2 \times 940896 \times 132.5}\right)^{0.2}\right] = 0.592$$

气膜吸收系数由下式计算：

$$k_{\mathrm{G}} = 0.237\left(\frac{U_{\mathrm{V}}}{a_{\mathrm{t}}\mu_{\mathrm{V}}}\right)^{0.7}\left(\frac{\mu_{\mathrm{V}}}{\rho_{\mathrm{V}}D_{\mathrm{V}}}\right)^{1/3}\left(\frac{a_{\mathrm{t}}D_{\mathrm{V}}}{RT}\right)$$

气体质量通量为

$$U_{\mathrm{V}} = \frac{2400 \times 1.257}{0.785 \times 1.2^2} = 2668.79[\mathrm{kg/(m^2 \cdot h)}]$$

$$k_{\mathrm{G}} = 0.237 \times \left(\frac{2668.79}{132.5 \times 0.065}\right)^{0.7} \times \left(\frac{0.065}{1.257 \times 0.039}\right)^{1/3} \times \left(\frac{132.5 \times 0.039}{8.314 \times 293}\right)$$

$$= 0.0336[\mathrm{kmol(m^2 \cdot h \cdot kPa)}]$$

液膜吸收系数由下式计算：

$$k_{\mathrm{L}} = 0.0095\left(\frac{U_{\mathrm{L}}}{a_{\mathrm{w}}\mu_{\mathrm{L}}}\right)^{2/3}\left(\frac{\mu_{\mathrm{L}}}{\rho_{\mathrm{L}}D_{\mathrm{L}}}\right)^{-1/2}\left(\frac{\mu_{\mathrm{L}}g}{\rho_{\mathrm{L}}}\right)^{1/3} = 0.0095 \times \left(\frac{69286.77}{0.592 \times 132.5 \times 3.6}\right)^{2/3}$$

$$\times \left(\frac{3.6}{998.2 \times 5.29 \times 10^{-6}}\right)^{-1/2} \times \left(\frac{3.6 \times 1.27 \times 10^8}{998.2}\right)^{1/3} = 1.099(\mathrm{m/h})$$

由 $k_{\mathrm{G}}a = k_{\mathrm{G}}a_{\mathrm{w}}\psi^{1.1}$，查表 5-8 得 $\psi = 1.45$。

则　　　$K_{\mathrm{G}}a = k_{\mathrm{G}}a_{\mathrm{w}}\psi^{1.1}$

$$= 0.0336 \times 0.592 \times 132.5 \times 1.45^{1.1} = 3.966[\mathrm{kmol/(m^3 \cdot h \cdot kPa)}]$$

$$k_L a = k_L a_W \psi^{0.4}$$
$$= 1.099 \times 0.592 \times 132.5 \times 1.45^{0.4} = 100.02 (1/h)$$

$$\frac{u}{u_F} = 57.45\% > 50\%$$

由 $k'_G a = \left[1 + 9.5 \left(\dfrac{u}{u_F} - 0.5\right)^{1.4}\right] k_G a$，$k'_L a = \left[1 + 2.6 \left(\dfrac{u}{u_F} - 0.5\right)^{2.2}\right] k_L a$，得

$$k'_G a = [1 + 9.5 \times (0.5745 - 0.5)] \times 3.966 = 4.959 [kmol/(m^3 \cdot h \cdot kPa)]$$
$$k'_L a = [1 + 2.6 \times (0.5745 - 0.5)] \times 100.02 = 100.88 (1/h)$$

则
$$K_G a = \cfrac{1}{\cfrac{1}{k'_G a} + \cfrac{1}{H k'_L a}}$$

$$= \cfrac{1}{\cfrac{1}{4.959} + \cfrac{1}{0.0156 \times 100.88}} = 1.195 [kmol/(m^3 \cdot h \cdot kPa)]$$

由
$$H_{OG} = \frac{V}{K_Y a \Omega} = \frac{V}{K_G a p \Omega}$$

$$= \frac{93.25}{1.195 \times 101.3 \times 0.785 \times 1.2^2} = 0.681 (m)$$

由 $Z = H_{OG} N_{OG} = 0.681 \times 7.062 = 4.785$ （m），得
$$Z' = 1.25 \times 4.785 = 5.981 (m)$$

设计取填料层高度为

$$Z' = 6m$$

查表 5-10，对于阶梯环填料，$\dfrac{h}{D} = 8 \sim 15$，$H_{max} \leqslant 6mm$。

取 $\dfrac{h}{D} = 8$，则

$$h = 8 \times 1200 = 9600mm$$

计算得填料层高度为 6000mm，故不需分段。

5.7.6 填料层压降计算

采用 Eckert 通用关联图计算填料层压降。
横坐标为

$$\frac{W_L}{W_V} \left(\frac{\rho_V}{\rho_L}\right)^{0.5} = 0.921$$

查表 5-12 得，$\phi_p = 116 m^{-1}$。
纵坐标为

$$\frac{u^2 \phi_p}{g} \frac{\psi \rho_V}{\rho_L} \mu_L^{0.2} = \frac{0.59^2 \times 116 \times 1}{9.81} \times \frac{1.257}{998.2} \times 1^{0.2} = 0.0052$$

查图 5-5 得

$$\Delta p / Z = 107.91 Pa/m$$

填料层压降为

$$\Delta p = 107.91 \times 6 = 647.46 (Pa)$$

5.7.7 液体分布器简要设计

5.7.7.1 液体分布器的选型

本案例中的吸收塔液相负荷较大，而气相负荷相对较低，故选用槽式液体分布器。

5.7.7.2 分布点密度计算

按 Eckert 建议值，$D \geqslant 1200$ 时，喷淋点密度为 42 点/m^2，因该塔液相负荷较大，设计取喷淋点密度为 120 点/m^2。

布液点数为

$$N = 0.785 \times 1.2^2 \times 120 = 135.6 \text{ 点} \approx 136 \text{ 点}$$

按分布点几何均匀与流量均匀的原则，进行布点设计。设计结果为：二级槽共设七道，在槽侧面开孔，槽宽度为 80mm，槽高度为 210mm，两槽中心矩为 160mm。分布点采用三角形排列，实际设计布点数为 $n = 132$ 点，布液点示意图如图 5-7 所示。

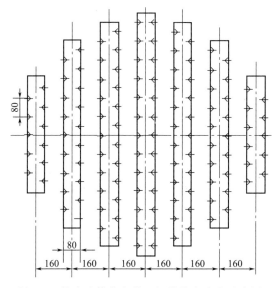

图 5-7 槽式液体分布器二级槽的布液点示意图

5.7.7.3 布液计算

由 $\quad L_s = \dfrac{\pi}{4} d_0^2 n \psi \sqrt{2g\Delta H}$

取 $\quad \phi = 0.60$，$\Delta H = 160\text{mm}$

$$
\begin{aligned}
d_0 &= \left(\frac{4L_s}{\pi n \psi \sqrt{2g\Delta H}} \right)^{1/2} \\
&= \left(\frac{4 \times 78321.77/998.2 \times 3600}{3.14 \times 132 \times 0.6 \times \sqrt{2 \times 9.81 \times 0.16}} \right)^{1/2} = 0.014
\end{aligned}
$$

设计取 $d_0 = 14\text{mm}$。

第6章
流化床干燥装置的设计

　　干燥泛指从湿物料中除去水分或其他湿分的各种操作。如在日常生活中将潮湿物料置于阳光下曝晒以除去水分；工业上用硅胶、石灰、浓硫酸等除去水蒸气、工业气体或有机液体中的水分。在化工生产中，干燥通常指用热空气、烟道气以及红外线等加热湿固体物料，使其中所含的水分或溶剂汽化而被除去，是一种属于热质传递过程的单元操作。干燥的目的是使物料便于贮存、运输和使用，或满足进一步加工的需要。例如谷物、蔬菜经干燥后可长期贮存；合成树脂干燥后用于加工，可防止塑料制品中出现气泡或云纹；纸张经干燥后便于使用和贮存等。干燥操作广泛应用于化工、食品、轻工、纺织、煤炭、农林产品加工和建材等各部门。

　　干燥器可从多种角度来分类，按加热方式的分类，如表 6-1 所示。

表 6-1　常用干燥器的分类

类型	干燥器
对流干燥器	厢式干燥器,气流干燥器,沸腾干燥器,转筒干燥器,喷雾干燥器
传导干燥器	滚筒干燥器,真空盘架式干燥器
辐射干燥器	红外线干燥器
介电加热干燥器	微波干燥器

　　由于被干燥物料的形状（块状、粒状、溶液、浆状及膏糊状等）和性质（如耐热性、含水量、分散性、黏性、耐酸碱性、防爆性及湿度等）不同，生产规模或生产能力也相差很大，对于干燥后的产品要求（如含水量、形状、强度及粒度等）也不尽相同。因此，所采用的干燥方法和干燥器的形式也是多种多样的。

　　首先是根据湿物料的形态、干燥特性、产品的要求、处理量以及所采用的热源为出发点，进行干燥实验。确定干燥动力学和传递特性，确定干燥设备的工艺尺寸。结合环境要求，选择出适宜的干燥器形式。若几种干燥器同时适用时，要进行成本核算，选择其中最佳者。

　　通常，干燥器选型应考虑以下几种因素。

① 被干燥物料的性质：如热敏性、黏附性、颗粒的大小形状、物料含水量、水分与物料的结合方式、磨损性以及腐蚀性、毒性、可燃性等物理化学性质。

② 对干燥产品的要求：对干燥产品的含水量、形状、粒度分布、粉碎程度等有要求。如干燥食品时，产品的几何形状、粉碎程度均对成品的质量及价格有直接的影响。干燥脆性物料时应特别注意成品的粉碎与粉化。

③ 物料的干燥速率曲线与临界含水量：确定干燥时间时，应先由实验做出干燥速率曲线，确定临界含水量 X_c。物料与介质接触状态、物料尺寸与几何形状对干燥速率曲线的影响很大。例如，物料粉碎后再进行干燥时，除了干燥面积增大外，一般临界含水量 X_c 值也降低，有利于干燥。因此，在不可能用与设计类型相同的干燥器进行实验时，应尽可能用其他干燥器模拟设计时的湿物料状态，进行干燥速率曲线的实验，并确定临界含水量 X_c 值。

④ 回收问题：固体粉粒的回收及溶剂的回收。

⑤ 干燥热源：可利用的热源的选择及能量的综合利用。

⑥ 干燥器的占地面积、排放物及噪声：考虑它们是否满足环保要求。

除上述因素以外，还应考虑环境湿度改变对于干燥器选型及干燥器尺寸的影响。例如：以湿空气作为干燥介质时，同一地区冬季和夏季空气的湿度会有相当明显的差别，而湿度的变化将会影响干燥产品质量及干燥器的生产能力。

表 6-2 列出主要干燥器的选择，可供选型时参考。

表 6-2　主要干燥器的选择

湿物料的状态	物料的实例	处理量	适用的干燥器
液体或泥浆状	洗涤剂、树脂溶液、盐溶液、牛奶等	大批量	喷雾干燥器
		小批量	滚筒干燥器
泥糊状	染料、颜料、硅胶、淀粉、黏土、碳酸钙等的滤饼或沉淀物	大批量	气流干燥器、带式干燥器
		小批量	真空转筒干燥器
粉粒状 ($0.01 \sim 20 \mu m$)	聚氯乙烯等合成树脂、合成肥料、磷肥、活性炭、石膏、钛铁矿、谷物	大批量	气流干燥器、转筒干燥器、流化床干燥器
		小批量	转筒干燥器、厢式干燥器
块状 ($20 \sim 100 \mu m$)	煤、焦炭、矿石等	大批量	转筒干燥器
		小批量	厢式干燥器
片状	烟叶、薯片	大批量	带式干燥器、转筒干燥器
		小批量	穿流厢式干燥器
短纤维	乙酸纤维、硝酸纤维	大批量	带式干燥器
		小批量	带式干燥器
一定大小的物料或制品	陶瓷器、胶合板、皮革等	大批量	隧道干燥器
		小批量	高频干燥器

通常干燥器的选择依据如下：

① 在处理液态物料时，所选择的设备通常限于喷雾干燥器、转鼓干燥器和搅拌间歇真空干燥器。

② 在溶剂回收、易燃、有致毒危险或需要限制温度时，真空操作更可取。

③ 对于吸湿性物料或临界含水量高的难于干燥的物料，应选择干燥时间长的干燥器，

而临界含水量低的、易于干燥的物料及对温度比较敏感的热敏性物料，则可选用干燥时间短的干燥器，如气流干燥器、喷雾干燥器。

④ 处理量小的，宜选用厢式干燥器等间歇操作的干燥器；处理量大的，连续干燥器更适宜些。

干燥器的选型应考虑以下因素：

① 保证物料的干燥质量，干燥均匀，不发生变质，保持晶形完整，不发生龟裂变形；

② 干燥速率快，干燥时间短，单位体积干燥器汽化水分量大，能做到小设备大生产；

③ 能量消耗低，热效率高，动力消耗低；

④ 干燥工艺简单，设备投资小，操作稳定，控制灵活，劳动条件好，环境污染小。

化工生产中使用最广泛的是热风对流干燥，随着科技的进步，干燥技术与干燥设备也得到了很大的发展。对于散料状物料的干燥，流态化干燥技术的应用更为广泛，其中又以流化床干燥器的发展更为迅速。

6.1 概述

流化技术（亦称流态化技术）起源于 1921 年。流化干燥是指干燥介质使固体颗粒在流化状态下进行干燥的过程。借助于固体的流态化来实现某种处理过程的技术，称为流态化技术。流态化技术已广泛应用于固体颗粒物料的干燥、混合、煅烧、输送以及催化反应过程。目前，绝大多数工业应用都是气-固流化系统。流化干燥就是流态化技术在干燥上的应用。

6.1.1 流态化现象

在图 6-1 所示的装置中，当流体以不同速度由下向上通过固体颗粒床层时，根据流速的不同，可能出现以下几种情况。

6.1.1.1 固定床阶段

当流体速度较低时，颗粒所受的曳力较小，能够保持静止状态，不发生相对运动，流体只能穿过静止颗粒之间的空隙而流动，这种床层称为固定床，床层空隙率 ε_0 保持不变，如图 6-2 中的 GD 和 AB 线段所示。

6.1.1.2 流化床阶段

当流速增至一定值时，颗粒床层开始松动，颗粒位置也在一定区间内开始调整。床层略有膨胀，但颗粒仍不能自由运动，床层的这种情况称为初始流化或临界流化，如图 6-2 中的 B 点所示。此时床层高度为 L_{mf}，空塔气速称为初始流化速度或临界流化速度 u_{mf}。如继续增大流速，固体颗粒将悬浮于流体中作随机运动，床层开始膨胀、增高，空隙率也随之增大，此时颗粒与流

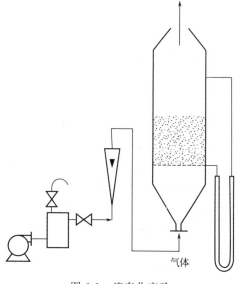

气体

图 6-1　流态化实验

体之间的摩擦力恰好与其净重力相平衡。此后床层高度将随流速提高而升高，这种床层具有类似于流体的性质，故称为流化床。如图 6-2 中的 BC 所示。在流化时，通过床层的流体称为流化介质。

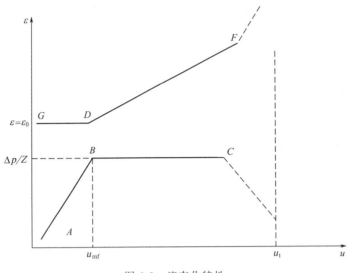

图 6-2　流态化特性

6.1.1.3　稀相输送床阶段

若流速再升高达到某一极限时，流化床的上界面消失，颗粒分散悬浮于气流中，并不断被气流带走，这种床层称为稀相输送床。颗粒开始被带出的速度称为带出速度 u_t，其数值等于颗粒在该流体中的沉降速度。

6.1.2　流化床干燥器的特性

流化干燥是指干燥介质使固体颗粒在流化状态下进行干燥的过程。在流化床中，气、固两相的运动状态就像沸腾的液体，因此流化床也称为沸腾床。流化床具有液体的某些性质，如具有流动性，无固定形状，随容器形状而变。可从小孔中喷出，从一个容器流入另一个容器；具有上界面，当容器倾斜时，床层上界面将保持水平，当两个床层联通时，它们的上界面自动调整到同一水平面；比床层密度小的物体被推入床层后会浮在床层表面上；床层中任意两截面的压差可用压差计测定，且大致等于两截面间单位面积床层的重力。

流化床干燥器的优点：

① 物料与干燥介质接触面大，搅拌激烈，表面更新机会多，热容量大，热传导效果好，设备利用率高，可实现小规模设备大生产；

② 干燥速率大，物料在设备内停留时间短，适宜干燥热敏性物料；

③ 物料在干燥室内的停留时间可由出料口控制，故容易控制制品的含水率；

④ 装置简单，设备造价低廉，除风机、加料器外，本身无机械装置，保养容易，维修费用低；

⑤ 密封性能好，机械运转部分不直接接触物料，对卫生指标要求较高的食品干燥十分有利。

流化床干燥器的缺点：

① 对被干燥物料的颗粒度有一定的限制，一般要求颗粒不小于 $30\mu m$，而又不大于

$4 \sim 6 \mu m$，限制了使用范围；

② 对易结块物料因容易与设备壁间产生黏结而不适用；

③ 单层流化床难以保证物料干燥均匀，需设置多层，使设备的高度增加。

流化床内的固体颗粒处于悬浮状态并不停地运动，这种颗粒的剧烈运动和均匀混合使床层基本处于全混状态，整个床层的温度、组成均匀一致。这一特征使流化床中气固系统的传热大大强化，床层的操作温度也易于调控。但颗粒的激烈运动使颗粒间和颗粒与固体器壁间产生强烈的碰撞与摩擦，造成颗粒破碎和固体壁面磨损；同时当固体颗粒连续进出床层时，会造成颗粒在床层内的停留时间不均，导致固体产品的质量不均。因此，掌握流态化技术，了解其特性，应用时扬长避短，可以获得更好的经济效益。

6.1.3 流化床干燥器的形式及干燥流程

流化床干燥器又称沸腾床干燥器，是流态化技术在干燥操作中的应用。工业上常用的流化床干燥器，大体上有如下几种：

① 按被干燥的物料，可分为粒状物料、膏状物料、悬浮液和溶液等具有流动性的物料干燥器。

② 按操作情况，可分为间歇式和连续式。

③ 按设备结构形式，可分为：单层流化床干燥器、多层流化床干燥器、卧式分室流化床干燥器、喷动床干燥器、脉冲流化床干燥器、振动流化床干燥器、惰性粒子流化床干燥器、锥形流化床干燥器等。

图 6-3 为单层圆筒型流化床干燥器。待干燥的颗粒物料放置在分布板上，热空气由多孔板的底部送入，使其均匀地分布并与物料接触。气速控制在临界流化速度和带出速度之间，使颗粒在流化床中上下翻动，彼此碰撞混合，气固间进行传热和传质，气体温度下降，湿度增大，物料含水量减少，被干燥。最终在干燥器底部得到干燥产品，热气体则由干燥器顶部排出，经旋风分离器分离出细小颗粒后放空。当静止物料层的高度为 $0.05 \sim 0.15m$ 时，对于粒径大于 $0.5mm$ 的物料，适宜的气速可取为 $(0.4 \sim 0.8)u_t$；对于较小的粒径，因颗粒

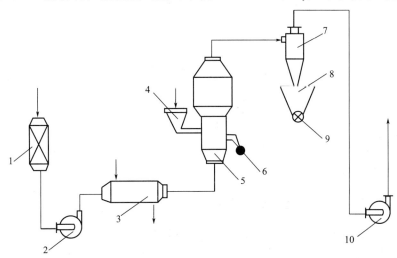

图 6-3　单层圆筒型流化床干燥器

1—空气过滤器；2—鼓风机；3—空气加热器；4—加料器；5—流化床干燥器；

6,9—星形卸料器；7—旋风分离器；8—集灰斗；10—排风机

床内可能结块，采用上述的速度范围稍小，一般对于这种情况的操作气速需由实验确定。

由于流化床中存在返混或短路，可能有一部分物料未经充分干燥就离开干燥器，而另一部分物料又会因停留时间过长而产生过度干燥现象。因此单层沸腾床干燥器仅适用于易干燥、处理量较大而对干燥产品的要求不太高的场合。

对于干燥要求较高或所需干燥时间较长的物料，一般采用多层（或多室）流化床干燥器。国内采用五层流化床干燥器干燥涤纶切片，效果良好。多层流化床干燥器中物料与热空气多次接触，尾气湿度大，温度低，因此热效率较高；但它结构复杂，流体流动阻力较大，需要高压风机。另外，多层流化沸腾床干燥器的主要问题是如何定量地控制物料使其转入下一层，以及不使热气流沿溢流和短路方向流动。因此常因操作不当而破坏了流化床层。

为了保证物料能均匀地被干燥，而流动阻力又较小，也可采用卧式多室流化床干燥器。该流化床干燥器的主体为长方形，器内用垂直挡板分隔成多室，一般为 4～8 室。挡板下端与多板之间留有几十毫米的间隙（一般取为床层中静止物料层高度的 1/4～1/2），使物料能逐室通过，最后越过堰板而卸出。热空气分别通过各室，各室的温度、湿度和流量均可调节。例如第一室中的物料较湿，热空气流量可大些，还可加搅拌器使物料分散，最后一室可通入冷空气冷却干燥产品，以便于贮存。这种形式的干燥器与多层流化床干燥器相比，操作稳定可靠，流动阻力较小，但热效率较低，耗气量大。

为了适应工艺要求，还有许多形式的流化床干燥器。诸如惰性粒子流化床干燥器可以将溶液、悬浮液或膏糊状物料干燥；振动流化床干燥器、脉冲式流化床干燥器适用于处理不易流动以及有特殊要求（如保持晶体完整，晶体闪光度好）的物料；新开发的高湿物料的低温干燥，可采用内热构件流化床干燥器；离心流化床干燥器除去表面水分的干燥速率是传统流化床干燥器的 10～30 倍，对于被干燥物料的粒度、含湿量及表面黏结性的适应能力很强。随着对流态化技术的更深入认识，其应用将越来越广阔。

6.2　设计方案的确定

干燥器的设计是在设备选型和工艺条件确定的基础上，进行设备工艺尺寸计算及其结构设计。

不同物料、不同操作条件、不同形式的干燥器中气固两相的接触方式差别很大，对流传热系数 α 及传质数 k 不相同，目前还没有通用的求算 α 和 k 的关联式，干燥器的设计仍然大多采用经验、半经验方式进行。另外，各类干燥器的设计方法也不相同，各干燥器的设计方法可参阅有关设计手册。

6.2.1　流化床干燥器的设计步骤

对于一个具体的干燥任务，一般按下列步骤进行设计。

（1）确定设计方案

包括干燥方法及干燥器结构形式的选择、干燥装置流程及操作条件的确定。确定设计方案时应遵行如下原则：

① 满足生产工艺的要求并且要有一定的适应性，保证产品质量能达到规定的要求，且

质量稳定。装置系统能在一定程度上适应不同季节空气湿度、原料含湿量、颗粒粒度的变化。

② 经济上的合理性：使得设备费与操作费总费用低。

③ 安全生产：注意保护劳动环境，防止粉尘污染。

（2）干燥器主体设计

包括工艺计算，设备尺寸设计。

（3）辅助设备的计算与选型

各种结构形式的流化床干燥器的设计步骤和方法基本相同。

6.2.2　流化床干燥器干燥条件的确定

干燥器的设计依据是物料衡算、热量衡算、速率关系和平衡关系四个基本方程。设计的基本原则是物料在干燥器内的停留时间必须等于或稍大于所需的干燥时间。

干燥器操作条件的确定与许多因素（如干燥器的形式、物料的特性及干燥过程的工艺要求等）有关。并且各种操作条件之间又是相互关联的，应予以综合考虑，有利于强化干燥过程的最佳操作条件通常由实验测定。下面介绍干燥操作条件选择的一般原则。

6.2.2.1　干燥介质的选择

干燥介质的选择，决定于干燥过程的工艺及可利用的热源，此外还应考虑介质的经济性及来源。基本的热源有热气体、液态或气态的燃料以及电能。在对流干燥中，干燥介质采用空气、惰性气体、烟道气和过热蒸汽。

热空气是最廉价易得的热源，但对某些易氧化的物料，或从物料中蒸发出的气体易燃、易爆时，则需用惰性气体作为干燥介质。烟道气适用于高温干燥，但要求被干燥的物料不怕污染、且不与烟气中的 SO_2 和 CO_2 等气体发生作用。由于烟道气温度高，故可强化干燥过程，缩短干燥时间。

6.2.2.2　流动方式的选择

气体和物料在干燥器中的流动方式，一般可分为并流、逆流和错流。

在并流操作中，物料的移动方向与介质的流动方向相同。湿物料一进入干燥器就与高温、低湿的热气体接触，传热、传质的推动力都较大，干燥速率也较大。但沿着干燥器管长的增加、干燥推动力下降，干燥速率降低。因此，并流操作时前期干燥速率较大，而后期干燥速率较小，难以获得含水量很低的产品。并流操作适用于：当物料含水量较高时，允许进行快速干燥而不产生龟裂或焦化的物料；干燥后期不耐高温，即干燥产品易变色、氧化或分解等的物料。

在逆流操作中，物料移动方向和介质的流动方向相反，整个干燥过程中的干燥推动力变化不大，它适用于：在物料含水量高时，不允许采用快速干燥的场合；在干燥后期，可耐高温的物料；要求干燥产品的含水量很低时。

若气体初始温度相同，并流时物料的出口温度可较逆流时低，被物料带走的热量就少，就干燥的经济性而论，并流优于逆流。

在错流操作中，干燥介质与物料间运动方向相互垂直。各个位置上的物料都与高温、低湿的介质相接触，因此干燥推动力比较大，又可采用较高的气体速度，所以干燥速率很高。它适用于：无论在高或低的含水量时，都可以进行快速干燥，且可耐高温的物料；因阻力大或干燥器构造的要求不适宜采用并流或逆流操作的场合。

6.2.2.3　干燥介质进入干燥器时的温度 θ_1

提高干燥介质进入干燥器的温度，可提高传热、传质的推动力。因此，在避免物料发生变色、分解等理化变化的前提下，干燥介质的进口温度 θ_1 可尽可能高一些。对于同一种物料，允许的介质进口温度随干燥器形式不同而异。在流化床、气流等干燥器中，由于物料不断地翻动，致使物料温度较均匀、干燥速率快、时间短，因此介质进口温度可高些；热敏性物料，宜采用较低入口温度，可加内热构件。

6.2.2.4　干燥介质离开干燥器时的相对湿度 φ_2 和温度 t_2

增高干燥介质离开干燥器的相对湿度，可以减少空气消耗量，即可降低操作费用；但 φ_2 增大，介质中水汽的分压增高，使干燥过程的平均推动力下降，为了保持相同的干燥能力，就需增大干燥器的尺寸，即加大了投资费用。所以，最适宜的 φ_2 值应通过经济衡算来决定。

不同的干燥器，适宜的 φ_2 值也不相同。例如，对气流干燥器，由于物料在干燥器内的停留时间很短，就要求有较大的推动力以提高干燥速率，因此一般离开干燥器的气体中水蒸气分压需低于出口物料表面水蒸气分压的 50%。对于某些干燥器，要求保证一定的空气速度，因此应考虑气量和 φ_2 的关系，即为了满足较大气速的要求，只得使用较多的空气量而减小 φ_2 值。

干燥介质离开干燥器的 t_2 与 φ_2 应综合考虑。若 t_2 增大，则热损失大，干燥热效率就低；若 t_2 降低，而 φ_2 又较高，此时湿空气可能会在干燥器后面的设备和管路中析出水滴，破坏了干燥的正常操作。对气流干燥器，一般要求 t_2 较物料出口温度高 $10\sim30\text{℃}$，或 t_2 较入口气体的绝热饱和温度高 $20\sim50\text{℃}$。在工艺条件允许时，可采用部分废气循环操作流程。

6.2.2.5　物料离开干燥器时的温度 θ_2

物料出口温度 θ_2 与物料在干燥器内经历的过程有关，主要取决于物料的临界含水量 X_c 值及干燥第二阶段的传质系数。若物料出口含水量高于临界含水量 X_c，则物料出口温度 θ_2 等于与它相接触的气体湿球温度；若物料出口含水量低于临界含水量 X_c，则 X_c 值越低，物料出口温度 θ_2 也越低；传质系数越高，θ_2 越低。目前还没有计算 θ_2 的理论公式。有时按物料允许的最高温度估计，即：

$$\theta_2 = \theta_{\max} - (5\sim10)(\text{℃}) \tag{6-1}$$

式中　θ_2——物料离开干燥器时的温度，℃；

$\theta_{\max}$——物料允许的最高温度，℃。

显然这种估算是很粗略的。因为它仅考虑物料的允许温度，并未考虑降速阶段中干燥的特点。若 $X_c < 0.05\text{kg}$ 水/kg 绝干料时，对于悬浮或薄层物料可用下式计算物料出口温度，即：

$$\frac{t_2 - \theta_2}{t_2 - t_{w2}} = \frac{r_{t_{w2}}(X_2 - X^*) - c_s(t_2 - t_{w2})\left(\dfrac{X_2 - X^*}{X_c - X^*}\right)^{\frac{r_{t_{w2}}(X_c - X^*)}{c_s(t_2 - t_{w2})}}}{r_{t_{w2}}(X_c - X^*) - c_s(t_2 - t_{w2})} \tag{6-2}$$

式中　t_{w2}——空气在出口状态下的湿球温度，℃；

$r_{t_{w2}}$——在 t_{w2} 温度下水的汽化热，kJ/kg；

c_s——绝干物料的比热容，kJ/(kg 绝干物料·℃)；

$X_c - X^*$——临界点处物料的自由水分，kg 水/kg 绝干料；

$X_2 - X^*$——物料离开干燥器时的自由水分，kg 水/kg 绝干料。

利用式（6-2）求物料出口温度时需要迭代计算。

必须指出，上述各操作参数间是有联系的，不能任意确定。通常物料进、出口的含水量 X_1、X_2 及进口温度 θ_1 是由工艺条件规定的，空气进口湿度 H_1 由大气状态决定。若物料的出口温度 θ_2 确定后，剩下的绝干空气流量 L、空气进出干燥器的温度 t_1 和 t_2 及出口湿度 H_2（或相对湿度 φ_2）这四个变量只能规定两个，其余两个由物料衡算及热量衡算确定，至于选择哪两个为自变量需视具体情况而定。在计算过程中，可以调整有关的变量，使其满足前述各种要求。

6.2.3　干燥过程的物料衡算和热量衡算

6.2.3.1　干燥系统的物料衡算

图 6-4 所示是一个连续逆流干燥的操作流程，气、固两相在进、出口处的流量及含水量均标注于图中。通过对此干燥系统作物料衡算，可以算出：从物料中除去水分的量，即水分蒸发量；空气消耗量；干燥产品的流量。

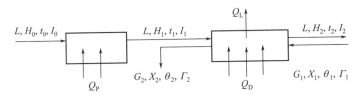

图 6-4　连续逆流干燥过程示意图

图中各符号的含义如下：

H_0、H_1、H_2：湿空气进入预热器、离开预热器（即进入干燥器）及离开干燥器时的湿度，kg 水汽/kg 绝干气；

I_0、I_1、I_2：湿空气进入预热器、离开预热器（即进入干燥器）及离开干燥器时的焓，kJ/kg 绝干气；

t_0、t_1、t_2：湿空气进入预热器、离开预热器（即进入干燥器）及离开干燥器时的温度，℃；

L：绝干空气流量，kg 绝干空气/s；

Q_P：单位时间内预热器消耗的热量，kW；

G_1、G_2：分别为湿物料进入和离开干燥器时的流量，kg 湿物料/s；

θ_1、θ_2：湿物料进入和离开干燥器时的温度，℃；

X_1、X_2：湿物料进入和离开干燥器时的干基含水量，kg 水/kg 绝干料；

Γ_1、Γ_2：湿物料进入和离开干燥器时的焓，kJ/kg；

Q_D：单位时间内向干燥器补充的热量，kW；

Q_L：干燥器的热损失速率，kW。

（1）水分蒸发量 W

围绕图 6-4 中干燥器作水分的物料衡算，以 1s 为基准，设干燥器内无物料损失，则：

$$LH_1 + GX_1 = LH_2 + GX_2 \tag{6-3}$$

或

$$W = L(H_2 - H_1) = G(X_1 - X_2)$$

式中 W——单位时间内水分的蒸发量，kg/s；

G——单位时间内绝干物料的流量，kg 绝干料/s。

（2）空气消耗量 L

由式(6-3)得：

$$L = \frac{G(X_1 - X_2)}{H_2 - H_1} = \frac{W}{H_2 - H_1} \tag{6-4}$$

式(6-4)的等号两侧均除以 W，得：

$$l = \frac{L}{W} = \frac{1}{H_2 - H_1} \tag{6-5}$$

式中 l 为单位空气消耗量，kg 绝干气/kg 水分。即每蒸发 1kg 水分时，消耗的绝干空气量。

（3）干燥产品流量 G_2

由于假设干燥器内无物料损失，因此，进出干燥器的绝干物料量不变，即

$$G_1(1 - w_2) = G_1(1 - w_1) \tag{6-6}$$

解得：

$$G_2 = \frac{G_1(1 - w_1)}{1 - w_2} \tag{6-7}$$

式中 w_1——物料进干燥器时的湿基含水量，kg 水/kg 湿物料；

w_2——物料离开干燥器时的湿基含水量，kg 水/kg 湿物料。

应予指出，干燥产品 G_2 是指离开干燥器的物料的流量，其中包括绝干物料以及仍含有的少量水分，与绝干物料 G 不同，G_2 实际上是含水分较少的湿物料。

6.2.3.2 干燥系统的热量衡算

（1）热量衡算的基本方程

围绕图 6-4 作热量衡算。若忽略预热器的热损失，以 1s 为基准，则对预热器：

$$LI_0 + Q_P = LI_1 \tag{6-8}$$

故单位时间内预热器消耗的热量为

$$Q_P = L(I_1 - I_0) = L(1.01 + 1.88H_0)(t_1 - t_0) \tag{6-9}$$

对干燥器

$$Q_D = L(I_2 - I_1) + G(\varGamma_2 - \varGamma_1) + Q_L \tag{6-10}$$

联立式(6-9)及式(6-10)，整理得单位时间内干燥系统消耗的总热量为

$$Q = Q_P + Q_D = L(I_2 - I_0) + G(\varGamma_2 - \varGamma_1) + Q_L \tag{6-11}$$

其中物料的焓 I' 包括绝干物料的焓（以 0℃ 的物料为基准）和物料中所含水分（以 0℃ 的液态水为基准）的焓即：

$$I' = c_s\theta + Xc_w\theta = (c_s + 4.187X)\theta = c_m\theta \tag{6-12}$$

$$c_m = (c_s + 4.187X) \tag{6-13}$$

式中 c_s——绝干物料的比热容，kJ/(kg 绝干料·℃)；

c_w——水的比热容，取为 4.187kJ (kg 水·℃)；

c_m——湿物料的比热容，kJ/(kg 绝干料·℃)。

式(6-9)、式(6-10)及式(6-11)为连续干燥系统热量衡算的基本方程式。为了便于应用，可通过以下分析得到更为简明的形式。

加热干燥系统的热量 Q 被用于：

① 将新鲜空气 L（湿度为 H_0）由 t_0 加热至 t_2 所需的热量：$L(1.01+1.88H_0)(t_2-t_0)$。

② 原湿物料 G_1-G_2+W，其中干燥产品 G_2 从 θ_1 被加热至 θ_2 后离开干燥器，所耗的热量 $Gc_m(\theta_2-\theta_1)$；水分 W 由液态温度 θ_1 被加热并汽化，至气态温度 t_2 后随气相离开干燥系统，所需的热量 $W(2490+1.88t_2-4.187\theta_1)$。

③ 干燥系统损失的热量 Q_L。

因此：

$$Q=Q_P+Q_D=L(1.01+1.88H_0)(t_2-t_0)+Gc_m(\theta_2-\theta_1)+W(2490+1.88t_2-4.187\theta_1)+Q_L$$

若忽略空气中水汽进出干燥系统的焓的变化和湿物料中水分带入干燥系统的焓，则上式简化为

$$Q=Q_P+Q_D=1.01L(t_2-t_0)+Gc_m(\theta_2-\theta_1)+W(2490+1.88t_2)+Q_L \tag{6-14}$$

（2）干燥系统的热效率

干燥系统的热效率定义为

$$\eta=\frac{\text{蒸发水分所需的热量}}{\text{向干燥系统输入的总热量}} \tag{6-15}$$

即：

$$\eta=\frac{W(2490+1.88t_2)}{Q}\times100\% \tag{6-16}$$

热效率越高表明干燥系统的热利用率越好。提高干燥器的热效率一般有以下措施：提高 H_2 而降低 t_2；提高空气入口温度 t_1；利用废气（离开干燥器的空气）来预热空气或物料，回收被废气带走的热量以及提高干燥操作的热效率；采用二级干燥；利用内换热器。此外还应注意干燥设备和管路的保温隔热，减少干燥系统的热损失。

6.2.4　流化床干燥器操作流化速度的确定

要使固体颗粒床层在流化状态下操作，必须使气速高于临界气速 u_{mf}，而最大气速又不得超过颗粒带出速度 u_t，因此流化床的操作范围应在临界流化速度和带出速度之间。确定流化速度有多种方法，现介绍工程上常用的两种方法。

6.2.4.1　临界流化速度 u_{mf}

对于均匀球形颗粒的流化床，开始流化的孔隙率 $\varepsilon_{mf}=0.4$。

（1）李森科方法（Ly-Ar 关联曲线法）

根据 $\varepsilon_{mf}=0.4$ 及算出的阿基米德准数 Ar 的数值，从图 6-5 中查得 Ly_{mf} 值，便可按下式计算临界流化速度，即：

$$u_{mf}=\sqrt[3]{\frac{Ly_{mf}\mu\rho_s g}{\rho^2}} \tag{6-17}$$

式中　u_{mf}——临界流化速度，m/s；

　　　Ly_{mf}——以临界流化速度计算的李森科准数，无因次；

　　　μ——干燥介质的黏度，Pa·s；

　　　ρ_s——绝干固体物料的密度，kg/m³；

　　　ρ——干燥介质的密度，kg/m³。

曲线 1：当 $\varepsilon=0.4$ 时的 $Ly=f(Ar)$　　曲线 2：当 $\varepsilon=1.0$ 时的 $Ly=f(Ar)$

李森科准数，无因次　　　　　　$$Ly=\frac{u^3\rho^2}{\mu(\rho_s-\rho)g}$$

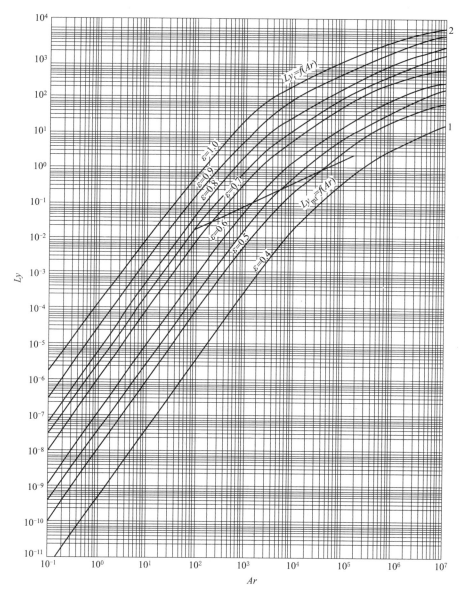

图 6-5 李森科准数 Ly 与阿基米德准数 Ar 之间的关系

阿基米德准数，无因次
$$Ar = \frac{d^3(\rho_s - \rho)\rho g}{\mu^2}$$

式中 d——颗粒直径，m；

       u——操作流化速度，m/s。

（2）关联式方法

当物料为粒度分布较为均匀的混合颗粒床层，可用关联式法估算临界流化速度。

当颗粒直径较小时，颗粒床层雷诺数 Re_b 一般小于 20，根据经验，得到起始流化速度的近似计算式为：

$$u_{mf} = \frac{d_p^2(\rho_b - \rho)g}{1650\mu} \tag{6-18}$$

对于大颗粒，Re_b 一般大于 1000，得到近似计算式为：

$$u_{mf} = \frac{d_p(\rho_s - \rho)g}{24.5\rho} \qquad (6\text{-}19)$$

式中　d_p 为颗粒直径，非球形颗粒时用当量直径，非均匀颗料时用颗粒群的平均直径。

6.2.4.2　带出速度

颗粒被带出时，床层的孔隙率 $\varepsilon \approx 1$。根据 $\varepsilon = 1$ 及 Ar 的数值，从图 6-5 中查得 Ly 值，便可按下列计算带出速度，即：

$$u_t = \sqrt[3]{\frac{Ly_t \mu \rho_s g}{\rho^2}} \qquad (6\text{-}20)$$

式中　Ly_t——以带出流化速度计算的李森科准数，无因次；

　　　　u_t——带出速度，m/s。

上式适用于球形颗粒。对于非球形颗粒应乘以校正系数，即：

$$u_t' = C_t u_t \qquad (6\text{-}21)$$

式中　u_t'——非球形颗粒的带出速度，m/s；

　　　　C_t——非球形颗粒校正系数，其值由式(6-22)估算。

$$C_t = 0.843 \lg \frac{\varphi_s}{0.065} \qquad (6\text{-}22)$$

式中 φ_s 为颗粒的形状系数或球形度，可按下式计算：

$$\varphi_s = \frac{S}{S_p} \qquad (6\text{-}23)$$

式中　S_p——非球形颗粒的表面积，m^2；

　　　　S——与颗粒等体积的球形颗粒表面积，m^2。

颗粒带出速度即颗粒的沉降速度，也可根据沉降区选用相应式子进行计算。

值得注意的是，计算 u_{mf} 时要用实际存在于床层中不同粒度颗粒的平均直径 d_p，而计算 u_t 时则必须用最小颗粒直径。

6.2.4.3　流化床的操作范围

流化床的操作范围，可用比值 $\dfrac{u_t}{u_{mf}}$ 的大小来衡量，该比值称为流化数。

对于均匀的细颗粒：

$$\frac{u_t}{u_{mf}} = 91.7 \qquad (6\text{-}24)$$

对于大颗粒：

$$\frac{u_t}{u_{mf}} = 8.62 \qquad (6\text{-}25)$$

研究表明，上述两个上下限值与实验数据基本相符，$\dfrac{u_t}{u_{mf}}$ 比值常在 10～90 之间。$\dfrac{u_t}{u_{mf}}$ 比值是表示正常操作时允许气速波动范围的指标，大颗粒床层的 $\dfrac{u_t}{u_{mf}}$ 值较小，说明其操作灵活性较差。实际上，不同生产过程的流化数差别很大。有些流化床的流化数高达数百，远远超过上述 $\dfrac{u_t}{u_{mf}}$ 的高限值。

对于粒径大于 $500\mu m$ 的颗粒，根据平均粒径计算出粒子的带出速度，通常取操作流化速度为 $(0.4\sim0.8)\mu_t$。

另外，一般流化床干燥器的实际空隙率 ε 在 $0.55\sim0.75$ 之间，可根据选定的 ε 和 Ar 值，用 Ly-Ar 关系曲线计算操作流化速度。

6.2.5 流化床干燥器主体工艺尺寸的计算

6.2.5.1 流化床干燥器底面积的计算

（1）单层圆筒流化床干燥器

单层圆筒流化床干燥器截面积 A 由下式计算：

$$A=\frac{vL}{3600u} \tag{6-26}$$

式中 L——绝干气的流量，kg/h；

v——气体在温度 t_2 及湿度 H_2 状态的比容，m^3/kg 绝干气。

$$v=(0.772+1.244H_2)\times\frac{273+t_2}{273}\times\frac{1.013\times10^5}{p} \tag{6-27}$$

式中 p 为干燥器中操作压力，Pa。

若流化床设备为圆柱形，根据 A 可求得床层直径 D；若流化床采用长方形，可根据 A 确定其长度和宽度。

（2）卧式多室流化床干燥器

物料在干燥器中通常经历表面汽化控制和内部迁移控制两个阶段。床层底面积等于两个阶段所需底面积之和。

① 表面汽化阶段所需底面积 A_1。对干燥装置，在忽略热损失的条件下，列出热量衡算及传热速率方程，并经整理得表面汽化阶段所需底面积 A_1，计算式如下：

$$Q=\overline{L}C_H(t_1-t_2)A_1=G_c(X_1-X_2)r_{t_w}=\alpha_aZ_0(t_2-t_w)A_1 \tag{6-28}$$

将上式消去 t_2 可得：

$$\alpha_aZ_0=\frac{(1.01+1.88H_0)\overline{L}}{\left[\dfrac{(1.01+1.88H_0)\overline{L}A_1(t_1-t_w)}{G_c(X_1-X_2)r_{t_w}}-1\right]} \tag{6-29}$$

$$\alpha=\frac{6(1-\varepsilon_0)}{d_m} \tag{6-30}$$

或

$$\alpha=\frac{6\rho_b}{\rho_sd_m} \tag{6-31}$$

$$\alpha=4\times10^{-3}\frac{\lambda}{d_m}(Re)^{1.5} \tag{6-32}$$

$$Re=\frac{d_mu\rho}{\mu} \tag{6-33}$$

式中 Z_0——静止时床层厚度，m（一般可取 $0.05\sim0.15m$）；

$\overline{L}$——干空气的质量流速，kg 绝干气/（$m^2\cdot s$）；

A_1——表面汽化控制阶段所需的底面积，m^2；

t_1——干燥器入口空气的温度，℃；

t_w——入口空气的湿球温度,℃;

r_{t_w}——在温度 t_w 时水的汽化潜热,kJ/kg;

α_a——流化床层的体积传热系数或热容系数,kW/(m^3·℃);

ρ_b——静止床层的颗粒堆积密度,kg/m^3;

ε_0——静止床层的空隙率;

d_m——颗粒平均粒径,m;

α——流化床层的对流传热系数,kW/(m^2·℃);

λ——气体的热导率,kW/(m·℃);

Re——雷诺数。

由式(6-29)可求得 α_a 或 A_1。

应予指出,当 $d_m<0.9$mm 时,由该式求得的值偏高,需根据图 6-6 校正。其横坐标为 C,为修正后的体积传热系数。

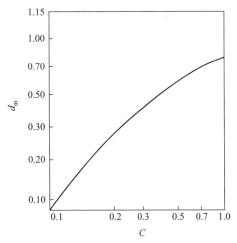

图 6-6　α_a 的校正系数图

② 物料升温阶段所需底面积 A_2。在流化床干燥器中,物料的临界含水量一般都很低,故可认为水分在表面汽化控制阶段已全部蒸发,在此阶段物料由湿球温度升到排出温度。对干燥器微元面积列热量衡算和传热速率方程,经化简、积分,整理得物料升温阶段所需底面积 A_2 的计算式:

$$\mathrm{d}Q=G_c c_{m2}\mathrm{d}\theta=\overline{L}C_H(t_1-t_2)\mathrm{d}A=\alpha_a Z_0(t_2-\theta)\mathrm{d}A \tag{6-34}$$

由上式消去 t_2,积分并经整理可得到:

$$\alpha_a Z_0=\cfrac{(1.01+1.88H_0)\overline{L}}{\left[\cfrac{(1.01+1.88H_0)\overline{L}A_2}{G_c c_{m2}}\Big/\ln\cfrac{(t_1-\theta_1)}{(t_1-\theta_2)}-1\right]} \tag{6-35}$$

式中　$c_{m2}=c_s+4.187X_2$——干燥产品的比热容,kJ/(kg 绝干料·℃);

A_2——物料升温阶段所需底面积,m^2。

流化床层总的底面积:

$$A=A_1+A_2 \tag{6-36}$$

③ 卧式多室流化床干燥器的宽度和长度。在流化床层底面积确定后,设备的宽度和长度需进行合理的布置。其宽度的选取以保证物料在设备内均匀散布为原则,通常不超过 2m。若需设备宽度很大,在物料分散不良的情况下,则应该设置特殊的物料散布装置。设备中物料前进方向的长度受到热空气均匀分布的条件限制,一般取 2.5~2.7m 以下为宜。在设计中,往往需要反复调整。

6.2.5.2　物料在流化床中的平均停留时间

$$\tau=\cfrac{Z_0\rho_b A}{G_2} \tag{6-37}$$

式中　G_2——干燥产品的流量,kg/s;

ρ_b——颗粒的堆积密度,kg/m^3;

Z_0——静止床层高度，m；

τ——物料平均停留时间，s。

需要指出，物料在干燥器中的停留时间必须大于或至少等于干燥所需的时间。

6.2.5.3 流化床干燥器的高度

流化床的总高度分为密相段（浓相区）和稀相段（分离区）。流化床界面以下的区域称为密相区，界面以上的区域称为稀相区。

（1）浓相区高度

当操作速度大于临界流化速度时床层开始膨胀，气速越大或颗粒越小，床层膨胀程度越大。由于床层内颗粒质量是一定的，对于床层截面积不随床高而变化的情况，浓相区高度 Z 与起始流化高度 Z_0 之间有如下关系：

$$R = \frac{Z_1}{Z_0} = \frac{1-\varepsilon_0}{1-\varepsilon} \tag{6-38}$$

式中　Z_1——流化床高度，m；

ε——流化床层空隙率。实际操作时，床层空袭率为 $\varepsilon = 0.55 \sim 0.75$。

R 称为流化床的膨胀比。床层的空隙率 ε 可根据流化速度 u 计算的 Ly 准数和 Ar 准数，从图 6-5 查得，或根据下式近似估算：

$$\varepsilon = \left[\frac{18Re + 36Re^2}{Ar}\right]^{0.21} \tag{6-39}$$

式中 $Re = \dfrac{du\rho}{\mu}$。

（2）分离高度

流化床中的固体颗粒都有一定的粒度分布，而且在操作过程中也会因为颗粒间的碰撞、磨损产生一些细小的颗粒。因此，流化床的颗粒中会有一部分细小颗粒的沉降速度低于气流速度，在操作中会被带离液相区，并经过分离区而被流体带出器外。另外，气体通过流化床时，气泡在床层表面上破裂时会将一些固体颗粒抛入稀相区，这些颗粒中大部分颗粒的沉降速度大于气流速度，因此它们到达一定高度后又会落回床层。这样就使得离床面距离越远的区域，其固体颗粒的浓度越小；离开床层表面一定距离后，固体颗粒浓度基本不再变化。固体颗粒浓度开始保持不变的最小距离称为分离区高度。床层界面之上必须有一定的分离区，以使沉降速度大于气流速度的颗粒能够重新沉降到浓相区而不被气流带走。

影响分离区高度的因素比较复杂，系统物性、设备及操作条件均会对其产生影响，至今尚无适当的计算公式。图 6-7 给出了确定分离段高度 Z_2 的参考数据。图中的虚线部分是在小床层下实验得出的，数据可靠性较差；对于非圆柱形设备，用当量直径 D_e 代替图中的设备直径 D。

也有资料提出，分离段高度可近似等于浓相段高度。

为了进一步减小流化床粉尘带出量，可以在分离段高度之上再加一扩大段，降低气流速度，使固体颗粒得以较彻底的沉降。扩大段的高度一般可根据经验视具体情况选取。

6.2.6 干燥器的结构设计

在结构设计中，主要讨论布气装置、隔板和溢流堰的设计。

6.2.6.1 布气装置

（1）分布板

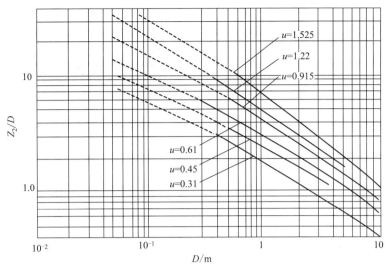

图 6-7　分离段高度

分布板的主要作用为：支承固体颗粒物料；使气体通过分布板时得到均匀分布；分散气流；在分布板上方产生较小的气泡。但一般分布板对气体分布的影响通常只局限在分布板上方不超过 0.5m 的区域内，床层高度超过 0.5m 时，必须采取其他措施改善流化质量。

设计良好的分布板应对通过它的气流有足够大的阻力，从而保证气流均匀分布于整个床层截面上，也只有当分布板的阻力足够大时，才能克服聚式流化的不稳定性，抑制床层中出现沟流等不正常现象。实验证明，当采用某种致密的多孔介质或低开孔率的分布板时，可使气固接触非常良好，但同时气体通过这种分布板的阻力较大，会大大增加鼓风机的能耗，因此通过分布板的压力降应选择适宜值。据研究，适宜的分布板压力降应等于或大于床层压力降的 10%，并且其绝对值应不低于 3.5kPa。床层压力降可取为单位截面上床层的重力。

工业生产用的气体分布板形式很多，常见的有直流式、侧流式和填充式等。直流式分布板如图 6-8 所示，分布板厚度一般为 20mm，孔道长，刚度大，结构简单，制造容易。但因气流方向正对床层，易产生小沟流，也易堵塞，停车时易产生泄漏现象，性能较差，分布板阻力一般为 500～1500Pa。侧流式分布板如图 6-9 所示，在分布板的孔上装有锥形风帽（锥帽），气流从锥帽底部的侧缝或锥帽四周的侧孔流出。目前这种锥帽的分布板为一般流化床干燥器所使用，效果也最好，其中侧缝式锥帽采用最多。分布板风帽上一般开有 4～8 个小孔，气体从小孔上流出呈水平方向，故在合适的孔速和风帽的间距下，气体可以扫过整个分布板面，消除死床。同时由于风帽群占去部分空间，所以风帽群气速较高，形成一个良好的起始流化条件且不易堵塞气孔和泄漏物料。但风帽结构复杂，制造较为困难。填充式分布板

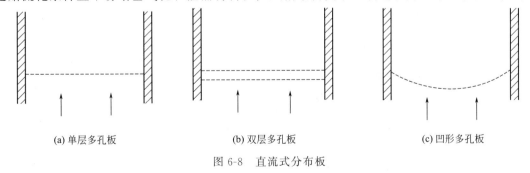

(a) 单层多孔板　　　　　　　　(b) 双层多孔板　　　　　　　　(c) 凹形多孔板

图 6-8　直流式分布板

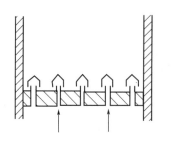

(a) 侧缝式锥帽

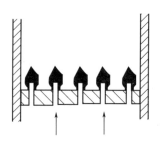

(b) 侧孔式锥帽

图 6-9 侧流式分布板

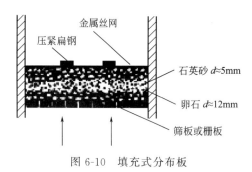

图 6-10 填充式分布板

如图 6-10 所示，它是在直孔筛板或栅板和金属丝网层间铺卵石-石英砂-卵石。这种分布板结构简单，能够达到均匀布气的要求。

分布板的开孔率一般在 $3\%\sim13\%$，下限常用于低流化速度，即用于颗粒细、速度度小的物料干燥场合。

分布板开孔率的计算有多种方法。前已提到，分布板的压降 Δp_d 必须等于或大于床层压降 Δp_b 的 10%。

$$\Delta p_b = Z_0(1-\varepsilon_0)(\rho_s-\rho)g \tag{6-40}$$

式中 Δp_b 为床层压降，Pa。

则 $$\Delta p_d = 0.1\Delta p_b$$

气体通过分布板的孔速可按下式计算：

$$\frac{\Delta p_d}{\rho} = \zeta\frac{u_0^2}{2} \tag{6-41}$$

式中 ζ 为分布板阻力系数，一般为 $1.5\sim2.5$。

或 $$u_0 = C_d\left(\frac{2\Delta p_d}{\rho}\right)^{\frac{1}{2}}$$

式中 u_0 ——气体通过筛孔的速度，m/s；

Δp_d ——气体通过分布板的压强降，Pa；

C_d ——孔流系数，无因次。

孔流系数值可根据床层直径 D_t 由图 6-11 查得。

分布板上需要的孔数为：

$$n_0 = \frac{V_s}{\frac{\pi}{4}d_0^2 u_0} \tag{6-42}$$

$$V_s = L(0.772+1.244H_0)\times\frac{t_1+273}{273}\times\frac{1.013\times10^5}{p}$$

式中 V_s ——热空气的体积流量，m^3/s；

L ——绝干空气的流量，kg/s；

d_0 ——筛孔直径，m；

t_1 ——干燥器入口热空气的温度，℃；

p——操作压强，Pa；

n_0——分布板上总孔数。

分布板的实际开孔率为

$$\varphi = \frac{A_0}{A} = \frac{\frac{\pi}{4}d_0^2 n_0}{A} \quad (6\text{-}43)$$

式中 A_0 为开孔面积，m^2。

若分布板上筛孔按等边三角形布置，则孔心距为：

$$t = \left(\frac{\pi d_0^2}{2\sqrt{3}\varphi}\right)^{\frac{1}{2}} = \frac{0.952}{\sqrt{\varphi}}d_0 \quad (6\text{-}44)$$

式中 t 为正三角形的边长（即孔心距），m。

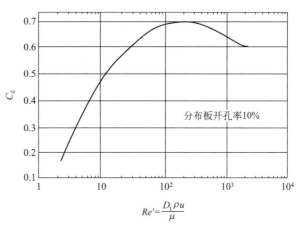

图 6-11　孔流系数 C_d 与 Re' 的关系

（2）预分布器

预分布器是为避免气体进入流化床时产生过高流速而设置的，它将进入流化床的气体先分布一次，使其均匀进入流化床。对于大型干燥器，尤其需要装置预分布器。对于圆筒形流化床干燥器，预分布器的结构有开口式、弯管式及同心圆壳式等多种形式，如图 6-12 所示，可视具体情况选取。

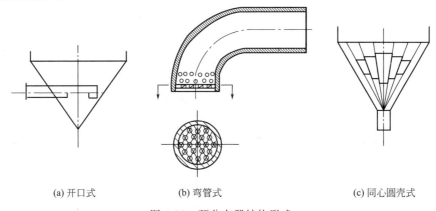

（a）开口式　　　　　　（b）弯管式　　　　　　（c）同心圆壳式

图 6-12　预分布器结构形式

6.2.6.2　隔板（分隔板）

为了改善气固接触情况和使物料在床层内停留时间分布均匀，对于卧式多室流化床干燥器，常常采用分隔板沿长度方向将整个干燥室分隔成 4～8 室（隔板数为 3～7 块）。隔板与分布板之间的距离为 30～60mm。隔板做成上下移动式，以调节其与分布板之间的距离。

6.2.6.3　溢流堰

为了保持流化床层内物料厚度的均匀性，物料出口通常采用溢流方式。溢流堰的高度可取 50～500mm，其值可用下式计算：

$$\frac{2.14\left(Z_0 - \dfrac{h}{E_v}\right)}{\left(\dfrac{1}{E_v}\right)^{\frac{1}{3}}\left(\dfrac{G_c}{\rho_b b}\right)^{\frac{2}{3}}} = 18 - 1.52\ln\left(\frac{Re_t}{5h}\right) \quad (6\text{-}45)$$

式中　h——溢流堰高度，m；

ρ_b——颗粒的堆积（表观）密度，kg/m^3；

Re_t——对应于颗粒带出速度的雷诺数；

b——溢流堰的宽度，m；

G_c——绝干物料流量，kg/s；

E_v——床层膨胀率，无因次。

$$\frac{E_v-1}{u-u_{mf}}=\frac{25}{Re_t^{0.44}} \tag{6-46}$$

式中 u、u_{mf} 分别为操作流化速度和临界流化速度，m/s。

为了便于调节物料的停留时间，溢流堰的高度设计成可调节结构。

表 6-3、表 6-4 列出了国内某些工厂使用的流化床干燥器的有关数据，供设计者参考。

表 6-3　圆筒型流化床干燥器有关数据

物料名称	颗粒粒度	静止床层高度/mm	沸腾层高度/mm	设备尺寸直径×高度/(mm×mm)
氯化铵	40～60目	150	360	$\phi2600\times6030$
硫铵	40～60目	300～400		$\phi920\times3480$
涤纶	5mm×5mm×2mm	100	200～300	
锦纶	ϕ3mm×4mm			$\phi530\times3450$
涤纶	5mm×5mm×2mm	50～70		$\phi200\times2300$
葡萄糖酸钙	0～4mm	400	700	$\phi900\times3170$
土霉素、金霉素				$\phi400\times1200$
氯化铵	40～60目	250～300	1000	$\phi900\times2700$

表 6-4　卧式多室流化床干燥器有关数据

物料名称	颗粒粒度	静止床层高度/mm	沸腾层高度/mm	设备尺寸长×宽×高/(mm×mm×mm)
颗粒状药品	12～14目	100～150	300	2000×263×2828
肝粉、糖粉	14目	100	250～300	1400×200×1500
SMP(药)	80～100目	200	300～350	2000×263×2828
尼龙1010	6mm×2mm×3mm	100～200	200～300	2000×263×2828
驱胃灵	8～14目	150	500	1500×200×700
水杨酸欠钠	8～14目	1505	500	1500×200×700
各种片剂药	12～14目	0～1000	300～400	2000×500×2860
合霉素	粒状	400	1000	2000×250×2500
氯化钠	粒状	300	800	4000×2000×5000

6.3　干燥装置附属设备的计算与选型

选择干燥设备一定要兼顾附属设备，因为干燥系统是由干燥设备和附属设备组成。附属设备选择是否得当也是关键的一环。一般情况下，干燥系统主要由通风设备（风机）、加热设备（空气加热器）、主机（干燥设备）、气固分离设备、供料设备（加料器和排料器）等组成。

6.3.1　风机

为了克服整个干燥系统的阻力以输送干燥介质，必须选择合适类型的风机并确定其安装方式。风机的安装方式基本有三种。

6.3.1.1　送风式

风机安装在空气加热器前，整个系统在正压下操作。这时要求系统的密封性良好，避免粉尘飞入室内污染环境，恶化操作条件。

6.3.1.2　后抽式

风机安装在气固分离器之后，整个系统在负压下操作，粉尘不会飞出。这时同样要求系统的密封性良好，以免把外界气体吸入系统内破坏操作条件。

6.3.1.3　前送后抽式

用两台风机分别安装在空气加热器之前和气固分离器之后，前台为送风机，后台为抽风机，调节前后压力，可使干燥室在略微负压下操作，整个系统与外界压力差很小。

离心通风机的选择根据所输送气体的体积，并以风机进口处的气体状态计，单位为 m^3/h。而选择风机时则需要将操作条件下的风压换算为实验条件下的风压 H_T，即：

$$H_T = H'_T\left(\frac{1.2}{\rho}\right) \tag{6-47}$$

式中　H_T——风机试验条件下的风压，Pa；

　　　H'_T——操作条件下干燥系统要求的风压，Pa；

　　　ρ——操作温度压强下介质的密度，kg/m^3。

通风机铭牌或手册中所列的风压是在空气的密度为 $1.2kg/m^3$（20℃、101.3kPa）的条件下用空气作介质确定的。

干燥系统中各部分的压力损失范围如下：

干燥器	5500～15500Pa
旋风分离器	500～2000Pa
袋滤器	1000～2000Pa
湿式洗涤器	1000～2000Pa

6.3.2　空气加热器

用于加热干燥介质（空气）的换热器称为空气加热器。一般采用烟道气或饱和水蒸气作为加热介质，且以饱和蒸汽应用更为广泛。空气在蒸汽式加热器的出口温度通常不超过

160℃，其所用蒸汽的压力一般在 785kPa 以下，最高压力可达 1374kPa。由于蒸汽冷凝侧热阻很小，故总传热系数接近于空气侧的对流传热系数值。为了强化传热，应设法减小空气侧的热阻，例如加大空气的湍动或增大空气侧的传热面积。

可用作空气加热器的换热器有以下两种：

① 翅片管加热器：工业上常用的翅片管加热器有叶片式和螺旋形翅片式，这类换热器均有系列产品可供选用。

② 列管式和板式换热器：这是适应性很强、规格齐全的两类换热器，可根据任务要求选用适宜的型号。

6.3.3 供料器

供给或排出颗粒状或片状物料的装置一般统称为供料器。在干燥过程中进料器所处理的往往是湿物料，而排料器所处理的往往是较干物料。

供料器作为干燥装置的附属设备，其作用是保证按照要求定量、连续（或间歇）、均匀地向干燥器供料和排料。设计时要根据物料的物理性质和化学性质（如含湿量、堆积密度、粒度、黏附性、吸湿性、磨损性和腐蚀性等）以及要求的加料速率选择适宜的供料器。在工业生产中，使用较多的固体物料供料器有以下几种。

6.3.3.1 圆盘供料器

圆盘供料器在料斗底部安装有作水平方向旋转的圆盘，它靠管板将水平板上的物料刮落。加料量是以圆盘的转数、与料斗间的距离以及刮刀的角度等进行调节，其操作情况如图6-13 所示。它的供料量调节幅度很大，也很方便。这种供料器的特点是物料无破损，装置不会磨损，结构简单，设备费用低，故障少。主要适用于定量要求不严格而且流动性较好的粒状物料，不适宜于含湿量高的物料。若物料含湿量及粒度变动，将会影响物料的定量排出。

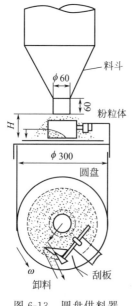

图 6-13　圆盘供料器

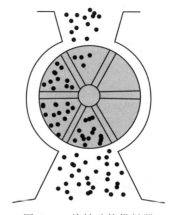

图 6-14　旋转叶轮供料器

6.3.3.2 旋转叶轮供料器

旋转叶轮供料器又称星形供料器，是应用最广泛的供料器之一。其操作原理是：电动机通过减速器带动星形叶片转动，物料进入叶片之间的空隙中，借助于叶轮旋转由下方排放到受料系统。如图 6-14 所示。它的供料量调节幅度很大，也很方便。这种加料器的特点是结构简单，操作方便，物料颗粒几乎不破碎，对高达 300℃的高温物料也能使用，体积小，安装方便，可用耐磨、耐腐蚀材料制造，适用范围很广。但这种供料器在结构上不能保证完全的气密性，对含湿量高以及有黏附性的物料不宜采用。旋转叶轮供料器（星形供料器）的规格见表 6-5。

表 6-5 星形供料器的规格参数

规格 /(mm×mm)	生产能力 /(m³/h)	叶轮转速 n /(r/min)	传动方式	齿轮减速电机			设备重量 /kg
				型号	功率 /kW	输出转速 n /(r/min)	
ϕ200×200	4 7	20 31	链轮 直联	JT C561	1	31	66
ϕ200×300	6 10	20 31	链轮 直联	JT C561	1	31	76
ϕ300×300	15 23	20 31	链轮 直联	JT C561	1	31	155
ϕ300×400	20 31	20 31	链轮 直联	JT C561	1.6	31	174
ϕ400×400	35 53	20 31	链轮 直联	JT C571	2.6	31	224
ϕ400×500	43 67	20 31	链轮 直联	JT C571	2.6	31	260
ϕ500×500	68 106	20 31	链轮 直联	JT C572	4.2	31	350

6.3.3.3 螺旋供料器

螺旋供料器的主体是安装在圆筒形机壳内的螺旋。依靠螺旋旋转时产生的推送作用使物料从一端向另一端移动而进行送料。其结构和工作原理如图 6-15 所示。螺旋供料器横截面的面积尺寸小，密封性能好，操作安全方便，进料定量性高。选择适当结构的螺旋可使之适用于含湿量范围宽广的物料。另外，通过材质的选择又可使它适用于输送腐蚀性物料。但这种供料器动力消耗较大，难以输送颗粒大、易粉碎的物料。由于螺旋叶片和壳体之间易沉积物料，所以它不宜输送易变质、易结块的物料。在输送质地坚硬的磨削性物料时，螺旋磨损也较严重。

膏状物料的定量输送可采用立式螺旋供料器，加料量由螺旋的转速进行调节。第一个螺旋尺寸大小及其位置的高低随膏状物料的性质调节，这是决定能否顺利加料的关键。

螺旋供料器的供料量可用下式估算：

$$G_m = 60 \frac{\pi}{4} D^2 K S_b n \rho_b \qquad (6\text{-}48)$$

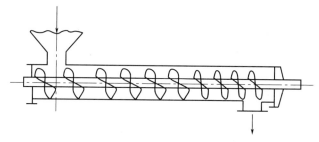

图 6-15 螺旋供料器

式中 G_m——湿物料的供料速率，kg/h；

D——螺旋叶片的外径，m；

S_b——螺旋叶片的螺距，m（实体螺旋取 $S_b=0.8D$，带式螺旋 $S_b=D$，叶片面型 $S_b=1.2D$）；

n——螺旋转数，r/min，$n<k_1/\sqrt{D}$，其中 k_1 称为物料特性系数，其值由表 6-6 选取；

ρ_b——物料的堆积密度，kg/m³；

K——充填系数，其值由表 6-6 选取。

表 6-6 螺旋供料器的充填系数

物料粒度	物料磨削性	典型物料	K	k_1
粉状	无磨削性	煤粉	0.35～0.40	75
	磨削性小	面粉、石墨、石灰、苏打		50
	磨削性较大	干炉渣、水泥、白粉、石膏粉	0.25～0.30	35
粒状	无磨削性	谷物、锯木屑、泥煤	0.25～0.35	50
	磨削性小	粒状食盐		
	磨削性较大	造型土、型砂、成粒的炉渣	0.25～0.30	30

6.3.3.4 喷射式供料器

喷射式供料器是依靠压缩空气从喷嘴高速喷出将物料吸入的供料器。该供料器没有运动部件，而且由于喷嘴处为负压，使上部物料处于开口状态。但这种供料器压缩空气消耗量大，效率不高，输送能力和输送距离有限，并且在输送坚硬粒子时喉部磨损严重。

6.3.4 气固分离器

气固分离器分离效率的高低直接影响到固体产品的回收率和环境卫生，因此必须正确地选择和合理地使用气固分离器。工业中常用的气固分离器有旋风分离器、袋滤器和湿式除尘器等，但应用最广泛的是旋风分离器。

旋风分离器的性能不仅受含尘气的物理性质、含尘浓度、粒度分布及操作条件的影响，还与设备的结构尺寸密切相关。只有各部分结构尺寸恰当，才能获得较高的分离效率和较低的压力降。

化工中常见的旋风分离器类型有 XLT/A、XLP/A、XLP/B 及 XLK 型，其性能比较如表 6-7 所示。

表 6-7　化工中常用的各种旋风分离器的性能比较

分离器种类	XLT/A 型	XLP/A 型	XLP/B 型	XLK 型
气速范围/(m/s)	10~18	12~20	12~20	12~16
分离效率	低	高	次低	次高
对颗粒适应性	<10μm	<5μm	<5μm	<10μm
对含尘浓度的适应性	4.0~50g/m^3	适应性广	适应性广	1.7~200g/m^3
摩擦阻力	次大	次小	小	大
结构	简单	复杂	复杂	简单

设计旋风分离器时，首先应根据分离含尘气体的具体任务，结合各型设备的特点，选定旋风分离器的型号，而后通过计算决定尺寸与个数。计算的依据有：含尘气的体积流量、要求达到的分离效率、允许的压力降。

根据固体颗粒回收要求，在干燥系统中可以使用袋滤器及湿式洗涤器等。

6.4　卧式多室流化床干燥装置设计案例

从气流干燥器来的细颗粒物料，其中含水量为 3%（湿基，下同），要求在卧式多室流化床中干燥至 0.3%。下面是已知参数。

被干燥物料：

处理湿物料量 G_1	3000kg/h	平衡含水量 X^*	0
颗粒密度 ρ_s	1400kg/m^3	临界含水量 X_c	0.015kg 水/(kg 干基物料)
堆积密度 ρ_b	450kg/m^3	颗粒平均直径 d_m	0.15mm
干物料比热容 c_s	1.256kJ/(kg·℃)	进口温度 θ_1	40℃
干燥系统的收率	99.5%		
	（回收 5μm 以上颗料）		
干燥介质	湿空气		
进预热器温度 t_0	25℃		
进干燥器温度 t_1	105℃		
初始湿度 H_0	0.018kg/(kg 绝干气)		
热源：	392.4kPa 的饱和水蒸气		

试设计干燥器主体并选择合适的风机及气固分离设备。

6.4.1　干燥流程的确定

根据任务，采用卧式多室流化床干燥装置系统，其简化流程如图 6-16 所示。

来自气流干燥器的颗粒状物料用星形加料器加到干燥器的第一室，依次经过各室后，于 51.5℃下离开干燥器。湿空气由送风机送到翅片形空气加热器，升温到 105℃后进入干燥器，经过与悬浮物料接触进行传热传质后温度降到 71.5℃。废气经旋风分离器净化后由抽风机排出至大气。空气加热器以 392.4kPa 的饱和水蒸气作热载体。流程中采用前送后抽式

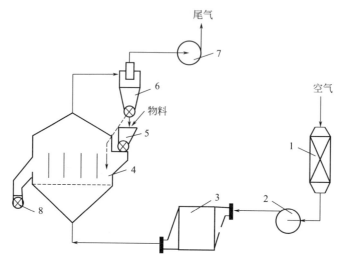

图 6-16 卧式多室流化床干燥装置流程简图

1—空气过滤器；2—送风机；3—空气加热器；4—卧式多室流化床干燥器；

5—加料斗；6—旋风分离器；7—抽风机；8—排料器

供气系统，维持干燥器在略微负压下操作。

6.4.2 物料和热量衡算

6.4.2.1 物料衡算

$$G = G_1(1-w_1) = 3000 \times (1-0.03) = 2910(\text{kg 绝干物/h})$$

$$X_1 = \frac{3}{100-3} = 0.03093$$

$$X_2 = \frac{0.3}{100-0.3} = 0.003$$

$$W = G(X_1 - X_2) = 2910 \times (0.03093 - 0.003) = 81.28(\text{kg 水分/h})$$

$$L = \frac{W}{H_2 - H_1} = \frac{67.73}{H_2 - 0.018}(\text{kg 干空气/h}) \tag{a}$$

6.4.2.2 空气和物料出口温度的确定

空气的出口温度 t_2 应比出口处湿球温度高出 $20\sim50℃$（这里取 $35℃$）即：

$$t_2 = t_{w2} + 35$$

由 $t_1 = 105℃$ 及 $H_1 = 0.018$ 查湿空气的 $H\text{-}I$ 图（图 6-17）得 $t_{w1} = 36.5℃$，近似取 $t_{w2} = t_{w1} = 36.5℃$，于是：

$$t_2 = 36.5 + 35 = 71.5℃$$

可用式（6-2）求物料离开干燥器的温度 θ_2，即：

$$\frac{t_2 - \theta_2}{t_2 - t_{w2}} = \frac{r_{t_{w2}}(X_2 - X^*) - c_s(t_2 - t_{w2}) \left(\dfrac{X_2 - X^*}{X_c - X^*} \right)^{\frac{r_{t_{w2}}(X_c - X^*)}{c_s(t_2 - t_{w2})}}}{r_{t_{w2}}(X_c - X^*) - c_s(t_2 - t_{w2})}$$

由附录十四的水蒸气表查得 $r_{t_{w2}} = 2409\text{kJ/kg}$。

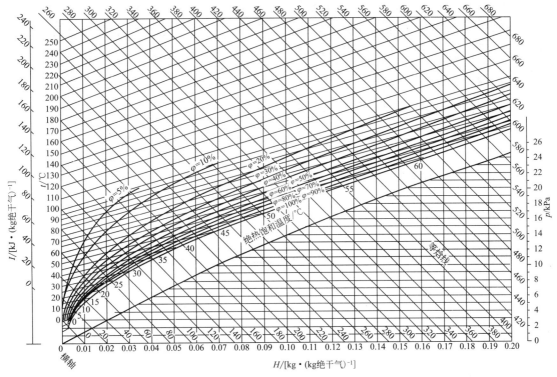

图 6-17 湿空气的 H-I 图

将有关数据代入上式，即：

$$\frac{71.5-\theta_2}{71.5-36.5}=\frac{2409\times0.003-1.256\times(71.5-36.5)\times\left(\dfrac{0.003}{0.015}\right)^{\frac{2409\times0.015}{1.256\times(71.5-36.5)}}}{2409\times0.015-1.256\times(71.5-36.5)}$$

解得：$\theta_2=51.5℃$。

6.4.2.3 干燥器的热量衡算

干燥器中不补充热量，$Q_D=0$，因而可得

$$Q=Q_P=Q_1+Q_2+Q_3+Q_L \tag{b}$$

式中：$Q_1=W(2490+1.88t_2)=81.28\times(2490+1.88\times71.5)=206719.8(\text{kJ/h})=57.42(\text{kW})$

$\quad Q_2=G_cC_{m2}(\theta_2-\theta_1)=G(c_S+4.187X_2)(\theta_2-\theta_1)$

$\quad\quad=2910\times(1.256+4.187\times0.003)\times(51.5-40)=42452.4(\text{kJ/h})=11.79(\text{kW})$

$\quad Q_3=L(1.01+1.88H_0)(t_2-t_0)=L(1.01+1.88\times0.018)\times(71.5-25)$

$\quad\quad=48.5L(\text{kJ/h})=0.01348L(\text{kW})$

$\quad Q_P=L(1.01+1.88H_0)(t_1-t_0)=L(1.01+1.88\times0.018)\times(105-25)$

$\quad\quad=83.51L(\text{kJ/h})=0.0232L(\text{kW})$

取干燥器的热损失为有效耗热量（Q_1+Q_2）的 15%，即：

$$Q_L=Q_1+Q_2=0.15\times(57.42+11.79)=10.38(\text{kW})$$

将上面各值代入式（b）中，便可得空气消耗量：$L=8187.2\text{kg 绝干气/h}$。

由式（a）求得空气离开干燥器的湿度：$H_2=0.0279\text{kg 水/kg 绝干气}$。

6.4.2.4 预热器的热负荷和加热蒸汽消耗量

$$Q_P=L(1.01+1.88H_0)(t_1-t_0)=8187.2\times(1.01+1.88\times0.018)\times(105-25)$$

$$= 683684.4(\mathrm{kJ/h}) = 189.9(\mathrm{kW})$$

由水蒸气表查得 392.4kPa 水蒸气的温度 $T_s = 142.9℃$，冷凝潜热 $r = 2140\mathrm{kJ/kg}$。

取预热器的热损失为有效传热量的 15%，则蒸气消耗量为：

$$W_h = \frac{189.9}{2140 \times 0.85} = 0.1044(\mathrm{kg/s}) = 375.83(\mathrm{kg/h})$$

干燥系统的热效率为：

$$\eta_h = \frac{Q_1}{Q_P} \times 100\% = \frac{57.42}{189.9} \times 100\% = 30.24\%$$

6.4.3　干燥器的工艺设计

6.4.3.1　流化速度的确定

（1）临界流化速度的计算

在 105℃ 下空气的有关参数为：密度 $\rho = 0.935\mathrm{kg/m^3}$，黏度 $\mu = 2.215 \times 10^{-5}\mathrm{Pa \cdot s}$，热导率 $\lambda = 3.424 \times 10^{-2}\mathrm{W/m \cdot ℃}$，所以：

$$Ar = \frac{d^3(\rho_s - \rho)\rho g}{\mu^2} = \frac{(0.15 \times 10^{-3})^3 \times (1400 - 0.935) \times 0.935 \times 9.81}{(2.215 \times 10^{-5})^2} = 88.3$$

取球形颗粒床层在临界流化点 $\varepsilon_{mf} = 0.4$。由 $\varepsilon_{mf} = 0.4$ 和 Ar 数值查图 6-5 可得 $Ly_{mf} = 2 \times 10^{-6}$。

由式（6-17）计算临界流化速度为：

$$u_{mf} = \sqrt[3]{\frac{Ly_{mf}\mu\rho_s g}{\rho^2}} = \sqrt[3]{\frac{2 \times 10^{-6} \, 2.215 \times 10^{-5} \times 1400 \times 9.81}{0.935^2}} = 0.00886(\mathrm{m/s})$$

由 $\varepsilon = 1$ 和 Ar 数值查图 6-5 可得 $Ly_t = 0.55$。

由式（6-20）计算带出速度为：

$$u_t = \sqrt[3]{\frac{Ly_t\mu\rho_s g}{\rho^2}} = \sqrt[3]{\frac{0.55 \times 2.215 \times 10^{-5} \times 1400 \times 9.81}{0.935^2}} = 0.5763(\mathrm{m/s})$$

（2）操作流化速度

取操作流化速度为 $0.7u_t$，即 $u = 0.7 \times 0.5763 = 0.4034\mathrm{m/s}$。

6.4.3.2　流化床层底面积的计算

（1）干燥第一阶段所需底面积

表面汽化阶段所需底面积 A_1 可由式（6-29）式计算：

$$a_a Z_0 = \frac{(1.01 + 1.88H_0)\overline{L}}{\left[\dfrac{(1.01 + 1.88H_0)\overline{L}A_1(t_1 - t_w)}{G(X_1 - X_2)\gamma_{t_w}} - 1\right]}$$

式中有关参数计算如下：

取静止时床层厚度 $Z_0 = 0.10\mathrm{m}$

干空气的质量流速取为 ρu，即：

$$\overline{L} = \rho u = 0.935 \times 0.4034 = 0.3772[\mathrm{kg/(m^2 \cdot s)}]$$

$$a = \frac{6(1 - \varepsilon_0)}{d_m} = \frac{6 \times (1 - 0.4)}{0.15 \times 10^{-3}} = 24000(\mathrm{m^2/m^3})$$

$$Re = \frac{d_m u \rho}{\mu} = \frac{0.15 \times 10^{-3} \times 0.4034 \times 0.935}{2.215 \times 10^{-5}} = 2.554$$

$$\alpha = 4 \times 10^{-3} \frac{\lambda}{d_m} (Re)^{1.5} = 4 \times 10^{-3} \times \frac{0.03242}{0.15 \times 10^{-3}} \times 2.554^{1.5} = 3.53 [\text{W/(m}^2 \cdot ℃)]$$

$$\alpha_a = 3.53 \times 24000 = 84720 [\text{W/(m}^2 \cdot ℃)]$$

由于 $d_m = 0.15\text{mm} < 0.9\text{mm}$ 时，所得 α_a 需校正，由 d_m 从图 6-6 查得 $C = 0.11$。

$$\alpha_a' = 0.11 \times 84720 = 9320 [\text{W/(m}^2 \cdot ℃)]$$

$$9320 \times 0.1 = \frac{(1.01 + 1.88 \times 0.018) \times 0.3772}{\left[\dfrac{(1.01 + 1.88 \times 0.018) \times 0.3772 A_1 (105 - 36.5)}{\dfrac{2910}{3600} \times (0.03093 - 0.003) \times 2409} - 1 \right]} = \frac{0.3937}{0.595 A_1 - 1}$$

解得 $A_1 = 2.017\text{m}^2$。

（2）物料升温阶段所需底面积

物料升温阶段的所需底面积 A_2 可以按式（6-35）计算：

$$\alpha_a Z_0 = \frac{(1.01 + 1.88 H_0) \overline{L}}{\left[\dfrac{(1.01 + 1.88 H_0) \overline{L} A_2}{G_c c_{m2}} / \ln \dfrac{(t_1 - \theta_1)}{(t_1 - \theta_2)} - 1 \right]}$$

式中：$c_{m2} = c_s + 4.187 X_2 = 1.256 + 4.187 \times 0.003 = 1.269 [\text{kg/(kg} \cdot ℃)]$

$$\ln \left(\frac{t_1 - \theta_1}{t_1 - \theta_2} \right) = \ln \left(\frac{105 - 40}{105 - 51.5} \right) = 0.1947$$

$$9320 \times 1 = \frac{(1.01 + 1.88 \times 0.018) \times 0.3772}{\left[\dfrac{(1.01 + 1.88 \times 0.018) \times 0.3772 A_2 \times 3600}{2910 \times 1.269 \times 0.1947} - 1 \right]} = \frac{0.3937}{2.366 A_2 - 1}$$

解得 $A_2 = 0.507\text{m}^2$。

（3）床层总底面积

流化床层总的底面积 $A = A_1 + A_2 = 2.017 + 0.507 = 2.524 (\text{m}^2)$

6.4.3.3 干燥器的宽度和长度

取宽度 b 为 1.3m，长度 l 为 2m，则流化床的实际底面积为 2.6m^2。沿长度方向在床层内设置三个横向分隔板，板间距 0.5m。

6.4.3.4 停留时间

物料在床层中的停留时间为：

$$\tau = \frac{Z_0 A \rho_b}{G_2} = \frac{0.1 \times 2.6 \times 450}{2910 \times (1 + 0.003)} = 0.04 (\text{h}) = 2.4 (\text{min}) = 144 (\text{s})$$

6.4.3.5 干燥器高度

流化床的总高度分为密相段（浓相区）和稀相区（分离区）。流化床界面以下的区域称为浓相区，界面以上的区域为稀相区。

（1）浓相段高度

浓相区高度 Z 与起始流化高度 Z_0 之间有如下关系，由式（6-38）计算：

$$R = \frac{Z_1}{Z_0} = \frac{1-\varepsilon_0}{1-\varepsilon}$$

而 ε 由式(6-39)计算，前已算出，$Re=2.554$，$Ar=88.3$，则：

$$\varepsilon = \left[\frac{18Re + 36Re^2}{Ar}\right]^{0.21} = \left(\frac{18 \times 2.554 + 0.36 \times 2.554^2}{88.3}\right)^{0.21} = 0.881$$

$$Z_1 = Z_0 \times \frac{1-\varepsilon_0}{1-\varepsilon} = 0.1 \times \frac{1-0.4}{1-0.881} = 0.5042(\text{m})$$

（2）分离段高度 Z_2

$$D_e = \frac{4 \times (1.2 \times 2/4)}{2 \times 1.2 + 2/4} = 0.7(\text{m})$$

由 $u=0.4034\text{m/s}$ 及 $D_e=0.7\text{m}$ 从图 6-7 查得：

$$\frac{Z_2}{D_e} = 2.8$$

$$Z_2 = 2.8D_e = 2.8 \times 0.7 = 1.96(\text{m})$$

（3）干燥器高度

为了减少气流对固体颗粒的带出量，取分布板以上的总高为 3m。

6.4.3.6 干燥器结构设计

在结构设计中，主要讨论分布板、隔板和溢流堰的设计。

（1）分布板

采用单层多孔布气分布板，且取分布板的压力降为床层压降的 15%，则：

$$\begin{aligned}
\Delta p_d &= 0.15\Delta p_b = 0.15Z_0(1-\varepsilon_0)(\rho_s - \rho)g \\
&= 0.15 \times 0.1 \times (1-0.4)(1400 - 0.935) \times 9.81 \\
&= 123.6(\text{Pa})
\end{aligned}$$

取分布板的阻力系数 $\zeta=2$，则气体通过筛孔的速度：

$$u_0 = \sqrt{\frac{2\Delta p_d}{\zeta\rho}} = \sqrt{\frac{2 \times 123.6}{2 \times 0.935}} = 11.5(\text{m/s})$$

干燥介质热空气的体积流量为：

$$V_s = \frac{8187.2}{3600} \times (0.772 + 1.244 \times 0.018) \times \frac{105 + 273}{273} = 2.502(\text{m}^3/\text{s})$$

选取筛孔直径 $d_0=1.5\text{mm}$，则总筛孔数为：

$$n_0 = \frac{V_s}{\frac{\pi}{4}d_0^2 u_0} = \frac{2.502}{0.785 \times 0.0015^2 \times 11.5} = 101025(\text{个})$$

分布板的实际开孔率为

$$\varphi = \frac{A_0}{A} = \frac{0.785 \times 0.0015^2 \times 101025}{2.4} = 7.43\%$$

即实际开孔率为 7.43%。

若分布板上筛孔按等边三角形布置，则孔心距为

$$t = \frac{0.952}{\sqrt{\varphi}}d_0 = \frac{0.952}{\sqrt{0.0743}} \times 0.0015 = 0.00524(\text{m}) = 5.2(\text{mm})$$

取孔心距为 5.2mm。

（2）分隔板

沿长度方向设置三个横向分隔板。隔板与分布板之间的距离 h_c 为 $20\sim40\text{mm}$（可调），提供室内物料通路。分隔板宽 1.3m，高 2.5m，由 5mm 厚钢板制造。

（3）物料出口堰高 h

物料出口通常采用溢流方式，溢流堰的高度计算如下：

$$Re_t = \frac{d u_t \rho}{\mu} = \frac{1.5 \times 10^{-4} \times 0.5763 \times 0.935}{2.215 \times 10^{-5}} = 3.649$$

$$\frac{E_v - 1}{u - u_{mf}} = \frac{25}{Re_t^{0.44}} = \frac{25}{3.649^{0.44}} = 14.14$$

将有关数据代入上式，则：

$$\frac{E_v - 1}{0.4034 - 0.00886} = 14.14$$

整理上式得：$E_v = 6.578$。

用式(6-44) 求溢流堰高度 h，即：

$$\frac{2.14\left(Z_0 - \dfrac{h}{E_v}\right)}{\left(\dfrac{1}{E_v}\right)^{\frac{1}{3}}\left(\dfrac{G_c}{\rho_b b}\right)^{\frac{2}{3}}} = 18 - 1.52\ln\left(\frac{Re_t}{5h}\right)$$

将有关数据代入上式：

$$\frac{2.14 \times \left(0.1 - \dfrac{h}{6.578}\right)}{\left(\dfrac{1}{6.578}\right)^{\frac{1}{3}} \times \left(\dfrac{2910}{3600 \times 1.2 \times 450}\right)^{\frac{2}{3}}} = 18 - 1.52\ln\left(\frac{3.649}{5h}\right)$$

整理上式得：$12.16 = 46.583h + 1.52\ln h$

经试差解得：$h = 0.307\text{m}$。

卧式多室流化床干燥器设计计算结果见表 6-8。

表 6-8　卧式多室流化床干燥器设计计算结果总表

项目		符号	单位	计算数据
处理湿物料量		G_1	kg/h	3000
物料温度	入口	θ_1	℃	40
	出口	θ_2	℃	51.5
气体温度	入口	t_1	℃	105
	出口	t_2	℃	71.5
气体用量		L	kg 绝干气/h	8187.2
热效率		η	%	30.24
流化速度		u	m/s	0.4034
床层底面积	第一阶段	A_1	m²	2.017
	加热段	A_2	m²	0.507
设备尺寸	长	l	m	2
	宽	b	m	1.3
	高	Z	m	3.0

项目		符号	单位	计算数据
	型号			单层多孔板
布气板	孔径	d_0	mm	1.5
	孔速	u_0	m/s	11.5
	孔数	n_0	个	101025
	开孔率	φ	%	7.43
分隔板	宽	b	m	1.3
	与布气板距离	h_c	mm	20~40
物料出口堰高度		h	m	0.307

6.4.4 附属设备的选型

为了保持干燥室基本维持常压操作，采用前送后抽式系统。

6.4.4.1 送风机和排风机

① 送风机。送风机的流量按下式计算：

$$V_1 = L(0.772 + 1.244H_0) \times \frac{t_0 + 273}{273}$$

$$= 8187.2(0.772 + 1.244 \times 0.018) \times \frac{25 + 273}{273} = 7099(\text{m}^3/\text{h})$$

根据经验，取风机的全风压为 4000Pa。由图 6-18 风机的综合特性曲线图可选 9-27-11No.8 型风机。

② 排风机。

$$V_2 = 8187.2(0.772 + 1.244 \times 0.0277)\frac{273 + 71.5}{273} = 8207\text{m}^3/\text{h}$$

根据经验，取风机的全风压为 3000Pa。由图 6-18 风机的综合特性曲线图可选 9-27-11No.8 型风机。$1\text{kgf}/\text{m}^2 = 9.8\text{Pa}$。

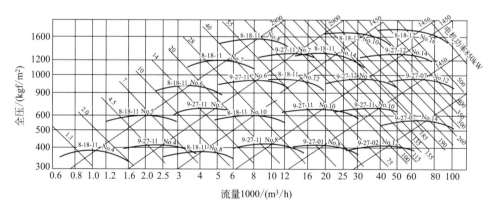

图 6-18　风机的综合特性曲线图

6.4.4.2 气固分离设备

为获得比较高的固相回收率，拟选用 XLP/B-8.2 型旋风分离器。其圆筒直径为 820mm，入口气速为 20m/s，压力降为 1150Pa，单台生产能力为 8650m³/h。

6.4.4.3 供料装置

根据物料性质（散粒状）和生产能力（2.5t/h）选用星形供料装置（加料和排料）。其规格和操作参数为：

规格：Φ200mm×200mm   生产能力：4m³/h

传动方式：链轮传动   叶轮转速：20r/min

齿轮减速电机：型号 JTC561，功率 kW，输出转速 31r/min。

设计练习

练习1 卧式多室流化床干燥装置的设计

1. 设计任务

试设计一台卧式多室流化床干燥器，用于干燥颗粒状肥料。将其含水量从 3% 干燥至 0.3%（以上均为干基），生产能力（以干燥产品计）为 2700kg/h。

2. 操作条件

① 干燥介质：湿空气。其初始湿度为 0.018kg 水/(kg 干空气)，温度为 25℃（或者根据建厂地区的气候条件来选定）。离开预热器的温度 t_1 为 105℃。

② 物料进口温度 θ_1：40℃。

③ 热源：392.4kPa 的饱和水蒸气，或者自选。

④ 操作压力：常压。

⑤ 设备工作日：每年 330d，每天 24h 连续运行。

⑥ 厂址：自选。

3. 设计内容

① 干燥流程的确定和说明。

② 干燥器主体工艺尺寸计算及结构设计。

③ 辅助设备的选型及核算（气固分离器、空气加热器、供风装置、供料器）。

4. 基础数据

① 被干燥的物料：

颗粒密度 ρ_s：1400kg/m³   堆积密度 ρ_b：450kg/m³

干物料比热容 c_s：1.256kJ/(kg·℃)   颗粒平均直径 d_m：0.15mm

临界含水量 X_0：0.015（kg 水/绝干料）   平衡含水量 X^*：0

② 物料静床层高度 Z_0 为 0.15m。

③ 干燥装置热损失为有效传热量的 15%。

练习2 气流和单层流化床联合干燥装置的设计

1. 设计任务

某散粒状药品其含水量为 22%，在气流干燥器中干燥至 10% 后，再在单层流化床干燥器中干燥至 0.5%（以上均为湿基）。

2. 设计任务及操作条件

① 生产能力：13540kg/h（按进料量计）。

② 物料进口温度：$\theta_1 = 20℃$，离开流化床干燥器的温度 $\theta_2 = 120℃$。

③ 颗粒直径：平均直径 $d_m = 0.3mm$，最大粒径 $d_{max} = 0.5mm$，最小粒径 $d_{min} = 0.1mm$。

④ 操作压力：常压。

⑤ 干燥介质：烟道气（性质与空气相同）。其初始湿度 $H_0 = 0.01kg$ 水/（kg 绝干气），入口温度 $t_1 = 800℃$，废气温度 $t_2 = 125℃$。

⑥ 设备工作日：每年 330d，每天 24h 连续运行。

⑦ 厂址：自选。

3. 设计内容

① 干燥流程的确定和说明。

② 干燥器主体工艺尺寸计算及结构设计。

③ 辅助设备的选型及核算（气固分离器、供风装置、供料器）。

4. 基础数据

① 被干燥物料：颗粒密度 $\rho_s = 2000kg/m^3$；干物料比热容 $c_s = 0.712kJ/(kg·℃)$，假设物料中除去的水全部为非结合水。

② 分布板孔径为 5mm。

③ 流化床干燥器卸料口直接接分布板。

④ 干燥介质的物性常数可按 125℃ 的空气查取。

⑤ 干燥装置热损失为有效传热量的 15%。

第7章
蒸发器的设计

7.1 概述

在工业生产中，蒸发过程的目的常常是浓缩溶液，并且通常是水溶液。蒸发过程是沸腾传热的过程。因此，蒸发过程得以顺利进行的主要条件是良好的传热条件以及顺利地除去所产生的二次蒸汽。

蒸发器实质上是热交换器，为了有利于沸腾传热过程以及汽液分离过程而在构造上有其特点而已。

在工业生产中，大多数蒸发器都是用水蒸气为加热热源。因此，在蒸发器中的传热过程一方面是水蒸气的冷凝给热，另一方面是溶液的沸腾给热。一般说来，冷凝给热的传热系数比沸腾给热的大，因此要提高蒸发器的传热能力，关键在于沸腾给热。

二次蒸汽的除去通常采用冷凝器冷凝的方法，因此冷凝器是蒸发设备的主要组成部分。

多效蒸发是多次利用二次蒸汽的蒸发过程，因此多效蒸发的目的是节省加热蒸汽，但与此同时所需的设备也增加了。在多效蒸发器中，有时从前几效的二次蒸汽中抽出一部分蒸汽用于其他的加热器，这叫做额外蒸汽。抽出额外蒸汽的目的在于节省加热蒸汽，虽然额外蒸汽的压力稍低，但可以避免直接从蒸汽锅炉取用蒸汽来加热加热器。额外蒸汽抽出量的多少，视生产需要和蒸发器的可能性而定，糖厂的蒸发设备通常都是引出蒸汽的。为了降低溶液的沸点，往往利用真空蒸发，在多效蒸发过程中就常常采用真空操作。显然，真空蒸发必须配备有抽真空的设备。

在蒸发设备中溶液的流程，可以是并流、逆流、错流或平流（即各效直接进料和出料），在一般情况下常用并流加料。对于易生成结晶的蒸发过程，例如食盐水的蒸发，则常用平流加料法，各效溶液都是饱和浓度，没有必要将溶液从一效送入另一效。

以浓缩溶液为目的蒸发装置，其设计任务总的来说是确定蒸发方案。即确定蒸发的操作条件、蒸发设备的形式、蒸发流程等，进行工艺计算和设备的结构、强度计算或选型，最后用流程图、设备图和设计说明书表达设计者的设计思想和全部设计内容。

一项好的设计，必须做到工艺性能良好，设备投资以及操作费用低，即技术上应满足工艺的要求，同时满足经济要求，且能保证安全生产。

蒸发装置设计的一般程序如下：

① 根据溶液的性质及工艺条件确定蒸发的操作条件及蒸发器的形式、流程和效数。

② 根据物料衡算及热量衡算，计算加热蒸汽消耗量及各效蒸发量。

③ 求出各效的传热量，传热系数及有效传热温度差，从而求出各效的传热面积。

④ 根据传热面积和选定加热管的直径和长度，算出加热管的根数，确定管距和排列方法，计算加热室外壳的直径。

⑤ 确定蒸发室的大小和结构。

⑥ 确定蒸发器的草图，考虑一些部件例如人孔、视镜、进出口管径等的大小和位置，以及某些连接处的连接方法。

⑦ 进行蒸发器机械强度的计算，例如蒸发器壳体的厚度、管板的厚度、支脚的尺寸等等。

⑧ 利用简图最后确定所有的结构问题。

⑨ 其他附属设备的计算或确定。

⑩ 绘制蒸发器的结构图，编写材料表，计算重量。

⑪ 编写设计说明书。

7.2 设计方案的确定

蒸发作为化工产品工艺制造过程中的一个操作单元，有多种不同的设备、不同的流程和不同的操作方式，它们各有不同的技术特征和经济性。设计时应根据满足工艺要求和提高经济效果两大原则，结合实际，综合考虑，确定一个先进合理的蒸发方案。

7.2.1 蒸发操作条件

需要确定的蒸发操作条件主要是蒸发器加热蒸汽的压力（或温度）和冷凝器的操作压力，即真空度。正确确定蒸发的操作条件，对保证产品质量和降低能源消耗，具有重要的意义。

通常，被蒸发的溶液有一个允许的最高温度，超过这个温度，物料就会变质。例如蔗糖溶液，为了防止高温下分解或焦化，其蒸发温度一般不能超过127℃，这是我们确定加热蒸汽压力（或温度）的重要依据。

在一般情况下，多效蒸发器加热蒸汽压力以 $4\sim5kg/cm^2$（$1kg/cm^2=98.067kPa$）比较适宜，过高要受到蒸汽来源及被浓缩溶液最高温度的限制，过低则不能保证各效有足够的传热温度差。一般认为，各效的有效传热温度差要在 $5\sim7℃$ 以上，以保持泡状沸腾的条件。

末效操作压力的确定基于如下的考虑：

如果第一效采用较高压力的加热蒸汽，则末效可以采用低真空蒸发或常压蒸发，甚至可以采用加压蒸发。此时末效产生的二次蒸汽具有较高的温度，可以全部利用而不进入冷凝器（为适应生产中实际存在的不稳定性，冷凝器不能取消），因而经济性高。此外各效操作温度较高，溶液黏度较低，传热好，蒸发强度较大。如果第一效加热蒸汽压力低，则如上所述，末效应采用较高真空操作，此时各效二次蒸汽温度不高，利用价值低。末效二次蒸汽进入冷凝器冷凝，大量能量损失，又消耗了冷却水泵所需之能量。此外，各效在较低温度下操作，溶液黏度大，传热差，蒸发强度也较低。但对于那些高温对产品质量有不良影响的物料，这种低温蒸发显然是好的。

对混合式冷凝器而言，其最大的真空度决定于冷凝器内水的温度和真空装置的性能。通常冷凝器的最大真空度为 $620 \sim 640 mmHg$（$1mmHg = 0.1333kPa$），也可高达 $700mmHg$。

不同溶液沸点升高造成的温度差损失不同。对于 NaOH 溶液，由于沸点升高而造成的温度差损失很大，因此加热蒸汽的压力应高些，使其有足够的传热温度差，对于三效蒸发器一般利用 $3 \sim 5 kg/cm^2$（$1kg/cm^2 = 98.067kPa$）（表压）蒸汽。冷凝器的真空度为 $550 \sim 650mmHg$。

7.2.2 蒸发设备的要求

蒸发设备在构造上必须尽量有利于过程的进行。从这一观点来看，设计蒸发设备时应考虑下列诸点。

① 要提高冷凝和沸腾的传热系数，从而保证较大的总传热系数。

② 要适合溶液的一些特性：黏性、起饱性、对温度的不稳定性，溶解度随温度变化的特性以及腐蚀性等等。

③ 要能完善地分离液沫；

④ 要减少温度差损失；

⑤ 要尽量减慢传热面上污垢的生成速度；

⑥ 要保证加热蒸汽在管空间均匀地分配；

⑦ 要能排出溶液在蒸发过程中所析出的结晶体；

⑧ 要保证能够比较方便地清洗传热面。

除了从过程的要求来考虑蒸发设备的结构以外，还必须从机械加工的工艺性、操作费和设备费的经济分析来考虑。为此，必须注意下列诸点：

① 设备的体积要小，金属材料的消耗量要小；

② 机械加工和制造、安装应该合理和方便；

③ 检修要容易，操作要便利；

④ 设备的使用寿命要长；

⑤ 要有足够的机械强度，确保安全运行。

以上所提的还不是很全面的要求，但要满足所有的要求是比较困难的。因此，在设计过程中考虑这些要求时，必须权衡轻重，研究主次，综合考虑。

正因为蒸发设备的要求是相当复杂的，为此实际生产过程中的蒸发器的类型是很多的，它们各有其特点及适用的场合。

7.2.3 蒸发器的类型及其选择

在化学工业中，大多数蒸发器都是用饱和水蒸气作为加热介质。因此，蒸发器中热交换的一方是饱和水蒸气的冷凝，另一方是溶液的沸腾。一般说来，蒸汽冷凝传热膜系数比溶液沸腾传热膜系数大得多，所以传热的关键在于沸腾传热。

为了适应各种不同物性（如黏度、起泡性、热敏性等）物料的蒸发浓缩，出现了各种不同结构形式的蒸发器。随着生产的发展，蒸发器的结构不断改进，常用的间壁式传热蒸发器，按溶液在蒸发器中的流动特点，可分为循环型（如中央循环管式、悬筐式、加热室在体外的长管式和列文式等）和单程型（如升膜式、降膜式、升-降膜式、回转式、刮板式、离心式、旋风式、螺杆式、板式等）两大类型。

对于一个具体的蒸发过程，根据它的工艺特点选择适宜的蒸发器形式是设计中应该首先解决的一项重要内容。蒸发设备选型的一般基准见表 7-1。下面仅介绍两种常用的蒸发器，其他形式的蒸发器可参考有关文献。

表 7-1　蒸发设备选型的基准表

蒸发器形式	造价	总传热系数		溶液在管内流速/(m/s)	停流时间	完成液浓度能否恒定	浓缩比	处理量	对溶液性质的适应性					
		稀溶液	高黏度						稀溶液	高黏度	易生泡沫	易结垢	热敏度	有结晶析出
水平管型	最廉	良好	低		长	能	良好	一般	适	适	适	不适	不适	不适
标准型	最廉	良好	低	0.1~0.5	长	能	良好	一般	适	适	适	尚适	尚适	稍适
外热式（自燃循环）	廉	高	良好	0.4~1.5	较长	能	良好	较大	适	尚适	较好	尚适	尚适	稍适
列文式	高	高	良好	1.5~2.5	较长	能	良好	较大	适	尚适	较好	尚适	尚适	稍适
强制循环	高	高	高	2.0~3.5	—	能	较高	大	适	好	好	适	尚适	稍适
升膜式	廉	高	良好	0.4~1.0	短	较难	高	大	适	尚适	好	尚适	较好	不适
降膜式	廉	良好	高	0.4~1.0	短	尚能	高	大	较适	好	较好	不适	较好	不适
刮板式	最高	高	高	—	短	尚能	高	较小	较适	好	好	不适	好	不适
旋风式	最廉	高	良好	1.5~2.0	短	较难	较高	较小	适	适	适	尚适	尚适	适
板式	高	高	良好	—	较短	尚能	良好	较小	适	尚适	好	不适	好	不适
浸没燃烧	廉	高	高	—	短	较难	良好	较小	适	适	适	适	不适	适
甩盘式	较高	高	低	—	较短	尚能	较高	较小	适	尚适	适	不适	较好	不适

7.2.3.1　中央循环管式蒸发器（又称标准式蒸发器）

中央循环管式蒸发器的结构如图 7-1 所示。该蒸发器的加热管竖立安装，在加热室的中央有一直径比其他加热管大得多的中央循环管，由于中央循环管较大，单位体积溶液占有的传热面积较其余加热管中溶液所占有的传热面积为小。因此，中央循环管和其余加热管内溶液的受热程度不同，后者受热较好，溶液汽化较多，因而所形成的汽液混合物的密度就比中央循环管中的溶液的密度小，加上所产生的蒸汽在这些加热管内上升时的抽吸作用，使蒸发器中的溶液在中央循环管下降，而在其余加热管上升作循环流动。这种循环主要是由于溶液的密度差引起的，故称为自然循环。

为了使溶液循环良好，中央循环管的截面积一般为其余加热管总截面积的 40%～100%，加热管长度一般为 0.8～2.5m 或 2.5～4m。加热管直径多在 25～75mm 之间。目前糖厂多采用 $\phi42\mathrm{mm}\times30\mathrm{mm}\times2500\mathrm{mm}$ 的无缝钢管。加热室上方为二次蒸汽室，称蒸发室或分离室，其高度约为加热管子长度的 1.5～2 倍。这个高度既要考虑汽液分离的需要，又要考虑清除加热管积垢时的需要。分离室的直径一般与加热室壳体直径相同或稍大。分离室上应装有人孔、视镜，最低一个视镜一般距加热室上管板约 400mm 左右。罐体上应装洗水管、压力表、真空表、安全阀等。

　　蒸发器内溶液的循环速度一般在 0.4～0.5m/s 以下。由于溶液的循环使得器内溶液浓度接近完成液的浓度。在这种形式的蒸发器中，溶液在加热管中的液位高度对溶液循环和热传递都有很大的影响。一般液柱高度维持在加热管高度的一半或 1/3。但对于浓缩时有盐和污垢析出的溶液，液柱一般稍超过加热室的高度。此种蒸发器用于浓缩有结晶析出的溶液时，一般可在中央循环管中安装搅拌器，而且罐的底部呈锥形，以便于排料。

　　中央循环管式蒸发器由于具有结构紧凑、制造方便、传热效能高（一般传热系数 K 为 1100～2800W/(m^2·K)，以及操作可靠等优点，故适用面较广，但循环推动力不够大。如果溶液的黏度大，则循环速度更小，传热效果差。

　　中央循环管式蒸发器适用于结垢不严重，有少量结晶析出和腐蚀性较小的溶液。设备传热面积通常达数百平方米。由于蒸发量大，为了降低蒸汽耗量，工业生产中常将标准式蒸发器组成了 3～6 效蒸发器组。

7.2.3.2　外加热式蒸发器

　　外加热式蒸发器的结构如图 7-2 所示。由列管式加热器、沸腾管、蒸发室、循环管四个部件组成，若将它用于结晶溶液的蒸发时，在循环管下和加热室进口之间，加置液固分离器。

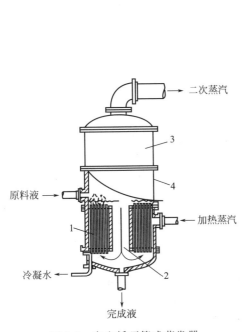

图 7-1　中央循环管式蒸发器

1—加热室；2—中央循环管；3—蒸发室；4—外壳

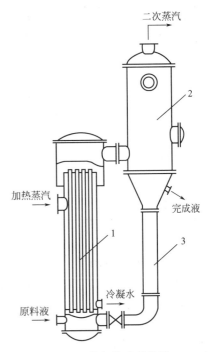

图 7-2　外加热式蒸发器

1—加热室；2—分离室；3—循环管

　　料液在蒸发器内的循环速度不小于 1m/s，这是由于溶液中的溶剂受热至沸点后，部分溶剂汽化，而使热能转换为向上运动的动能；同时由于沸腾管的汽液混合物和循环管中未沸腾的料液间产生了密度差，在膨胀动能和密度差的诱导下，从而产生了溶液的循环。溶液得到的热量越多，沸腾越好，其循环速度就越大。这种蒸发器的加热室不受限制，可达数百平方米甚至上千平方米。一个蒸发室还可挂载 2～4 个加热器，缺点是设备较高，对有效传热温度差的要求比较大，因而限制了多效使用，一般不宜大于 3 效。加热管长径比 $\dfrac{L}{d}=60\sim110$，总传热系数为 $1200\sim6000\text{W}/(\text{m}^2\cdot\text{K})$。

7.2.4　选型的基本原则说明

7.2.4.1　物料的黏度

物料在蒸发过程中黏度的增加程度，是选型的关键因素之一，各蒸发器适用的黏度范围可参看表 7-2。

表 7-2　蒸发器所适用的黏度范围

蒸发器形式 ＼ 黏度/cP	1	10	50	100	1000	10000
水平管式		———	———	……		
标准式		———	———	……		
悬筐式		———	———	……		
盘管式		———	———	……		
外加热式		———	———	……		
列文式		———	———	……		
强制循环式		———	———	———	……	……
升膜式		———	———	……		
降膜式		———	———	……		
刮板式				———	———	———
甩盘式		———	———			
离心式		———	———	……		
板式		———	———	……		
旋液式		———	———	—		
闪急蒸发式		———	———			

注："———"表示黏度的适用范围；"……"表示这种黏度范围也可选用。

7.2.4.2　物料的热稳定性

对热敏性的物料（即在较长时间受热或在较高温度时，物料容易发生分解、异构、缩聚或将需保留的低沸点成分蒸去等等），一般应选取储溶量少、停留时间短的膜式蒸发设备，例如列管膜式、离心式、旋转式等，而且常采用真空操作以降低料液的沸点和受热温度。对于像果汁、乳品、茶汁等需要保持色、香、味的蒸发，则采用离心（叠片）式、板式、降膜式为宜，因其蒸发温度仅为 $50\sim60\,^{\circ}\text{C}$，受热时间一秒到数秒。非膜式蒸发设备一般最好不用于热敏性物料。如果物料仅对温度敏感，而允许在较低温度下、较长时间受热，或者物料浓度很低而浓缩倍数又不高的情况，非膜式蒸发设备采用真空操作也是可行的。例如乳品采用真空盘管式，果汁采用倾斜管式等等，像外加热式、列文式等自然循环型蒸发器，由于需要较大的温度差才能保证设备的正常运转，因此对热敏性物料一般是不采用的。

7.2.4.3　有结晶析出的物料

物料在蒸发过程中有结晶析出，或作为蒸发结晶器使用时，一般应采用管外沸腾型蒸发器，例如强制循环式，外加热式等，这些蒸发器的加热管始终充满料液，管内不蒸发而阻止了结晶的析出，同时由于料液在管内的流速≥2m/s，使结晶无法附着管壁。另外刮板式、旋液式以及标准式、悬筐式等也适用于有结晶析出的物料。其他膜式蒸发器则不适用。

7.2.4.4 易发泡的物料

在蒸发过程中易产生泡沫的物料，其泡膜强度往往较大，不易破碎，泡沫的上面又重叠着泡沫，逐渐充满蒸发器顶部的空间，并随泡膜内二次蒸汽排出而造成料液的损失。对于易发泡的物料，应采用升膜式、强制循环式以及外加热式。这是由于升膜式高速的二次蒸汽和后两种蒸发器较大的料液循环速度，具有破泡作用，此外标准式、悬筐式、水平管式具有较大的汽液分离空间，也可使用。由于真空条件下，会加速溶液的发泡，因此易发泡的物料不宜采用真空蒸发。对于发泡严重的物料，应考虑在蒸发过程中，加入适当的消泡剂（例如黄油、植物油等）。在所有的蒸发设备中，为了防止泡沫夹带，都必须设置适宜的汽液分离器。

7.2.4.5 腐蚀性的物料

对腐蚀性物料的蒸发，在选型及选材上应慎重。例如硫酸等强酸，在蒸发温度下腐蚀性很强，金属材料一般不适用，可考虑用不透性石墨管作为加热管。如果对浓缩液的纯度要求不高，则可选用浸没燃烧式，因它无传热面，采用耐温的非金属防腐蚀衬里也是比较容易解决的。

实际生产中如氢氧化钠高温浓缩制固碱，采用镍管。其他还有采用钛管、聚四氟乙烯管等等，总之应根据料液的化学性质，选取防腐蚀、有良好导热性及适宜形式的蒸发器。

7.2.4.6 易结垢的物料

料液在传热面上结垢，是由于料液被浓缩后黏度增大，悬浮的颗料沉积，无机盐的结晶，局部过热而焦化等原因造成。无论什么样的溶液，长期使用后，蒸发器的传热面总有不同程度的污垢。垢层的导热性很差，因此明显影响了蒸发器的蒸发效果，严重的甚至堵管以致蒸发器无法正常运转。因此对于十分容易结垢的物料，应首先考虑选取便于清洗和清除结垢的蒸发设备，例如浸没燃烧式、标准式、悬筐式、闪急蒸发式、刮板式等，另外可选用循环速度大，在加热管外沸腾的蒸发器如强制循环式、外加热式等。在管内沸腾的蒸发器一般是不适用的，但如果严格控制出料的浓度，不使料液有较大的黏度和含固量，也可使用管内沸腾的蒸发器。例如中药水煎液用升膜式，一般将浓缩液的相对密度控制在1.1以下，如果相对密度超过1.1时，则结垢现象就十分严重，以致破坏操作。

7.2.4.7 处理量的大小

处理量的大小也是选型考虑的因素之一。传热面积大于 $10m^2$ 时，不宜采用刮板式、离心（叠片）式、甩盘式、旋液式等蒸发器；传热面积在 $20m^2$ 以上，为了提高其热经济性，减少加蒸汽用量，应力求考虑采用多效蒸发或多级闪急蒸发器，其形式应采用高级的升膜式、降膜式、外加热式、强制循环式等为宜。

7.2.5 蒸发装置流程

蒸发装置流程是指多效蒸发中蒸发器的数目及其组合排列方式，物料和蒸汽的流向，附属设备如预热器、冷凝器和真空泵的装设，以及为谋求进一步节省蒸汽和充分利用热能而引出额外蒸汽、采用冷凝水自蒸发器和低压蒸汽再压缩使用的方案和流程。下面分述以上各项的确定原则。

7.2.5.1 效数的确定

在设计流程时首先应考虑采用单效蒸发还是多效蒸发。为了充分利用热能，在化工生产中一般采用多效蒸发。因为在多效蒸发中，将前一效的二次蒸汽作为后一效的加热蒸汽，故可以节省生蒸汽的消耗量。但不是效数越多越好，多效蒸发的效数受经济上和技术上的因素限制。

经济上的限制是指效数超过一定值则经济上不合算。在多效蒸发中，随着效数的增加，则总蒸发量相同时所需的生蒸汽量减少，使操作费用降低。但效数越多，设备费用也越多，而且随着效数的增加，所节省的生蒸汽消耗量也越来越少。所以不能无限制地增加效数，最适宜的效数应使设备费和操作费二者之和为最小。技术上的限制是指效数过多，蒸发操作将难以进行。如前所述，多效蒸发的第一效加热蒸汽温度和冷凝器的操作温度都是受限制的。多效蒸发的理论传热总温度差，即上述两温度之差值，也是受限制的。在具体操作条件下，此差值为一定值。当效数增多时，各效温度差损失之和随之增大，因而有效总温度差减少。当效数过多、有效总温度差很小时，分配到各效的有效温度差将会小到无法保证各效发生正常的沸腾状态所需的最小温度差，蒸发操作将难以进行。所以效数也受到限制。

基于上述理由，实际的多效蒸发过程，效数并不很多。通常，对于电解质溶液，如 $NaOH$、NH_4NO_3 等水溶液，由于其沸点升高较大，故通常效数为 2～3 效；对于非电解质溶液，如有机溶液等，其沸点升高较小，所以效数可取 4～6 效。但真正适宜的效数，还需通过最优化的方法来确定。

7.2.5.2 多效蒸发装置中溶液流程的选择

在多效蒸发装置中，溶液的流程可以是并流、逆流、混流和平流。流程的选择，主要根据溶液的特性、操作方便以及经济程度来决定。在一般情况下常用并流加料。因为并流操作，溶液在效间输送可以利用各效间的压力差进行，而不需要用泵。另外由于各效沸点依次降低，故前一效的溶液进入后一效时，会因过热而自行蒸发，因而可以产生较多的二次蒸汽。但并流加料时，各效浓度依次增加，而沸点依次降低，所以溶液黏度依次增加，各效传热系数依次降低，因此，对于黏度随浓度迅速增加的溶液是不宜采用并流操作的。

在逆流流程中，料液由末效加入，依次用泵送入前一效。溶液从后一效进入前一效时，温度低于该效的沸点，在这种流程中，溶液浓度越大，蒸发的温度越高。因此，各效溶液的黏度不会相差太大，因而传热系数大小也不致过于悬殊。其缺点是各效之间都要用泵输送溶液，设备较复杂。所以，逆流加料法适用于黏度随浓度变化较大的溶液，而不适用于热敏性物料的蒸发。

混流操作是在各效间兼用并流和逆流的加料法。例如在三效蒸发装置中，溶液的流向可分 3→1→2 或 2→3→1。故此法采取了以上两法的优点而避免其缺点，但操作比较复杂。

平流加料法适用于在蒸发过程中伴有结晶析出的场合，例如食盐水溶液的蒸发，因为有结晶析出，不便于在效间输送，所以宜采用此法。

7.2.5.3 二次蒸汽和冷凝水的利用

（1）抽取额外蒸汽

在满足工艺要求，即保证产品浓度，以及选定生蒸汽和冷凝操作参数的前提下，应最大限度地抽取额外蒸汽，做到全面利用，使进入冷凝器的二次蒸汽量降到最低限度。引出的额外蒸汽可作为其他加热设备的热源，这样可以节省生蒸汽，其压力比生蒸汽低。额外蒸汽抽出量的多少，视生产需要和蒸发器的可能性而定，一般糖厂的蒸发设备都是引出额外蒸汽的。

（2）热泵蒸发

热泵的基本原理是借助一定的能量消耗或能位级，将低温热源提升到高温热源，按提高余热温位的方法，可分为蒸汽压缩式热泵、吸收式热泵及化学热泵等。目前使用于化工生产中的热泵，主要是蒸汽压缩式热泵。

蒸汽压缩式热泵是将二次蒸汽经绝热压缩，提高其饱和温度后再送回原来的蒸发器中作为加热蒸汽。图 7-3 为蒸汽压缩式热泵蒸发的流程之一。由图 7-3 可见，除开工时外，不需另外供给加热蒸汽，只需补充少量压缩功即可维持正常运转，因而节省了大量的生蒸汽。通常在单效蒸发和多效蒸发的末效中，二次蒸汽的潜热全部由冷凝器中的冷却水带走，而在热泵蒸发中，不但没有此项热损失，而且不消耗冷却水，这是热泵蒸发节能的原因。

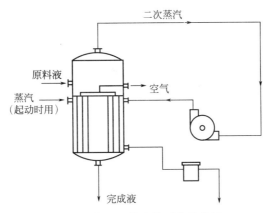

图 7-3　蒸汽压缩式热泵蒸发简图

经妥善设计的热泵蒸发器其能量利用可胜过 3～5 效的多效蒸发装置。因为当热泵蒸发装置起动以后，不需要加入生蒸汽而只需补充少量压缩功或高压蒸汽，就可一直运行下去，在缺水地区等使用此种蒸发器无疑具有独特的优点。但是，要达到较好的经济效益，压缩机的压缩比不能太大（一般以 1.23～1.5 为宜），压缩比为 p_2/p_1。p_2 是指进入的加热蒸汽（即压缩机出口）的绝对压强，p_1 为二次蒸汽的绝对压强。若以 T_1 表示二次蒸汽的温度（即压缩机的进口温度），则蒸汽离开压缩机时的理论温度 T_2 可用下式计算：

$$\frac{T_2}{T_1} = \left(\frac{p_2}{p_1}\right)^{\frac{k-1}{k}} \tag{7-1}$$

式中 k 为绝热指数。

如前所述，热泵蒸发要求压缩比小，所以蒸发器的传热推动力就要小，为了完成传热任务以保证一定的生产能力，就要采用高效率蒸发器，以便提高传热系数 K，因此高效的蒸发器是热泵蒸发技术的关键。根据有关资料可采用液膜板式蒸发器，以及表面多孔管蒸发器等。

如果溶液的浓度大，沸点升高大则推动力将更小，或者所需的压缩比将增大。这样，经济上就会变得不合理。由此可知，热泵蒸发不适用于沸点上升较大的溶液。此外，压缩机的投资较大，经常要维修保养，这些缺点也在一定程度上限制了机械压缩式热泵蒸发器的使用。

（3）冷凝水自蒸发器

为了减少加热蒸汽消耗量，可利用冷凝水自蒸发器。由于冷凝水的饱和温度随压力的减小而降低，在多效蒸发中，若将前一效温度较高的冷凝水，通过冷凝水自蒸发器，减压至下一效加热室的压力，则冷凝水放出热量，并使少量冷凝水自蒸发而产生蒸汽，所得蒸汽和前一效的二次蒸汽一起作为下一效的加热蒸汽，这就提高了生蒸汽的经济性。

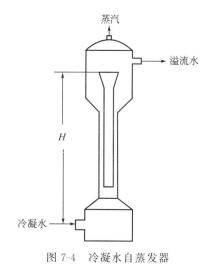

蒸汽

溢流水

H

冷凝水

图 7-4 冷凝水自蒸发器

常用冷凝水自蒸发器如图 7-4 所示。它由同心的内管及外管组成。冷凝水自下部接管进入内管,上升后由于压力降低而产生自蒸发。内管的顶部制成漏斗形,使汽水混合物流速减慢,以便自蒸发产生的蒸汽与水能较好地分离,自蒸发产生的蒸汽由顶部接管排出,引入下一效的加热室,冷凝水从侧面的溢流口排出。

由于内管上段是汽液混合物,其密度比环形空间冷凝水的密度为小,故产生自然循环(回流),冷凝水回流量的大小会影响自蒸发汽器的高度。为了降低其高度,可增大回流量,一般冷凝水的回流量为进入内管的冷凝水量的 4~6 倍。

冷凝水自蒸发器有两个主要尺寸要计算。一个是平衡压力差所需的水封高度,另一个是内管直径。水封高度 H 与压力差有关,考虑了 0.5 的安全裕量后,可近似用下式计算:

$$H = \frac{\Delta p}{\rho g} + 0.5 \qquad (7\text{-}2)$$

式中　H——水封高度(见图 7-4),m;

　　　Δp——冷凝水自蒸发器进口处压强和顶部压强之差值,N/m^2;

　　　ρ——内管中汽水混合物的平均密度,kg/m^3。

内管直径可根据冷凝水的流量和流速来计算,流速一般取 0.3m/s(国外有取 0.6~0.8m/s)。漏斗顶端的截面积比内管截面积大一倍,其他部分尺寸可按如下比例进行计算:外管直径为内管直径的 2.5~3 倍,冷凝水排出管的管径与内管直径相同;上部圆柱体直径为内管直径的 5~7 倍;冷凝水进口管径与蒸汽出口管径的确定方法与内管直径相同,但冷凝水的流速为 0.5~1m/s,蒸汽的流速为 15~25m/s。

(4)冷凝水的回收

在多效蒸发中有大量的冷凝水,如果这些具有一定温度的冷凝水排走,则会造成大量的能源和水源的浪费。因此,在多效蒸发的流程中,通常第一效的冷凝水是作为锅炉补给水,这样既可提高锅炉给水的温度,且这种软水可减少锅炉加热面的积垢,提高锅炉的热效率。其他各效的冷凝水,可根据工厂生产的需要,作为其他加热介质和工艺用水。

7.2.5.4　汽水分离器的设置

为了使加热室的操作正常进行,必须不断排除其中的冷凝水,同时又要避免尚未冷凝的蒸汽随冷凝水外逸。所以必须设置汽水分离器(又名冷凝水排除器)。汽水分离器工作性能的好坏与节能有很大的关系。根据有关资料显示,将常用的浮杯式汽水分离器改为空间式分离器,可使蒸发器的热效能提高 80% 以上。可见汽水分离器选型的重要性。

7.3　多效蒸发的工艺计算

多效蒸发工艺计算的主要项目是:加热蒸汽(生蒸汽)消耗量、各效溶剂的蒸发量以及各效的传热面积。计算的已知参数有：料液的流量、温度和浓度，最终完成液的浓度，加热蒸汽的压强和冷凝器的压强等。效数越多，变量的数目越多，计算过程也越复杂，但变量之间的关系仍受物料衡算、热量衡算、传热速率方程以及相平衡等基本关系支配。多效蒸发的计算可用多种方法进行，这里仅介绍一种常用的试差法。下面以如图7-5所示的三效并流蒸发流程为例进行讨论。

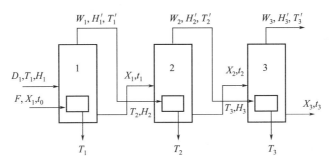

图7-5　三效并流加料物料衡算与热量衡算示意图

图中及下列计算中涉及符号的意义如下：

W_1、W_2、W_3：各效的蒸发量，kg/h；

F：原料液流量，kg/h；

W：蒸发总量，kg/h；

X_0、X_1、X_2、X_3：分别为原料液及各效完成液的浓度，质量百分数；

t_0：原料液的温度，℃；

t_1、t_2、t_3：各效溶液的沸点，℃；

D_1：加热蒸汽（生蒸汽）消耗量，kg/h；

p：加热蒸汽压强，kN/m^2；

T_1：加热蒸汽温度，℃；

T_1'、T_2'、T_3'：各效二次蒸汽温度，℃；

p_K：冷凝器内的（近似为末效蒸发室中）压强，kN/m^2；

H_1、H_1'、H_2'、H_3'：加热蒸汽及各效二次蒸汽的焓，kJ/kg；

h_0、h_1、h_2、h_3：原料液及各效完成液的焓，kJ/kg；

S_1、S_2、S_3：各效蒸发器的传热面积，m^2；

R_1、R_2、R_3：各效加热蒸汽的汽化潜热，kJ/kg。

7.3.1　总蒸发水量的计算

对于整个蒸发系统作溶质的物料衡算，可得：

$$W = F\left(1 - \frac{x_0}{x_3}\right) \tag{7-3}$$

7.3.2　估算各效蒸发量

① 按各效等蒸发量进行分配：

$$W_i = \frac{W}{3} \quad (i = 1, 2, 3) \tag{7-4}$$

② 对于并流加料流程由于自蒸发的作用可假设：

$$W_1 : W_2 : W_3 = 1 : 1.1 : 1.2 \tag{7-5}$$

即

$$W_1 = \frac{1}{3.3}W; \quad W_2 = \frac{1.1}{3.3}W; \quad W_3 = \frac{1.2}{3.3}W$$

7.3.3 估算各效溶液的浓度

对各效作溶质的物料衡算得：

$$x_1 = F\frac{x_0}{F - W_1} \tag{7-6a}$$

$$x_2 = F\frac{x_0}{F - W_1 - W_2} \tag{7-6b}$$

$$x_3 = F\frac{x_0}{F - W_1 - W_2 - W_3} \tag{7-6c}$$

7.3.4 分配各效压强

已知：加热蒸汽的压强为 p，冷凝器内压强为 p_K

则   总压强差：

$$\Delta p = p - p_K \tag{7-7}$$

根据经验可假定蒸汽通过各效的压强降相等。

$$\Delta p = \frac{p - p_K}{3} \tag{7-8}$$

则各效二次蒸汽的压强分别为：

一效 $\qquad\qquad\qquad p_1' = p - \Delta p \tag{7-9a}$

二效 $\qquad\qquad\qquad p_2' = p - 2\Delta p \tag{7-9b}$

三效 $\qquad\qquad p_3' = p - 3\Delta p = p - 3 \times \frac{p_K}{3} = p_K \tag{7-9c}$

7.3.5 计算各效温度差损失

① 由于溶液蒸汽压强降低所引起的温度差损失 Δ'：

$$\Delta' = \sum_{i=1}^{3} \Delta_i' \tag{7-10}$$

② 由于溶液的液柱静压头引起的温度差损失 Δ''：

$$\Delta'' = \sum_{i=1}^{3} \Delta_i'' \tag{7-11}$$

③ 由于管道阻力产生压力降引起的温度差损失 Δ'''：

$$\Delta''' = \sum_{i=1}^{3} \Delta_i''' \tag{7-12}$$

关于 Δ'、Δ''、Δ''' 的求法，分别简介如下，详细请参见资料。

（1）由于溶液蒸汽压降低所引起的温度差损失 Δ'

Δ' 值的大小主要与溶液的种类、浓度以及蒸汽压力有关，可用下述两种方法求得。

① 校正系数法：

$$\Delta' = f\Delta_0' \tag{7-13}$$

式中　Δ_0'——常压下由于溶液蒸汽压下降引起的温度损失，K。

　　　f——校正系数，无因次

一般取：

$$f = 0.0162\frac{(T_1'+273)^2}{r'} \tag{7-14}$$

式中　r'——实际压强下二次蒸汽的汽化潜热，kJ/kg；

　　　T_1'——实际压力下水的沸点，℃

其中：Δ_0'一般可通过实验直接测定，或通过有关手册查得，NaOH 溶液的沸点升高 Δ_0' 值可由附录四查得。

② 杜林（Duhring）规则：杜林规则说明某种溶液的沸点和相同压强下标准液体的沸点呈线性关系。在以水的沸点为横坐标，该溶液的沸点为纵坐标，并以溶液的浓度为参变数的直角坐标图上，可得一直线，称为杜林直线，图 7-6 为 NaOH 溶液的杜林直线。

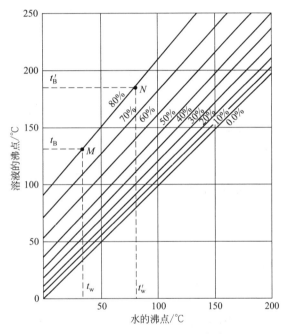

图 7-6　NaOH 溶液的杜林直线

对于如图所示的 NaOH 杜林线图，其直线的斜率 k 及截距 m 与溶液的浓度 x 的近似关系如下：

$$k = 1 + 0.142x \tag{7-15a}$$
$$m = 150.75x^2 - 2.71x \tag{7-15b}$$

式中 x 为 NaOH 水溶液的质量分数，%。

（2）因加热管内静压强引起的温度差损失 Δ''

蒸发器在操作中，器内溶液需维持一定的液位，因而溶液内部的压强必定高于液面上的压强，因为存在液体柱高度所产生的压强，造成溶液内部的沸点较液面处高，二者的差即为由于液柱静压强而引起的温度差损失 Δ''。简便计算时，溶液内部平均压强 p_m 为液面与底部平均深度处的压强，即：

$$p_m = p + \frac{\rho g l}{2} \tag{7-16}$$

式中 p_m——蒸发器中溶液的平均压强，Pa；

$\quad\quad p$——二次蒸汽压强，即液面处的压强 Pa；

$\quad\quad \rho$——溶液的平均密度，kg/m^3；

$\quad\quad l$——液层高度（可近似取加热管的长度），m；

$\quad\quad g$——重力加速度，m/s^2。

根据算得的平均压强 p_m 查溶液的沸点差 t_{p_m}（近似取为水的沸点），所以可根据下式求出因静压强引起的温度差损失 Δ''。

$$\Delta'' = t_{p_m} - t'_p \tag{7-17}$$

式中 t_{p_m}——即为在平均压强 p_m 下水的沸点，℃；

$\quad\quad t'_p$——即为在二次蒸汽压强 p 下求得的水的沸点，℃。

（3）因蒸汽流动阻力引起的温度差损失 Δ'''

在多效蒸发中，末效以前的二次蒸汽流到下一效的加热室的过程中，为克服管道阻力使其压强降低，二次蒸汽的温度也相应的降低，由此引起的温度差损失为 Δ'''。

Δ''' 与二次蒸汽在管道中的流速、物性及管道尺寸有关，难以做出定量计算，所以一般取经验值。一般取 1℃，但末效（单效蒸发器）与冷凝器之间的流动阻力所引起的温度差损失可取为 $\Delta''' = 1 \sim 1.5℃$。

7.3.6 计算总温度差损失

$$\sum \Delta = \Delta' + \Delta'' + \Delta''' \tag{7-18}$$

7.3.7 计算有效总传热温度差

$$\Delta T = T_1 - T_K - \sum \Delta \tag{7-19}$$

式中 ΔT——总有效传热温度差，℃；

$\quad\quad T_1$——第一效加热蒸汽温度，℃；

$\quad\quad T_K$——冷凝器中饱和蒸汽温度，℃。

7.3.8 计算各效溶液的沸点

$$t_i = T'_I + \Delta'_i + \Delta''_i \quad (i = 1, 2) \tag{7-20}$$
$$t_3 = T_K + \Delta'_3 + \Delta''_3 + \Delta'''_3$$

7.3.9 计算各效溶液的蒸发量及加热蒸汽消耗量

对各效进行热量衡算，可得出如下公式：

$$W_1 = \left(D_1 \frac{R_1}{r'_1} + F c_{p_0} \beta_1 \right) \eta_1$$
$$W_2 = \left[D_2 \frac{R_2}{r'_2} + (F c_{p_0} - W_1 c_{p_w}) \beta_2 \right] \eta_2 \tag{7-21}$$
$$W_3 = \left[D_3 \frac{R_3}{r'_3} + (F c_{p_0} - W_1 c_{p_w} - W_2 c_{p_w}) \beta_3 \right] \eta_3$$

$$\beta_i = \frac{t_{i-1} - t_i}{H_1 - c_{p_w} \times t_1} \quad (i = 1, 2, 3) \tag{7-22}$$

上两式中　β_i——第 i 效的自蒸发系数，β_i 值的范围一般为 $0.0025 \sim 0.025$；

$\quad\quad\quad\quad c_{p_0}$——料液的比热容，kJ/(kg·℃)；

$\quad\quad\quad\quad c_{p_w}$——水的比热容，kJ/(kg·℃)；

$\quad\quad\quad\quad \eta_i$——第 i 效的热利用系数，无因次。

其余符号同前。

对于一般溶液的蒸发可取 $\eta = 0.96 \sim 0.98$；对于浓缩热较大的物料，例如 NaOH 水溶液，可取 $\eta = 0.98 - 0.007\Delta x$，这里 Δx 为该效溶液浓度的变化，质量百分数。

如无额外蒸汽抽出，则：

$$D_2 = W_1 \quad D_3 = W_2$$

将 D_2、D_3 代入式（7-21）中，并将各效的水分蒸发量均表示为 D_1 的函数经整理得：

$$W_1 = a_1 D_1 + b_1 \quad W_2 = a_2 D_2 + b_2 \quad W_3 = a_3 D_3 + b_3 \tag{7-23}$$

式中 a、b 为在整理过程中，将有关量合并而得的计算系数。

将式（7-23）中各式相加，并令：

$$A = a_1 + a_2 + a_3 \quad\quad B = b_1 + b_2 + b_3$$

则　　　　　　　　　　$$W_1 + W_2 + W_3 = AD_1 + B = W$$

从而可得第一效加热蒸汽消耗量：

$$D_1 = \frac{W - B}{A} \tag{7-24}$$

求出 D_1 后代入式（7-23）中，即可求得各效的水分蒸发量。

检验计算出来的 W_i 与原假设的 W_i 是否相等或是否满足精度要求，如果不满足，用求得的 W_i 代替原假设的 W_i 回到第三步，重复上述步骤，直至满足精度后方可计算下面步骤。

7.3.10　计算各效传热速率

$$Q_1 = D_1 R_1$$
$$Q_2 = D_2 R_2 = W_1 R_2 \tag{7-25}$$
$$Q_3 = D_3 R_3 = W_2 R_3$$

7.3.11　计算各效传热系数 K

此部分内容见 7.4 节。

7.3.12　有效传热温度差的分配

目前有效传热温度差的分配有多种原则，这里介绍一种按各效传热面积相等为原则的分配方案。

由传热速率方程得：

$$Q_i = K_i S_i \Delta_i \quad (i = 1, 2, 3)$$

当 $S_1 = S_2 = S_3$ 时

则有：　　　　　　　　　　$$\Delta t_1 : \Delta t_2 : \Delta t_3 = \frac{Q_1}{K_1} : \frac{Q_2}{K_2} : \frac{Q_3}{K_3}$$

又：
$$\Delta t_1 + \Delta t_2 + \Delta t_3 = \Delta T$$

所以：$\Delta t_1 = \dfrac{\dfrac{\Delta T Q_1}{K_1}}{\displaystyle\sum_{i=1}^{3}\dfrac{Q_i}{K_i}}$ $\qquad \Delta t_2 = \dfrac{\dfrac{\Delta T Q_2}{K_1}}{\displaystyle\sum_{i=1}^{3}\dfrac{Q_i}{K_i}}$ $\qquad \Delta t_3 = \dfrac{\dfrac{\Delta T Q_3}{K_1}}{\displaystyle\sum_{i=1}^{3}\dfrac{Q_i}{K_i}}$

7.3.13 传热面积的计算

若已算出各效传热量 Q、传热系数 K 及有效传热温差 Δt，则由传热速率方程即可算出各效的传热面积。

$$S_i = \frac{Q_i}{K_i \Delta t_i} \quad (i=1,2,3) \tag{7-26}$$

由上述可知，多效蒸发的计算十分烦琐。目前多采用电子计算机计算，在上述的假设条件下，若采用电子计算机，按照各效传热面积相等的原则计算，可参考图 7-7 的计算框图。

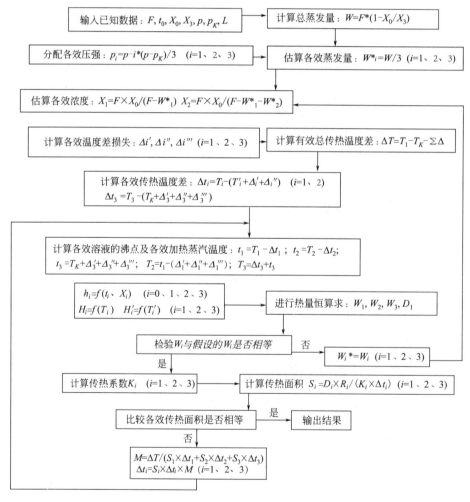

图 7-7 多效蒸发器计算框图

7.4 传热系数 K 值的计算与确定

蒸发器总传热系数 K 可按下式进行计算：

$$\frac{1}{K_o} = \frac{d_o}{\alpha_i d_i} + R_{si} + \frac{\delta_m d_o}{\lambda d_m} + \frac{1}{\alpha_o} + R_{so} \tag{7-27}$$

式中　α_i——加热管（沸腾管）内侧的对流传热系数，$kW/(m^2 \cdot ℃)$；

　　　α_o——加热管外侧的蒸汽冷凝传热系数，$kW/(m^2 \cdot ℃)$；

　　　λ——管壁材料的热导率，$kW/(m \cdot ℃)$；

　　　δ_m——加热管的壁厚，m；

d_i、d_o——分别为加热管的内径、外径，m；

　　　d_m——为加热管的对数平均直径，m；

R_{si}、R_{so}——分别为加热管内侧与外侧的污垢热阻，$m^2 \cdot ℃/kW$；

　　　K_o——蒸发器的总传热系数，$kW/(m^2 \cdot ℃)$。

当管壁及污垢热阻可忽略，管壁又比较薄时，式（7-27）可简化为

$$\frac{1}{K_o} = \frac{1}{\alpha_i} + \frac{1}{\alpha_o} \tag{7-28}$$

由上式可以看出，要计算 K_o 值，关键的是求出 α_i 与 α_o 值。但由于 α 值的计算比较复杂，特别是沸腾传热系数 α_i 的求取，因其传热机理相当复杂，影响因素较多，虽然在有些文献中，已整理出一些计算公式，但是它们的计算过程都比较复杂，其计算精度往往都比较差。在这里，介绍一种比较简单的 K 值估算方法。

蒸汽冷凝给热，采用《化学工业过程及设备》上册（张洪元、丁绪淮、顾毓珍编著）推荐的公式。当蒸汽在垂直管外（或平壁外）冷凝时：

$$Nu = m(GaPrK_D)^n \tag{7-29}$$

① 当 $(GaPrK_D)$ 值 $< 10^{15}$ 时，式中：$m = 1.15$，$n = \frac{1}{4}$；

② 当 $(GaPrK_D)$ 值 $> 10^{15}$ 时，式中：$m = 0.068$，$n = \frac{1}{3}$。

式中：$Nu = \dfrac{\alpha_o l}{\lambda}$　努塞尔准数

$\quad\quad Ga = \dfrac{g l^3 \rho^2}{\mu^2}$　伽利略准数

$\quad\quad Pr = \dfrac{3600 c_p \mu g}{\lambda}$　普朗特准数（c_p 为冷凝液的比热容，$kJ/(kg \cdot ℃)$）

$\quad\quad K_D = \dfrac{R}{c_p \Delta t}$　冷凝准数

$$GaPrK_D = \frac{3600 l^3 r^2 R}{\lambda \mu \Delta t} \quad (r = \rho g) \tag{7-30}$$

式中　l——管长，m；

r——冷凝液的密度，kg/m^3；

R——蒸汽冷凝潜热（汽化热），kJ/kg；

λ——冷凝液的热导率，$kJ/(m \cdot h \cdot ℃)$；

μ——冷凝液的黏度，$kg \cdot s/m^2$；

Δt——冷凝蒸汽温度与壁温之差（$T_{汽} - t_{壁}$）。

上述冷凝液的各物理量，应取壁温与蒸汽温度的算术平均值，即 $t_m = \dfrac{T_{汽} + t_{壁}}{2}$ 下的物理量数值。

上述公式用于水蒸气冷凝时可以简化为：

$$\alpha_o = \frac{A_1}{(qFl)^{\frac{1}{3}}} \quad 当 (GaPrK_D) \leqslant 10^{15} 时 \tag{7-31}$$

$$\alpha_o = \frac{A_1'}{(qF)^{\frac{1}{2}}} \quad 当 (GaPrK_D) \geqslant 10^{15} 时 \tag{7-32}$$

与 A_1 及 A_1' 物理性质相关的函数，其值可根据冷凝温度 t_k，分别根据图 7-8 及图 7-9 查得。

式中　qF——单位传热面的热负荷，$kJ/(m^2 \cdot h)$；

　　　l——管长，m。

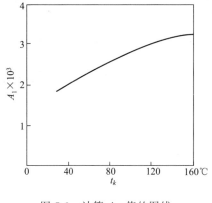

图 7-8　计算 A_1 值的图线

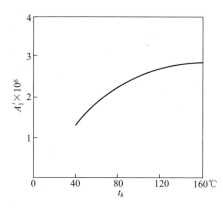

图 7-9　计算 A_1' 值的图线

沸腾给热系数 α_i 的计算是一个很复杂的问题，到目前为止，还没有研究透彻。这里采用大连工学学刊上（大连工学院学刊第 8 期，1958）介绍的公式计算蒸发器竖直管内沸腾给热系数的准数方程式。在泡状沸腾的范围内，准数方程为：

$$Nu = 3.25 \times 10^{-4} Pe^{0.62} Ga^{0.125} K_p^{0.7} \tag{7-33}$$

$$\frac{\alpha d_b}{\lambda} = 3.25 \times 10^{-4} \left(\frac{q d_b}{r \rho_V \sigma} \right)^{0.62} \left(\frac{g d_b^3 \rho_1^2}{\mu^2} \right)^{0.125} \left(\frac{\rho d_b}{\sigma} \right)^{0.7} \tag{7-34}$$

d_b 为气泡脱离加热面时的直径，$d_b = 0.02\theta \sqrt{\dfrac{\sigma}{(\rho_L - \rho_V)g}}$，$\theta$ 为壁面和自由液面之间的接

触角。对水 $\theta = 50°$，即：$d_b = \sqrt{\dfrac{\sigma}{(\rho_L - \rho_V)g}}$（单位为 m）。$Pe = \dfrac{qd_b}{r\rho_V \sigma}$，称为皮克列（Peclet）准数；$\dfrac{q}{r\rho_V}$ 相当于汽速，而 $\alpha = \dfrac{\lambda}{c_p \rho_L}$ 称为导温系数。Pe 准数反应汽化速率对沸腾的影响。$Ga = \dfrac{gd_b^2 \rho_L^2}{\mu^2}$ 称为伽利略准数，表示重力作用下，流体流动情况对沸腾的影响。$K_p = \dfrac{\rho d_b}{\sigma}$ 为反映压力影响的准数。

其中：

λ、c_p、μ、ρ_L——分别指液体的热导率、定压比热容、黏度和密度；

ρ_V——指饱和蒸汽的密度，kg/m^3；

q——热通量，W/m^2；

σ——液体—蒸汽界面的表面张力，N/m；

g——重力加速度，m/s^2。

式（7-33）是应用糖水溶液和食盐水溶液通过实验所得到的结果；压力范围为 20～152kPa（绝压），热负荷 qF 范围为 12550～418400$[kJ/(m^2 \cdot h)]$，其结果与其他一些学者所得的结果相符，与实验数据也很符合。

上面准数方程可简化成下面的简单形式：

$$\alpha_i = A_i qF^{0.6} [kJ/(m^2 \cdot h \cdot ℃)] \tag{7-35}$$

这里 A_i 是取决于沸腾液体物理性质的系数，NaOH 的 A_i 值可由下图 7-10 决定，由于对 NaOH 的水溶液的物理性质还研究得不够，故图 7-10 得出的是近似的值。

计算传热系数 K 时，式中污垢的热阻是难以计算的数值，其值与污垢的厚度有关。污垢的厚度随溶液的性质、传热温度差、溶液的浓度，以及清洗周期的长短等条件而不同。对于 NaOH，当污垢厚度达到 0.8～1.5mm 时就应该进行清洗，否则传热效率太低。这种污垢的热导率，一般可以按 2kcal/(m · h · ℃)（1kcal＝4.184kJ）计算。这些数值，是从某厂蒸发罐中实际测得的，因此不一定适合于其他各厂情况，只能作为参考。

一般也可以这样来处理这个问题，即首先不计污垢热阻，计算出传热系数，然后再乘一个热利用系数 ψ，ψ 之值与下列因素有关：

① 沸腾液体的物理化学性质；

② 蒸发器每清扫一次的连续操作时间；

③ 蒸发器每单位面积加热的热负荷；

④ 操作条件。

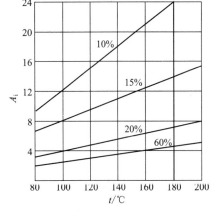

图 7-10 根据浓度 b 和沸点 t 计算 NaOH 水溶液 A_i 值的图线

在最适宜的操作条件下，ψ 值一般为 0.5～0.8。应该注意，在顺流加料的条件下，各效的 ψ 值，是依次大于次一效的，即第一效的 ψ 值最大，约为 0.7～0.8，而末效的 ψ 值最小，约为 0.5～0.65，同时，其值是随着蒸发罐的使用时间而逐渐降低的。ψ 值的经验数据，也可以从表 7-3 查出。

表 7-3　NaOH 溶液三效蒸发器加热面热利用系数

ψ	$qF/[\mathrm{kJ}/(\mathrm{m}^2 \cdot \mathrm{h})]$				
	16736	33472	50208	66944	83680
第一效	0.90	0.85	0.80	0.75	0.70
第二效	0.85	0.80	0.70	0.60	0.45
第三效	0.70	0.55	0.30		

下面介绍用试差法求传热系数的方法和步骤。

对于薄壁管，公式（7-27）可简化为：

$$\frac{1}{K_o} = \frac{1}{\alpha_i} + R_{si} + \frac{\delta_m}{\lambda} + R_{so} + \frac{1}{\alpha_o}$$

在式中 $\frac{\delta_m}{\lambda}$ 的管壁热阻是已知的。R_{si} 及 R_{so} 是垢层热阻，按照经验选取。α_o 值取决于 $GaPrK_D$ 的积。而在 Ga，Pr，K_D 准数中的 λ、c_p、μ、ρ（或者 R）都是在冷凝液的平均温度 $T_m = \frac{T_i + T_w}{2}$ 下的数值。壁温 T_w 是不知道的。因此，问题在于如何求出壁温 T_w。

求 K_o 的方法可用试差法，其步骤如下：

① 假定一个蒸汽冷凝的热阻 R_o（即 $\frac{1}{\alpha_o}$）对总热阻的比值 $\frac{R_o}{R_{总}}$，求出冷凝液的平均温度（即膜温）T_m。

而
$$T_m = \frac{T_i + T_w}{2} \tag{7-36}$$

在稳定传热时：
$$qF = K_o \Delta T = \alpha_o (T_i - T_w) \tag{7-37}$$

因此：
$$T_w = T_i - \frac{K}{\alpha_o} \Delta T \tag{7-38}$$

由式（7-38）代入（7-36）式得：

$$T_m = T_i - \frac{1}{2} \times \frac{K}{\alpha_o} \Delta T$$

或
$$T_m = T_i - \frac{1}{2} \times \frac{R_o}{R_{总}} \Delta T \tag{7-39}$$

在式（7-39）中，$\Delta T = T_i - t_i$ 都是已知的，这里 t_i 为溶液的沸点，℃；而 $\frac{K}{\alpha_o}$ 或 $\frac{R_o}{R_{总}}$ 是未知的，但可根据经验得知 $\frac{R_o}{R_{总}}$，此值一般为 $0.1 \sim 0.3$。在顺流加料的情况下，K 值是逐效减小的，故 $\frac{R_o}{R_{总}}$ 值也是逐效减小的。

② 由 T_m 查出 λ、μ、c_p、R 的值，求出 $GaPrK_D$ 之积。

③ 据 $GaPrK_D$ 之积的范围，定出计算 α_o 的公式，取三个不同的 qF 值分别求 α_o，qF 值一般在 $12550 \sim 418400[\mathrm{kJ}/(\mathrm{m}^2 \cdot \mathrm{h})]$ 范围内。

④ 由不同 qF 值按公式 $\alpha_i = A_i qF^{0.6}$ 分别求出 α_i 值。

⑤ 求出 K_o，K_o 是在不考虑垢阻及管壁热阻情况下的传热系数，即 $K_o = \frac{\alpha_o \alpha_i}{\alpha_o + \alpha_i}$。

⑥ 求考虑垢阻及管壁热阻时的传热系数 K 值，即 $K=\psi K_{\circ}$。ψ 为考虑垢阻和管壁热阻以后的一个系数，称为热利用系数，按经验选取之，但 $\psi<1$。

⑦ 根据假设的 qF 值及所求的 K 值，能够求出其相应的 $\Delta t\left(根据\ \Delta t=\dfrac{qF}{K}\right)$，以每一效假定的 qF 值对其相应的 Δt 作图。在 $qF\text{-}\Delta t$ 坐标图上，Δt 与 qF 成直线关系。如图 7-11 所示。

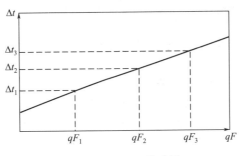

图 7-11　$qF\text{-}\Delta t$ 关系图

在求加热蒸汽消耗量和各效蒸发量时，已求得各效的有效温度差 $\Delta T=T_i-t_i$，按此温度差即能由图求出相应的 qF 值（如图 7-11 中实线所示）。不难理解，这种图解法实际就是内插法，只是通过假定的 qF 找到 $qF\text{-}\Delta t$ 的规律性而已。因此不需要对 qF 进行复核，至于最初假定的 $\dfrac{R_{\circ}}{R_{总}}$ 比值因对计算 $\alpha_{\circ}$ 所需之系数 A_1、A_1' 或 A_i 影响甚微，故一般也不必复核。

因此：$K=\dfrac{qF}{\Delta t}$，K 即为所求值。

各效 K 值均按此法求得。

最后应用列表的方式把各效计算结果按计算步骤写下来。

7.5　蒸发器的结构设计和强度计算

蒸发器结构设计的主要内容是根据工艺计算所求得的加热面积，进一步确定蒸发器主要部件的具体形式及尺寸，如加热室、分离室、除雾器及各管口等的形式和尺寸。这些尺寸和形式与蒸发器的结构形式有关，强度计算的主要内容是蒸发器的壁厚及管板厚度等。

7.5.1　蒸发器的结构设计

以中央循环管式蒸发器为例。

7.5.1.1　管子数目
为简便计算，管子数目可根据总传热面积来计算，即

$$n=\frac{A}{\pi d_0 l} \tag{7-40}$$

式中　n——管子数目；

$\quad\quad A$——蒸发器总传热面积，m^2；

$\quad\quad d_0$——加热管子的外径，m；

l——加热管子的长度，m。

目前所选用的管子长度范围较大，习惯上把 1.5～2.5m 的管子称为短管，2.5～4m 的管子为中等管，5～6m 的管子称为长管。管子长度的选择，可根据溶液结垢难易程度、溶液起泡性和厂房的高度等因素来考虑。管子的直径可参考表 7-4 来选用。

表 7-4 管子的直径

管子规格外径×壁厚/(mm×mm)	25×2.5	32×2	38×2.5	45×3	57×3.5
管心距/mm	32	40	48	54	70

7.5.1.2 管板与中心降液管的直径

管板的面积不能全部用来排列管子，因为降液管、不凝性气体管、冷凝水排出管及蒸汽通道或挡板等要占去部分面积。这部分面积与蒸发器的结构有关，通常为管板面积的 14%～20%，作为初次估算可取为管板面积的 16%，设管板直径为 D，则安装管子的面积为：

$$(1-0.16) \times \frac{\pi D^2}{4} = 0.66 D^2$$

该面积与管子所占的管板面积相等，若管子为正三角形排列（图 7-12），则：

$$0.66 D^2 = n t^2 \sin\alpha = 0.866 n t^2$$

$$D = 1.15 t \sqrt{n} \tag{7-41}$$

式中 n——管子数目；

D——管板直径，m；

t——管子中心距，m。

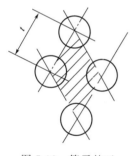

图 7-12 管子的正
三角形排列

根据所选用的管子中心距 t 及已知管子数目 n，代入上式，则可求出蒸发器的近似直径。

加热管在管板上的排列方式可以是等边三角形或同心圆，管数和圈数之间的关系参见附录三。其中，中央循环管所占据的位置的相应管子数，应该扣除。此外，当利用等边三角形排列时，在管板四周的弓形部分应该补充排列一些管子，以充分利用管板的面积。

中央循环管的截面积可取为加热管截面积的 35%～40%，设循环管的直径为 D_d，则：

$$\frac{\pi}{4} D_d^2 = (0.35 \sim 0.40) \frac{\pi}{4} d_0^2 n \tag{7-42}$$

或 $$D_d = (0.35 \sim 0.40) n d_0^2$$

式中 D_d——中央循环管内径，m；

n——加热管子数目；

d_0——加热管子外径，m。

由此求得 D_d，然后加以圆整。对于加热室在外的自然循环蒸发器，其循环管的大小可参考中央循环管来考虑。

蒸发器和其他热交换器不同的特点之一，就是必须有一定大小的蒸发室（或称分离室），以便在蒸发时带出的液滴从蒸汽中分离。这是一个重要的问题，因为如果液体被蒸汽带走，不仅造成物料损失，同时使冷凝液不适于送回锅炉使用，或腐蚀下一效的加热室。因此蒸发室需要有一定的高度，它通常根据液沫分离的要求以及机械除垢的需要来决定。一般可取为加热管长度的 1.5～2 倍。

7.5.1.3 气液分离器

蒸发操作时，二次蒸气中夹带大量的液体虽在分离室得到初步的分离，但是为了防止损失有用的产品或防止污染冷凝液体，还需设置气液分离器，以使雾沫中的液体聚集并与二次蒸气分离，故气液分离器又称捕沫器或除沫器。其类型很多，设置在蒸发器分离室顶部的有简易式、惯性式及网式除沫器等，如图 7-13(a)、图 7-13(b)、图 7-13(c) 所示；设置在蒸发器外部的折流式、旋流式及离心式除沫器等，如图 7-13(d)、图 7-13(e)、图 7-13(f) 所示。不同形式的除沫器，其计算方法不同，下面介绍两种除沫器的计算方法。

（1）惯性式除沫器

这种形式的除沫器是利用带有液滴的二次蒸汽流在突然改变运动方向时，由于惯性作用而使二者获得分离，其结构如图 7-13(b) 所示。除沫器是由大小不同的圆筒 1 和 2 所组成，且圆筒的出口端做成一定的斜度，这样可使气流均匀地通过整个除沫器的截面，从而提高分离效果，分离出的液体沿回流管 3 流回器内。

这种除沫器只有当器内二次蒸汽的速度较大时，分离效果才好。因此，圆筒 1 和圆筒 2 的大小应使气流在整个通道截面中的速度等于或接近于在二次蒸汽管中的速度，以免通过除沫器的阻力损失太大。

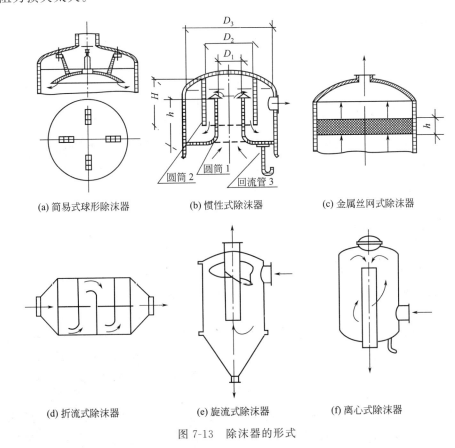

(a) 简易式球形除沫器　(b) 惯性式除沫器　(c) 金属丝网式除沫器

(d) 折流式除沫器　(e) 旋流式除沫器　(f) 离心式除沫器

图 7-13　除沫器的形式

其主要尺寸可按下列关系确定：

$$D_1 \approx D_0, \quad D_1 : D_2 : D_3 = 1 : 1.5 : 2$$

$$H=D_3, \quad h=(0.4\sim0.5)H$$

式中　D_0——二次蒸汽管的直径，m；

　　　D_1——除沫器内管1的直径，m；

　　　D_2——除沫器外罩管2的直径，m；

　　　D_3——除沫器外壳直径，m；

　　　H——除沫器的总高度，m；

　　　h——除沫器内管与器顶的平均距离，m。

（2）网式除沫器（丝网捕沫器）

网式除沫器属于表面型除沫器，除沫原理是让蒸汽流通过具有大表面积的填料层，使液滴黏附在表面上而除去。网式除沫器如图7-13（c）所示。它由几层小丝网构成，蒸汽通过时接触的机会较多，除沫效果较好。

网式除沫器的金属网一般采用三层或四层，网的自由空间约为50%，以利蒸汽通过。金属网的高度可用下式计算

$$h=\frac{V}{3600D_1\pi u\times0.5} \tag{7-43}$$

式中　h——金属网高度，m；

　　　V——进入除沫器的蒸汽量，m^3/h；

　　　D_1——蒸汽入口直径，m，通常取为蒸发室直径的70%～75%；

　　　u——蒸汽流速，m/s。

一般在惯性型分离器中，蒸汽的入口速度应比设备的横截面上的速度大9～11倍；在离心型分离器中，蒸汽入口气速可取10～20m/s。

7.5.1.4　接管

蒸发器上进出口的管径可根据选定的流速来计算，适宜的流速可参考经验数据确定，通常需要计算的管径有：加热蒸汽入口管径；二次蒸汽的出口管径；冷凝水排出管径；稀溶液入口管径；浓缩液出口管径以及除沫器的入口直径等。

关于蒸发器上各种进出口的管路尺寸可根据选定的流速来计算。

一般对于有压头的液体（例如水）可取管内流速$u=0.8\sim1.5m/s$。依靠液柱压力流动的则应取较小的流速，一般取$u=0.05\sim0.15m/s$。对于黏度大的液体所用流速以小些为宜。蒸汽管路中的流速一般取20～30m/s。真空条件下则应取更大的数值例如50～70m/s。如果多效蒸发器的各效加热面积是一样的，则其所有各项管路尺寸应该一致。

为了使加热蒸汽在加热室内均匀分布，对于较大的蒸发器常采用两个或几个蒸汽入口。同时，还可以在管束中抽去一部分管子以形成蒸汽通道，使蒸汽达到加热室深处。这样做虽然总传热面积减小了，但其余的管子的热效率提高了，这样可提高生产率15%～20%。

为了避免蒸汽进入加热室时加热管直接受冲击，在进口处常加缓冲板，其形式如图7-14所示。

冷凝水排出管应该尽量靠近加热室底部，以免加热室内积水而降低传热面的利用率。图7-15表示冷凝水出口的三种位置。

加热室必须有排除不凝性气体的管子。当加热室是正压，则不凝性气体可排入大气；当加热室内是真空时，则不凝性气体排出管应该与真空管线连接。应该注意管子的位置。例如，在糖溶液的蒸发过程中有氨气分解出来，它比水蒸气轻，多聚积在上部，因此排出管应

在加热室的上部；而当不凝性气体为空气时，则以开在下部为宜。通常在距上管板 30～100mm 和下管板 100～150mm 处各开 3～4 孔，以便把密度不同的不凝性气体排出。由于所排出的气体量无从估算，故不凝性气体排出管的管径一般根据经验选用 $\phi 12mm \sim \phi 30mm$ 的管子。

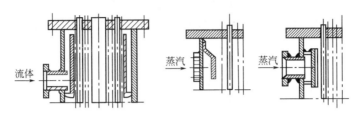

图 7-14 蒸汽入口管的缓冲板

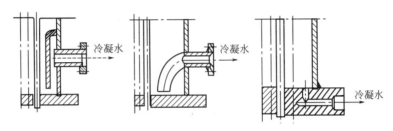

图 7-15 冷凝水出口位置

在蒸发器上还必须有其他一些部件，例如人孔、视镜、液面汁、取样管、洗涤水管、温度计插入口及压力计接口等。这些东西都是保证蒸发器能够正常生产所必不可少的。

人孔往往是安装和检修所必需的，例如悬筐式蒸发器下面锥体部分的人孔就是安装或拆卸冷凝水排出管与壳体连接所必不可少的。显然，人孔的尺寸应该保证一般成年人能钻进去，如果是圆形的人孔，则其直径至少为 400mm，一般以 450～500mm 为宜。关于人孔的设计可参考有关资料。最简单的液面计一般是玻璃管，其构造非常简单，但应该注意液面计与设备的接口必须有阀门，以免玻璃管被打破时束手无策。液面计外面应该有保护装置。如果蒸发器是在减压下操作的，则在蒸发器上简单地开一个接口是不能取出溶液的。因此，取样管应该按照图 7-16 的原则来设计。阀 1、阀 2 与蒸发器连接，阀 3、阀 4 均通大气。操作时，阀 1、阀 2 打开，阀 3、阀 4

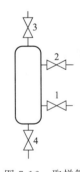

图 7-16 取样管

关闭，取样管内的溶液与蒸发器内的溶液是连通的并且有循环作用。取样时，将阀 1、阀 2 关死，打开阀 3、阀 4 即可取出溶液样品。

对于某些蒸发器，例如悬筐式蒸发器，必须装置洗涤水管。洗涤水管的作用是当设备停工时可清洗设备。例如，设备内若是 NaOH 溶液，不经彻底清洗，工人进入蒸发器工作是非常不安全的。洗涤水管要保证能将设备内部的器壁冲洗干净。

关于人孔、液面计、法兰、支架等，是许多化工设备都要用到的部件，因此它们都有统一的规格，这方面的标准规格可参考有关手册。

7.5.2 蒸发器的壳体设计

蒸发器的壳体为一受内压或外压的薄壁圆筒，对于中低压钢制化工容器，目前所应用的是第三强度理论。在内压薄壁圆筒壁内的最大主应力是周向应力，其值等于 $\dfrac{pD}{2S_0}$，而 $\sigma_3 = 0$，因此，内压薄壁圆筒的强度条件为：

$$\frac{pD}{2S_0} - 0 \leqslant [\sigma]$$

由于焊缝金属的强度往往低于筒体材料的强度，为了使用安全，乘上一个小于 1 的焊缝系数 φ，所以上式变为：

$$\frac{pD}{2S_0} \leqslant [\sigma]\varphi$$

若将上式中的平均直径 D 以容器的内径 D_n 表示，则上式改写为：

$$\frac{p(D_n + S_0)}{2S_0} \leqslant [\sigma]\varphi$$

即：

$$S_0 \geqslant \frac{pD_n}{2[\sigma]\varphi - p}$$

如果考虑到介质对材料的腐蚀，以及制造过程中出现的误差，筒体的实际壁厚 S 应在计算壁厚 S_0 的基础上增加一个壁厚附加量 C，则内压薄壁圆筒的壁厚计算公式为：

$$S = \frac{pD_n}{2[\sigma]\varphi - p} + C \tag{7-44}$$

式中　S——筒体计算壁厚，mm；

　　　p——筒体的设计压力，Pa；

　　　D_n——筒体内径，mm；

　　　φ——焊缝系数；

　　$[\sigma]$——筒体材料在使用温度范围内的许用应力，Pa；

　　　C——壁厚附加量，mm。

焊缝强度系数表示焊缝强度对主体部强度的比值，单面焊缝 $\varphi = 0.65$，双面焊缝 $\varphi = 0.85$，壁厚附加量

$$C = C_1 + C_2 + C_3$$

式中　C_1——钢板或钢管厚度的负偏差，mm，按表 7-5 选取；

　　　C_2——根据介质的腐蚀性和容器的设计寿命而定的腐蚀裕度，mm；

　　　C_3——热成型时的加工减薄量，mm。

表 7-5　钢板或钢管厚度的负偏差

钢板厚度/mm	2.0	2.2	2.5	2.8～3.0	3.2～3.5	3.8～4.0	4.5～5.5
负偏差 C_1/mm	0.18	0.19	0.2	0.22	0.25	0.3	0.5
钢板厚度/mm	6～7	8～25	26～30	32～34	36～40	42～50	52～60
负偏差 C_1/mm	0.6	0.8	0.9	1.0	1.1	1.2	1.3

腐蚀裕度 $C_2 = $ 腐蚀速度 × 设备使用年限，mm。

对碳素钢和低合金钢取 C_2 不小于 1mm；对不锈钢，当介质的腐蚀性极微时，取 $C_2 = 0$。目前多数设计部门取 C_3 为计算厚度的 10%，且不超过 4mm。

7.5.3　蒸发器顶盖设计

常见的形状有半球形，椭圆形、碟形、锥形及平板。其中球形顶盖受力情况最好，能较

好地利用材料，计算出的厚度最薄，但制造费用高，几何难度大。平板构造最简单，但受力情况不好，计算厚度大，不适于受压大、直径大的容器。其他类型的优缺点介于两者之间。对于要从罐底卸出黏稠物料或带有固体物料的情况，应该用锥形底。

如图 7-17 所示，为球形顶盖，其设计公式为：

$$S = \frac{pD_i}{4[\sigma]\varphi - p} + C \tag{7-45}$$

式中 D_i 为球壳内径，mm。

如图 7-18 所示，为拱形顶盖。$R = D_i$；$r = 0.15D_i$；$H = 0.2D_i$，$h > 50mm$；如图 7-19(a) 锥形盖最普通的，其 $\alpha = 30° \sim 45°$，其与圆形筒体连接之处，只有当 $\alpha < 25°$ 操作压力不大的时候，才可以用没有折边的锥形底盖与圆形筒体直接连接［图 7-19(a)］。而具有折边连接的，折边半径 $r > 0.15D_i$［图 7-19(b)］。

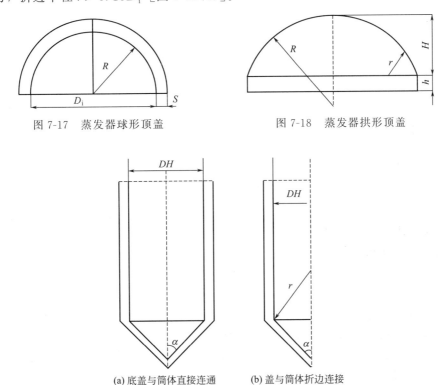

图 7-17　蒸发器球形顶盖　　　　　　　图 7-18　蒸发器拱形顶盖

(a) 底盖与筒体直接连通　　　　(b) 盖与筒体折边连接

图 7-19　蒸发器锥形底盖

对于拱形顶盖，其壁厚

$$S = \frac{MpD_i}{2[\sigma]\varphi - 0.5p} + C \tag{7-46}$$

$$M = \frac{1}{4}\left(3 + \frac{R}{r}\right) \tag{7-47}$$

对于无折边锥形底盖，其壁厚：

$$S = \frac{pD_i}{2[\sigma]\varphi - p} \times \frac{1}{\cos\alpha} + C \tag{7-48}$$

7.5.4　管板尺寸及其与管子和壳体的连接

7.5.4.1　管板厚度的确定

管板厚度的确定主要考虑以下一些因素：胀管时能很好地固定管子；胀管后能维持管板的形状；当承受蒸发器内介质压力作用和由管子与壳体的受热伸长而产生的应力时，有足够的强度。此外，还要考虑载热体的腐蚀。

表 7-6 为管板的最小厚度（不包括腐蚀余量），mm。

表 7-6　管板的最小厚度

换热管外径 d_0/mm	管板厚度/mm	换热管外径 d_0/mm	管板厚度/mm
≤25	$\frac{3}{4}d_0$	38	25
32	22	57	32

管板的厚度包括附加量在内建议不小于 20mm，其厚度也可用经验公式计算：

$$S \geqslant \frac{4.8d_0}{t - d_0} \tag{7-49}$$

式中　S——管板厚度，mm；

　　　d_0——管子外径，mm；

　　　t——管心距，mm。

注：对具有中央循环管的管板，还应考虑开孔削弱影响，详见有关资料和标准。

7.5.4.2　管板与管子的连接

管子在管板上的固定，如果连接不严密，就会产生泄漏。目前最广泛采用的连接方法有胀接和焊接两种。在高温高压时，有时采用胀接和焊接并用的方法，有时还采用填塞法固定（此法只适用于非金属管及铸铁管等）。近来也有采用爆炸胀管、橡胶深度胀管等连接方法。

（1）胀接连接

胀接是目前最通用的一种连接方法，它是利用胀管器，使伸到管板孔中的管子端部直径扩大，产生显著的塑性变形，而管板只产生弹性变形，胀管后管板与管子间靠产生的挤压力，紧紧地贴在一起，达到密封紧固的目的。图 7-20(a) 和图 7-20(b) 分别表示了胀管前和胀管后管径的增大和受力情况。

管板上的管孔，有孔壁开槽的与孔壁不开槽的（光孔）两种。孔壁开槽时，由于胀管后管子产生塑性变形，管壁被嵌入小槽中，可以增加连接强度和紧密性。所以，当操作压力较高时，必须采用孔壁开槽的胀接；当操作压力 $p \leqslant 0.6\text{MPa}$ 时，管孔可不开槽，以节省加工工时。如图 7-21 所示，当管板厚度 $S \leqslant 25\text{mm}$ 时，采用 A 型；而当 $S > 25\text{mm}$ 时，采用 B 型。图 7-21 所示为带沟槽的结构。对于光孔结构，除沟槽尺寸外，其余尺寸相同。

采用胀接时，管板硬度要高，以保证胀接质量，这样可免除在胀接时管板上的管孔产生塑性变形，影响胀接的紧密性。当达不到这个要求时，可将管端进行退火处理，降低硬度后再进行胀接。

胀接一般用在换热管为碳素钢、管板为碳素钢

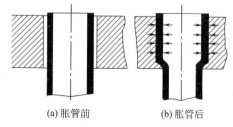

(a) 胀管前　　　(b) 胀管后

图 7-20　胀管前后示意图

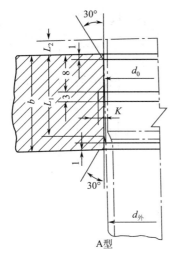 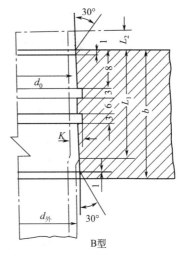

图 7-21　胀管连接结构尺寸

或低合金钢，设计压力不超过 4MPa，设计温度在 350℃ 以下，且无特殊要求的场合。

换热管在管板内的胀接长度 l 取下列三者中的最小值，即：（a）两倍的换热管外径；（b）50mm；（c）管板厚度减去 3mm。同时，胀管部分不得伸出管板壳程侧表面以外。关于胀接尺寸见表 7-7。其中，l 为胀接长度，l_1 为管子伸出长度，S 为管板厚度，k 为槽深。

表 7-7　胀接尺寸

管子外径/mm	管板孔		胀接长度 l		k/mm	l_1/mm
	孔直径/mm	允差/mm	$t \leqslant 50$/mm	$t > 50$/mm		
14	14.4	+0.15			不开槽	
19	19.4	+0.2			0.5	3～5
25	25.4					
32	32.5	+0.3	$t-3$	50	0.6	4～6
38	38.5					
45	45.5	+0.4			0.8	5～7
57	57.7					

（2）焊接连接

材料的可焊性允许时，焊接连接可用于 $p_N \leqslant 35$MPa，（p_N 公称压力）不适用于有较大振动及有间隙腐蚀的场合。

图 7-22 为常用的焊接结构形式及尺寸。

长期以来，胀接法应用广泛，已积累了丰富的施工经验。一般只有在温度、压力较高或对连接紧密性有严格要求时，才采用焊接连接。对于碳钢或低合金钢管板，当温度高于 300℃ 或压力高于 4MPa 时，才需采用焊接。目前，焊接法比胀接法有不少优越性，即高温、高压下仍能保持连接的紧密性，管板孔加工要求低，可节约孔的加工工时，同时焊接工艺也比胀接工艺简便等，即使在压力不太高时也被采用。因此，焊接法的应用正日趋广泛。但由于焊接接头处产生的热应力，可能造成应力腐蚀和破裂；同时管子与管板孔间存在间隙，在这些间隙中的流体不流动，很容易造成"间隙腐蚀"。为了消除这个间隙，有时可先胀接后再焊。

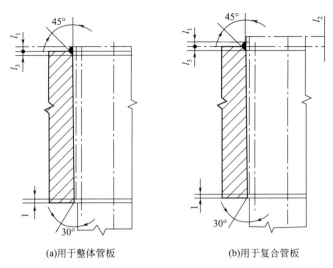

(a)用于整体管板   (b)用于复合管板

图 7-22 常用管子和管板的焊接结构

　　焊接接头的结构应根据管子直径和厚度，管板厚度和材料以及操作条件等因素来决定。焊接接头结构的几种常用形式见图 7-23。

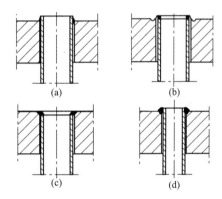

(a)   (b)

(c)   (d)

图 7-23 焊接接头结构形式

图 7-23(a) 所示结构，由于管板孔端没有开坡口，所以连接质量较差，适用于压力不高和管壁较薄的场合。图 7-23(b) 所示结构，由于管板孔端切出了坡口，连接质量较好，使用最多。图 7-23(c) 所示结构，管子头部不露出管板，因此在立式设备中，停工后管板上不会积留液体，但焊接质量不易保证。图 7-23(d) 所示结构，在孔的四周开了沟槽［槽深约为换热器壁厚的（1.5～2.0）倍］，可有效地减小焊接应力，适用于薄管壁和管板在焊接后不允许产生较大变形的场合。

　　焊接时管孔的尺寸和要求，可与胀管时相同。对图 7-23(b) 的结构，管子露出管板的长度 l_2 推荐如下：

　　当管径 $d_0 \leqslant 25\text{mm}$ 时，取 $l_2 = 0.5 \sim 1\text{mm}$；

　　当管径 $d_0 > 25\text{mm}$ 时，取 $l_2 = 3 \sim 5\text{mm}$。

　　显然，如图 7-23 所示的几种焊接结构都存在着一个缺点，即由于焊接处产生应力集中，使得在高温或在温度剧烈波动时，焊缝易产生裂纹。为了克服上述缺点，又出现了一种内孔焊接连接。

　　内孔焊接是将焊接机头伸入管子内孔，在氩气保护下，通过自动控制焊接工艺参数，实现管子与管板焊接的新工艺。其管板结构也与普通管板有所不同。国外 70 年代初开始应用于电站蒸发器等大型换热器生产中。其主要优点是：

　　① 避免了胀管结构由于机械胀管而产生的冷作硬化和残余应力。

　　② 避免了由于端面焊接结构中换热管与管板之间存在间隙而造成间隙腐蚀。

　　③ 和端面焊接相比，焊后收缩的拉应力由沿管板孔周围分布变成沿接管长度方向分布。由于管子细长，大大降低了焊缝收缩所造成的拉应力，从而降低应力腐蚀倾向。

　　如图 7-24 所示为内孔焊接接头的例子，它从根本上消除了间隙腐蚀，焊接质量也大大改善,因而能够得到满意的结果。不过,内孔焊接需采用专用焊枪伸入管孔内进行焊接,且管板孔加工较为复杂,焊缝返修也不方便。目前,这种焊接方法除在要求较高的情况下使用外,尚不普遍。

(3)胀焊并用连接

胀焊并用连接采用了强度胀加密封焊的结构,如图7-25所示,也可采用强度焊加贴胀的结构。这里采用的强度焊,是靠焊接来承受管子的载荷并保证密封,而管子的贴胀是为了消除换热管与管孔间产生间隙腐蚀并增强抗疲劳破坏的能力。胀焊并用还可承受反复热变形和防止管子振动破坏。当温度和压力较高时,仍可保证连接强度与严密不漏。

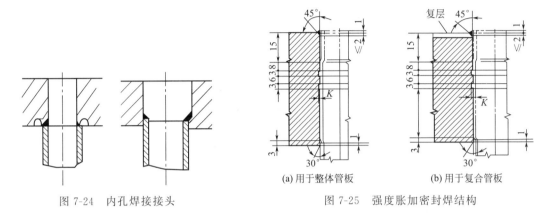

图 7-24 内孔焊接接头

图 7-25 强度胀加密封焊结构

(a)用于整体管板 (b)用于复合管板

7.5.4.3 管板与壳体的连接结构

管板与壳体有两种连接方式,可拆连接与不可拆连接,其常用形式如图7-26、图7-27所示。

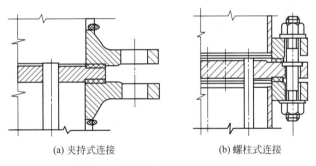

(a)夹持式连接 (b)螺柱式连接

图 7-26 管板与壳体的可拆连接

7.5.5 保温层厚度的确定

保温层厚度 δ 是用通过保温层从其表面传向环境的单位热质量相等来进行计算的。

$$\alpha(t_2 - t_0) = \frac{\lambda}{\delta}(t_1 - t_2) \tag{7-50}$$

式中 α——保温材料外表面传向环境的导热系数,$W/(m^2 \cdot K)$;

t_2——靠近环境一侧保温材料的温度,对于厂房内的设备其值可取 35~45℃,对于露天工作的设备在冬季可取 0~20℃;

t_1——靠近设备一侧保温材料的温度,取 t_1 等于加热蒸汽温度,℃;

t_0——环境温度,℃;

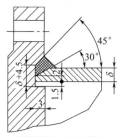
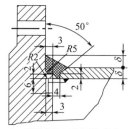

(a) 管板兼法兰的焊接形式一   (b) 管板兼法兰的焊接形式二

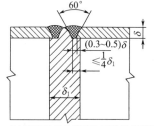
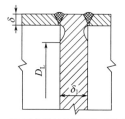
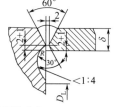

(c) 不带法兰的管板与壳体的焊接形式一   (d) 不带法兰的管板与壳体的焊接形式二

图 7-27 管板与壳体的不可拆连接

λ——保温材料的热导率，W/(m·K)。

7.5.6 混合冷凝器的计算

用水作为冷却剂，水通常在环境温度下加入冷凝器。冷却水和冷凝液的混合物沿气压管从冷凝器中排出。

7.5.6.1 冷却水流量的计算

冷却水的流量按式（7-51）计算：

$$G = \frac{W_3(I - c_p t_1)}{c_p(t_2 - t_1)} \tag{7-51}$$

式中 I——气压冷凝器中水蒸气的焓值，kJ/kg；

c_p——水的比热容，kJ/(kg·℃)；

t_1——冷却水的温度，℃，一般取 10~25℃；

t_2——水和冷凝液的温度，℃，一般取 40~55℃；

W_3——冷凝蒸汽量，kg/s；

G——冷却水的量，kg/s。

冷凝器出口处水蒸气和液体之间的温度差应为 3~5℃，所以冷凝器出口处的终温应低于蒸汽冷凝温度 3~5℃。

7.5.6.2 混合冷凝器直径的计算

混合冷凝器的直径计算如下：

$$d = \sqrt{\frac{4W_3}{\rho \pi u}} \tag{7-52}$$

式中 ρ——蒸汽密度，kg/m³；

u——蒸汽的速度，m/s，一般取 50~60m/s；

d——管径，m。

7.5.6.3 混合冷凝器气压管高度的计算

混合冷凝器气压管高度的计算如下：

$$h \geqslant \frac{\Delta p}{\rho g} \tag{7-53}$$

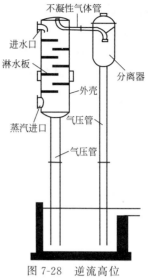

式中　　h——气压管的高度，m；

　　Δp——大气压与冷凝器内的压强差，Pa；

　　ρ——冷凝液的密度，kg/m^3；

　　g——重力加速度，m/s^2。

气压管的高度一般不小于式（7-53）计算的数值。冷凝器中装有小孔的淋水板，淋水板的数目一般为 6~7 块，板宽为直径的 60%~75%，板上孔的直径一般为 3~6mm，板间距平均为 $0.4d$。

无论采用何种冷凝器，均需于其后设真空装置以排除少量不凝性气体，维持蒸发所要求的真空度，如图 7-28 所示。

图 7-28　逆流高位
冷凝器（大气腿）

7.5.7　真空泵生产能力的计算

真空泵的生产能力按冷凝器必须排出的气体（空气）量来确定。

$$G_1 = 2.5 \times 10^{-5}(W_3 + G_B) + 0.01W_3 \tag{7-54}$$

式中　　G_1——真空泵的生产能力，kg/s；

　2.5×10^{-5}——从 1kg 水中分离出的气体量；

　　0.01——由于不密封，每冷凝 1kg 蒸汽吸入冷凝器中的空气量；

　　G_B——冷却水用量，kg/s。

真空泵的体积生产能力（抽气速率）：

$$V = \frac{R(273+t)G_1}{Mp_{空气}} \tag{7-55}$$

式中　　R——通用气体常数，8314J/(kmol·K)；

　　M——空气的分子量，kg/kmol；

　　t——空气温度，℃；

　　$p_{空气}$——气压冷凝器中空气的分压，Pa。

空气的温度按下式计算：

$$t = t_1 + t_{p_1} + 0.1(t_2 - t_1) \tag{7-56}$$

空气的压力：

$$p_{空气} = p_1 - p_t \tag{7-57}$$

式中　　p_1——空气冷凝器内压力，Pa；

　　p_t——在 t 温度时的饱和蒸汽的压力，Pa；

　　t_{p_1}——空气在 p_1 压力下对应的温度，℃。

7.6　三效蒸发器设计案例

已知条件：氢氧化钠溶液处理量 4500kg/h，初始温度为 20℃，初始氢氧化钠溶液浓度

5％，完成时氢氧化钠溶液浓度为40％，加热蒸汽压强为5MPa（表压），末效真空度为0.08MPa（表压），各效蒸发器的总传热系数分别为 $K_1 = 1800\text{W}/(\text{m}^2 \cdot \text{K})$，$K_2 = 1200\text{W}/(\text{m}^2 \cdot \text{K})$，$K_3 = 600\text{W}/(\text{m}^2 \cdot \text{K})$。试计算所需的蒸发器的传热面积。

（1）计算总蒸发量

$$W = F\left(1 - \frac{X_0}{X_3}\right) = 4500 \times \left(1 - \frac{0.05}{0.40}\right) = 3937.5(\text{kg/h})$$

（2）估算各效蒸发量

假设：$W_1 : W_2 : W_3 = 1 : 1.1 : 1.2$

$$W = W_1 + W_2 + W_3 = 3.3W_1 = 3937.5(\text{kg/h})$$

则：$W_1 = 1193\text{kg/h}$；$W_2 = 1312\text{kg/h}$；$W_3 = 1432\text{kg/h}$

（3）估算各效浓度

$$X_1 = \frac{FX_0}{F - W_1} = \frac{4500 \times 0.05}{4500 - 1193} = 0.068$$

$$X_2 = \frac{4500 \times 0.05}{4500 - 1193 - 1312} = 0.113$$

$$X_3 = 0.4$$

（4）分配各效压强

假设各效间压降相等：

$$p_1 = 5 \times 98.07 + 101.33 = 592(\text{kPa})$$

$$p_K = 101.33 - 600 \times 133.32 \times 10^{-3} = 21(\text{kPa})$$

$$\Delta p = \frac{592 - 21}{3} = 190(\text{kPa})$$

则各效蒸发室的压强（二次蒸汽压强）为：

$$p_1' = p_1 - \Delta p = 592 - 190 = 402(\text{kPa})$$

$$p_2' = p_1 - 2\Delta p = 592 - 2 \times 190 = 212(\text{kPa})$$

$$p_3' = p_K = 21(\text{kPa})$$

由各效二次蒸汽压强查水蒸气表可得相应的二次蒸汽温度和汽化潜热，如表7-8所示。

表7-8　二次蒸汽温度和汽化潜热

效数	1	2	3
二次蒸汽压强/kPa	402	212	21
二次蒸汽温度/℃	143.6	121.9	60.7
汽化潜热/(kJ/kg)	2138	2200	2353

（5）计算各效传热温度差损失

① 由蒸汽压下降引起的温度差损失 Δ'。根据二次蒸汽温度和各效完成液的浓度，由氢氧化钠的杜林线图可查得各效溶液的沸点分别为：

沸点：$\quad t_{a1} = 146℃$；$t_{a2} = 125℃$；$t_{a3} = 87℃$

由溶液蒸汽压下降引起的温度差损失为：

$$\Delta_1' = 146 - 143.6 = 2.4(℃)$$

$$\Delta_2' = 125 - 121.9 = 3.1(℃)$$

$$\Delta_3' = 87 - 60.7 = 26.3(℃)$$

$$\sum\Delta'=2.4+3.1+26.3=31.8(℃)$$

② 由静压强引起的温度差损失 Δ'':

$$p_m=p'+\frac{\rho g L}{2}$$

取液位高度为 2m（即加热蒸汽管长度）。

由溶液的沸点和各效完成液的浓度查附录五可得各效溶液的密度：

$$\rho_1=991kg/m^3;\rho_2=1056kg/m^3;\rho_3=1366kg/m^3$$
$$p_1=402+991\times9.81\times2/2/1000=412(kPa)$$
$$p_2=212+1056\times9.81\times2/2/1000=222(kPa)$$
$$p_3=21+1366\times9.81\times2/2/1000=34(kPa)$$

对应的各效溶液（水）的温度分别为：144.4℃、123.3℃、69.9℃。

$$\Delta''=t'_m-t_p$$
$$\Delta'''_1=144.4-143.6=0.8(℃)$$
$$\Delta'''_2=123.3-121.9=1.4(℃)$$
$$\Delta'''_3=69.9-60.7=9.2(℃)$$
$$\Delta''=0.8+1.4+9.2=11.4(℃)$$

③ 流动阻力引起的温度差损失 Δ''':

$$\sum\Delta'''=0$$

（6）计算总温度差损失

$$\sum\Delta=31.8+11.4=43.2(℃)$$

（7）计算总传热温度差

$$\Delta t=T_1-T_K-\sum\Delta=158.1-60.7-43.2=54.2(℃)$$

（8）计算各效溶液的沸点及各效加热蒸汽的温度

一效： $t_1=T'_1+\Delta_1=143.6+2.4+0.8=146.8(℃)$

二效： $t_2=121.9+3.1+1.4=126.4(℃)$

三效： $t_3=60.7+26.3+9.2=96.2(℃)$

$$T_2=t_1-(\Delta'_1+\Delta''_1+\Delta'''_1)=146.8-3.2=143.6(℃)$$
$$T_3=\Delta t_3+t_3$$

（9）初步计算加热蒸汽消耗量及各效蒸发水分量

根据公式（7-21）及式（7-22）：

$$W_1=\left[D_1\frac{R_1}{r'_1}+Fc_{p_0}\frac{t_0-t_1}{r'_1}\right]\eta_1$$

因沸点进料，故 $t_0=t_1$。为考虑 NaOH 水溶液浓缩的影响，热利用系数 η_1 取为 $\eta_1=0.98-0.7(0.068-0.05)=0.9674$。

所以 $\qquad W_1=\eta_1 D_1\frac{R_1}{r'_1}=0.9674D_1\times\frac{2093}{2138}=0.9470D_1$ （a）

同理，第二效的热量衡算式为： $W_2=\left[W_1\frac{R_2}{r'_2}+(Fc_{p_0}-W_1c_{p_w})\frac{t_1-t_2}{r'_2}\right]\eta_2$

$$\eta_2=0.98-0.7\times(0.113-0.068)=0.9485$$

$$W_2=0.9470\times\left[\frac{2138}{2200}W_1+(4500\times3.77-4.187W_1)\times\frac{146.8-126.4}{2200}\right]$$

$$W_2 = 0.8836W_1 + 148.97 \tag{b}$$

同理，第三效的热量衡算式为：$W_3 = \left[W_2 \dfrac{R_3}{r_3'} + (Fc_{p_0} - W_1 c_{p_w} - W_2 c_{p_w}) \dfrac{t_2 - t_3}{r_3'} \right] \eta_2$

$$\eta_3 = 0.98 - 0.7 \times (0.4 - 0.113) = 0.7800$$

$$W_3 = 0.9470 \times \left[\frac{2200}{2353} W_2 + (4500 \times 3.77 - 4.187W_1 - 4.187W_2) \times \frac{126.4 - 96.2}{2353} \right]$$

$$W_3 = 0.8347W_2 - 0.0508W_1 + 205.64 \tag{c}$$

又因：
$$W_1 + W_2 + W_3 = 3937.5(\text{kg/h}) \tag{d}$$

联立式(a)、式(b)、式(c)、式(d) 解得：

$$W_1 = 1346\text{kg/h}$$

$$W_2 = 1338\text{kg/h}$$

$$W_3 = 1254\text{kg/h}$$

$$D_1 = 1421\text{kg/h}$$

（10）估算蒸发器的传热面积

$$S_i = \frac{Q_i}{K_i \times \Delta t_i}$$

$$\Delta t_1 = T_1 - t_1 = 158.1 - 146.8 = 11.3(\text{℃})$$

同理，$\Delta t_2 = 14.5\text{℃}$，$\Delta t_3 = 29.7\text{℃}$

已知各效传热系数：

$K_1 = 1800\text{W/(m}^2 \cdot \text{K)}$；$K_2 = 1200\text{W/(m}^2 \cdot \text{K)}$；$K_3 = 600\text{W/(m}^2 \cdot \text{K)}$

$$Q_1 = D_1 \times R_1 = 1421 \times 2093 \times 10^3 / 3600 = 8.26 \times 10^5 (\text{W})$$

$$Q_2 = 1346 \times 2138 \times 10^3 / 3600 = 7.99 \times 10^5 (\text{W})$$

$$Q_3 = 1338 \times 2134 \times 10^3 / 3600 = 7.93 \times 10^5 (\text{W})$$

$$S_1 = 40.6\text{m}^2 ; S_2 = 45.9\text{m}^2 ; S_3 = 44.5\text{m}^2$$

（11）有效温度差再分配

$$S = \frac{S_1 \Delta t_1 + S_2 \Delta t_2 + S_3 \Delta t_3}{\sum \Delta t} = 44.07(\text{m}^2)$$

$$\Delta t_1 = 40.6/44.07 \times 11.3 = 10(\text{℃})$$

$$\Delta t_2 = 45.9/44.07 \times 14.5 = 15.1(\text{℃})$$

$$\Delta t_3 = 44.5/44.07 \times 29.7 = 30.0(\text{℃})$$

（12）重新计算各效浓度

$$X_1 = \frac{FX_0}{F - W_1} = \frac{4500 \times 0.05}{4500 - 1346} = 0.071$$

$$X_2 = \frac{FX_0}{F - W_1 - W_2} = \frac{4500 \times 0.05}{4500 - 1346 - 1338} = 0.124$$

$$X_3 = \frac{FX_0}{F - W_1 - W_2 - W_3} = \frac{4500 \times 0.05}{4500 - 1346 - 1338 - 1254} = 0.400$$

（13）计算各效溶液的沸点及相应的焓值

各效溶液的沸点及相应的焓值，见表 7-9。

表 7-9 各效溶液的沸点及相应的焓值

效次	1	2	3
加热蒸汽温度/℃	158.1	144.9	126.2
各效温度差/℃	10	15.1	30.0
各效溶液的沸点/℃	148.1	129.8	96.2
焓值/(kJ/kg)	2138	2134	2188

（14）计算各效蒸发量

$$\eta_1 = 0.98 - 0.7 \times (0.073 - 0.05) = 0.9639$$

所以

$$W_1 = \eta_1 D_1 \frac{R_1}{r_1'} = 0.9639 D_1 \times \frac{2134}{2138} = 0.9621 D_1 \tag{a}$$

同理，第二效的热量衡算式为：$W_2 = \left[W_1 \frac{R_2}{r_2'} + (F c_{p_0} - W_1 c_{p_w}) \frac{t_1 - t_2}{r_2'} \right] \eta_2$

$$\eta_2 = 0.98 - 0.7 \times (0.136 - 0.073) = 0.9359$$

$$W_2 = 0.9359 \times \left[\frac{2134}{2138} W_1 + (4500 \times 3.77 - 4.187 W_1) \times \frac{148.1 - 129.8}{2138} \right]$$

$$W_2 = 0.9006 W_1 + 135.9 \tag{b}$$

同理，第三效的热量衡算式为：$W_3 = \left[W_2 \frac{R_3}{r_3'} + (F c_{p_0} - W_1 c_{p_w} - W_2 c_{p_w}) \frac{t_2 - t_3}{r_3'} \right] \eta_2$

$$\eta_3 = 0.98 - 0.7 \times (0.4 - 0.136) = 0.7952$$

$$W_3 = 0.7952 \times \left[\frac{2134}{2190} W_2 + (4500 \times 3.77 - 4.187 W_1 - 4.187 W_2) \times \frac{129.8 - 96.2}{2188} \right]$$

$$W_3 = 0.6916 W_2 - 0.0488 W_1 + 197.79 \tag{c}$$

又因：

$$W_1 + W_2 + W_3 = 3937.5 (kg/h) \tag{d}$$

联立式(a)、式(b)、式(c)、式(d) 解得：

$W_1 = 1418 kg/h$；$W_2 = 1413 kg/h$；$W_3 = 1106 kg/h$

$D = 1474 kg/h$

（15）计算各效传热面积

$Q_1 = 8.57 \times 10^5 W$，$S_1 = 47.6 m^2$

$Q_2 = 8.42 \times 10^5 W$，$S_2 = 46.5 m^2$

$Q_3 = 8.38 \times 10^5 W$，$S_3 = 46.6 m^2$

$$1 - \frac{S_{min}}{S_{max}} = 1 - \frac{46.5}{47.6} = 0.0294 < 0.05,\ 取平均面积\ S = \frac{47.5 + 46.5 + 46.6}{3} = 46.9\ (m^2)$$

取 $S = 1.1 S = 51.59 \approx 52 m^2$

附 录

附录一　列管式换热器的基本参数

附录表 1　换热管 $\phi 19$ 的基本参数

公称直径 /mm	公称压力 /MPa	管程数 N	管子根数 n	中心排管数	管程流通面积 /m²	计算换热面积/m² 换热管长度/mm					
						1500	2000	3000	4500	6000	9000
159		1	15	5	0.0027	1.3	1.7	2.6	—	—	—
219			33	7	0.0058	2.8	3.7	5.7	—	—	—
273	1.60 2.50 4.00 6.40	1	65	9	0.0115	5.4	7.4	11.3	17.1	22.9	—
		2	56	8	0.0049	4.7	6.4	9.7	14.7	19.7	—
325		1	99	11	0.0175	8.3	11.2	17.1	26.0	34.9	—
		2	88	10	0.0078	7.4	10.0	15.2	23.1	31.0	—
		4	68	11	0.0030	5.7	7.7	11.8	17.9	23.0	—
400		1	174	14	0.0307	14.5	19.7	30.1	45.7	61.3	—
		2	164	15	0.0145	13.7	18.6	28.4	43.1	57.8	—
		4	146	14	0.0065	12.2	16.6	25.3	38.3	51.4	—
450		1	237	17	0.0419	19.8	26.9	41.0	62.2	83.5	—
		2	220	16	0.0194˙	18.4	25.0	38.1	57.8	77.5	—
		4	200	16	0.0088	16.7	22.7	34.6	52.5	70.4	—
500	0.60 1.00 1.60 2.50 4.00	1	275	19	0.0486	—	31.2	47.6	72.2	96.8	—
		2	256	18	0.0226	—	29.0	44.3	67.2	90.2	—
		4	222	18	0.0098	—	25.2	38.4	58.3	78.2	—
600		1	430	22	0.0760	—	48.8	74.4	112.9	151.4	—
		2	416	23	0.0368	—	47.2	72.0	109.3	146.5	—
		4	370	22	0.0163	—	42.0	64.0	97.2	130.3	—
		6	360	20	0.0106	—	40.8	62.3	94.5	126.8	—
700		1	607	27	0.1073	—	—	105.1	159.4	213.8	—
		2	574	27	0.0507	—	—	99.4	150.8	202.1	—
		4	542	27	0.0230	—	—	93.8	142.3	190.9	—
		6	518	24	0.0153	—	—	89.7	136.0	182.4	—

公称直径/mm	公称压力/MPa	管程数 N	管子根数 n	中心排管数	管程流通面积/m²	计算换热面积/m²					
						换热管长度/mm					
						1500	2000	3000	4500	6000	9000
800		1	797	31	0.1408	—	—	138.0	209.3	280.7	—
		2	776	31	0.0686	—	—	134.3	203.8	273.3	—
		4	722	31	0.0319	—	—	125.0	189.8	254.3	—
		6	710	30	0.0209	—	—	122.9	186.5	250.0	—
900		1	1009	35	0.1783			174.7	265.0	355.3	536.0
		2	988	35	0.0873			171.0	259.5	347.9	524.9
		4	938	35	0.0414			162.4	246.4	330.3	498.3
		6	914	34	0.0269			158.2	240.0	321.9	485.6
1000	0.60 1.00 1.60 2.50 4.00	1	1267	39	0.2239			219.3	332.8	446.2	673.1
		2	1234	39	0.1090			213.6	324.1	434.6	655.6
		4	1186	39	0.0524			205.3	311.5	417.7	630.1
		6	1148	38	0.0338			198.7	301.5	404.3	609.9
(1100)		1	1501	43	0.2652			—	394.2	528.6	797.4
		2	1470	43	0.1299				386.1	517.7	780.9
		4	1450	43	0.0641				380.8	510.6	770.3
		6	1380	42	0.0406				362.4	486.0	733.1
1200		1	1837	47	0.3246				482.5	646.9	975.9
		2	1816	47	0.1605				476.9	639.5	964.7
		4	1732	47	0.0765				454.9	610.0	920.1
		6	1716	46	0.0505				450.7	604.3	911.6
(1300)		1	2123	51	0.3752				557.6	747.7	1127.8
		2	2080	51	0.1838				546.3	732.5	1105.0
		4	2074	50	0.0916				544.7	730.4	1101.8
		6	2028	48	0.0597				532.6	714.2	1077.4
1400		1	2557	55	0.4519				—	900.5	1358.4
		2	2502	54	0.2211					881.1	1329.2
		4	2404	55	0.1062					846.6	1277.1
		6	2378	54	0.0700					837.5	1263.3
(1500)	0.25 0.60 1.00 1.60 2.50	1	2929	59	0.5176				—	1031.5	1556.0
		2	2874	58	0.2539					1012.1	1526.8
		4	2768	58	0.1223					974.8	1470.5
		6	2692	56	0.0793					948.0	1430.1
1600		1	3339	61	0.5901				—	1175.9	1773.8
		2	3282	62	0.3382					1155.8	1743.5
		4	3176	62	0.1403					1118.5	1687.2
		6	3140	61	0.0925					1105.8	1668.1
(1700)		1	3721	65	0.6576				—	1310.4	1976.7
		2	3646	66	0.3131					1284.0	1936.9
		4	3544	66	0.1566					1248.1	1882.7
		6	3512	63	0.1034					1236.8	1869.7
1800		1	4247	71	0.7505	—	—	—	—	1495.7	2256.2
		2	4186	70	0.3699	—	—	—	—	1474.2	2223.8
		4	4070	69	0.1798	—	—	—	—	1433.3	2162.2
		6	4048	67	0.1192	—	—	—	—	1425.6	2150.5

注：表中的管程流通面积为各程平均值。

附录表 2　换热管 $\phi25$ 的基本参数

公称直径 mm	公称压力 MPa	管程数/N	管子根数 n	中心排管数	管程流通面积/m² φ25mm×2mm	管程流通面积/m² φ25mm×2.5mm	计算换热面积/m² 1500	2000	3000	4500	6000	9000
159		1	11	3	0.0038	0.0035	1.2	1.6	2.5	—	—	—
219		1	25	5	0.0087	0.0079	2.7	3.7	5.7			
273	1.60 2.50 4.00 6.40	1	38	6	0.0132	0.0119	4.2	5.7	8.7	13.1	17.6	—
273		2	32	7	0.0065	0.0050	3.5	4.8	7.3	11.1	14.8	—
325		1	57	9	0.0197	0.0179	6.3	8.5	13.0	19.7	26.4	—
325		2	56	9	0.0097	0.0088	6.2	8.4	12.7	19.3	25.9	—
325		4	40	9	0.0035	0.0031	4.4	6.0	9.1	13.8	18.5	—
400		1	98	12	0.0339	0.0308	10.8	14.6	22.3	33.8	45.4	
400		2	94	11	0.0163	0.0148	10.3	14.0	21.4	32.5	43.5	
400		4	76	11	0.0066	0.0060	8.4	11.3	17.3	26.3	35.2	
450		1	135	13	0.0468	0.0424	14.8	20.1	30.7	46.6	62.5	
450		2	126	12	0.0218	0.0198	13.9	18.8	28.7	43.5	58.4	
450		4	106	13	0.0092	0.0083	11.7	15.8	24.1	36.6	49.1	
500	0.60 1.00 1.60 2.50 4.00	1	174	14	0.0603	0.0546	—	26.0	39.6	60.1	80.6	
500		2	164	15	0.0284	0.0257	—	24.5	37.3	56.6	76.0	
500		4	144	15	0.0125	0.0113	—	21.4	32.8	49.7	66.7	
600		1	245	17	0.0849	0.0769	—	36.5	55.8	84.6	113.5	
600		2	232	16	0.0402	0.0364	—	34.6	52.8	80.1	107.5	
600		4	222	17	0.0192	0.0174	—	33.1	50.5	76.7	102.8	
600		6	216	16	0.0125	0.0113	—	32.2	49.2	74.6	100.0	
700		1	355	21	0.1230	0.1115	—	—	80.0	122.6	164.4	—
700		2	342	21	0.0592	0.0537	—	—	77.9	118.1	158.4	—
700		4	322	21	0.0279	0.0253	—	—	73.3	111.2	149.1	—
700		6	304	20	0.0175	0.0159	—	—	69.2	105.0	140.8	—
800		1	467	23	0.1618	0.1466	—	—	106.3	161.3	216.3	—
800		2	450	23	0.0779	0.0707	—	—	102.4	155.4	208.5	—
800		4	442	23	0.0383	0.0347	—	—	100.6	152.7	204.7	—
800		6	430	22	0.0248	0.0225	—	—	97.9	148.5	119.2	—
900		1	605	27	0.2095	0.1900	—	—	137.8	209.0	280.2	422.7
900		2	588	27	0.1018	0.0923	—	—	133.9	203.1	272.3	410.8
900		4	554	27	0.0480	0.0435	—	—	126.1	191.4	256.6	387.1
900		6	538	26	0.0311	0.0282	—	—	122.5	185.8	249.2	375.9
1000	0.60 1.60 2.50 4.00	1	749	30	0.2594	0.2352	—	—	170.5	258.7	346.9	523.3
1000		2	742	29	0.1285	0.1165	—	—	168.9	256.3	343.7	518.4
1000		4	710	29	0.0615	0.0557	—	—	161.6	245.2	328.8	496.0
1000		6	698	30	0.0403	0.0365	—	—	158.9	241.1	323.3	487.7
(1100)		1	931	33	0.3225	0.2923	—	—	—	321.6	431.2	650.4
(1100)		2	894	33	0.1548	0.1404	—	—	—	308.8	414.1	624.6
(1100)		4	848	33	0.0734	0.0666	—	—	—	292.9	392.8	592.5
(1100)		6	830	32	0.0479	0.0434	—	—	—	286.7	384.4	579.9
1200		1	1115	37	0.3862	0.3501	—	—	—	385.1	516.4	779.0
1200		2	1102	37	0.1908	0.1730	—	—	—	380.6	510.4	769.9
1200		4	1052	37	0.0911	0.0826	—	—	—	363.4	497.2	735.0
1200		6	1026	36	0.0592	0.0537	—	—	—	354.4	475.2	716.8

公称直径 mm	公称压力 MPa	管程数/N	管子根数 n	中心排管数	管程流通面积/m²		计算换热面积/m²					
					φ25mm× 2mm	φ25mm× 2.5mm	换热管长度/mm					
							1500	2000	3000	4500	6000	9000
(1300)		1	1301	39	0.4506	0.4085	—	—	—	449.4	602.6	908.9
		2	1274	40	0.2206	0.2000	—	—	—	440.0	590.1	890.1
		4	1214	39	0.1051	0.0953	—	—	—	419.3	562.3	848.2
		6	1192	38	0.0688	0.0624	—	—	—	411.7	552.1	832.8
1400		1	1547	43	0.5358	0.4858	—	—	—	—	716.5	1080.8
		2	1510	43	0.2615	0.2371	—	—	—	—	699.4	1055.0
		4	1454	43	0.1259	0.1141	—	—	—	—	673.4	1015.8
		6	1424	42	0.0822	0.0745	—	—	—	—	659.5	994.9
(1500)		1	1753	45	0.6072	0.5504	—	—	—	—	811.9	1224.7
	0.25	2	1700	45	0.2944	0.2669	—	—	—	—	787.4	1187.7
	0.60	4	1688	45	0.1462	0.1325	—	—	—	—	781.8	1179.3
	1.60	6	1590	44	0.0918	0.0832	—	—	—	—	736.4	1110.9
1600	2.50	1	2023	47	0.7007	0.6352	—	—	—	—	937.0	1413.4
		2	1982	48	0.3432	0.3112	—	—	—	—	918.0	1384.7
		4	1900	48	0.1645	0.1492	—	—	—	—	880.0	1327.4
		6	1884	47	0.1088	0.0986	—	—	—	—	872.6	1316.3
(1700)		1	2245	51	0.7776	0.7049	—	—	—	—	1039.8	1568.5
		2	2216	52	0.3838	0.3479	—	—	—	—	1026.3	1548.2
		4	2180	50	0.1888	0.1711	—	—	—	—	1009.7	1523.1
		6	2156	53	0.1245	0.1128	—	—	—	—	998.6	1506.3
1800		1	2559	55	0.8863	0.8035	—	—	—	—	1185.3	1787.7
		2	2512	55	0.4350	0.3944	—	—	—	—	1163.4	1755.5
		4	2424	54	0.2099	0.1903	—	—	—	—	1122.7	1693.2
		6	2404	53	0.1388	0.1258	—	—	—	—	1113.4	1679.6

注：表中的管程流通面积为各程平均值。

附录二 再沸器的基本参数

附录表 3   φ25 管径再沸器的基本参数

公称直径 /mm	公称压力 /MPa	管程数 N	管子根数 n	中心排管数	管程流通面积/m²		计算换热面积/m²			
					φ25mm× 2mm	φ25mm× 2.5mm	换热管长度/mm			
							1500	2000	2500	3000
400			98	12	0.0339	0.0308	10.8	14.6	18.4	—
500	1.00		174	14	0.0603	0.0546	19.0	26.0	32.7	—
600	1.60		245	17	0.0849	0.0769	26.8	36.5	46.0	—
700			355	21	0.1230	0.1115	38.3	52.8	66.7	80.8
800	0.25	1	467	23	0.1618	0.1466	51.1	69.4	87.8	106.0
900	0.60		605	27	0.2095	0.1900	66.2	90.0	113.0	137.0
1000	1.00		740	30	0.2594	0.2352	82.0	111.0	140.0	170.0
(1100)	1.60		931	33	0.3225	0.2923	102.0	138.0	175.0	211.0

公称直径/mm	公称压力/MPa	管程数 N	管子根数 n	中心排管数	管程流通面积/m²		计算换热面积/m²			
					φ25mm×2mm	φ25mm×2.5mm	换热管长度/mm			
							1500	2000	2500	3000
1200			1115	37	0.3862	0.3501	122.0	165.0	209.0	253.0
(1300)			1301	39	0.4506	0.4085	142.0	193.0	244.0	295.0
1400	0.25		1547	43	0.5358	0.4858	—	230.0	290.0	351.0
(1500)	0.60	1	1753	45	0.6072	0.5504	—	—	329.0	398.0
1600	1.00		2023	47	0.7007	0.6352	—	—	380.0	460.0
(1700)	1.60		2245	51	0.7776	0.7049	—	—	422.0	510.0
1800			2559	55	0.8863	0.8035	—	—	481.0	581.0

附录表4 φ38 管径再沸器的基本参数

公称直径/mm	公称压力/MPa	管程数 N	管子根数 n	中心排管数	管程流通面积/m²		计算换热面积/m²			
					φ38mm×3mm	φ38mm×2.5mm	换热管长度/mm			
							1500	2000	2500	3000
400	1.00		51	7	0.0410	0.0436	8.5	11.6	14.6	—
500	1.60		69	9	0.0555	0.0590	11.5	15.6	19.8	—
600			115	11	0.0942	0.0982	19.2	26.1	32.9	—
700			169	13	0.128	0.136	26.6	36.0	45.5	55.0
800			205	15	0.165	0.175	34.2	46.5	58.7	70.9
900			259	17	0.208	0.221	43.3	58.7	74.2	89.6
1000			355	19	0.285	0.303	59.3	80.5	102.0	123.0
(1100)	0.25	1	419	21	0.337	0.358	70.0	95.0	120.0	145.0
1200	0.60		503	23	0.404	0.430	84.0	114.0	144.0	174.0
(1300)	1.00		587	25	0.472	0.502	90.1	133.0	168.0	203.0
1400	1.60		711	27	0.572	0.608	—	161.0	204.0	246.0
(1500)			813	31	0.654	0.696	—	—	233.0	281.0
1600			945	33	0.760	0.808	—	—	271.0	327.0
(1700)			1059	35	0.851	0.905	—	—	303.0	366.0
1800			1177	39	0.946	1.006	—	—	337.0	407.0

附录三 管板上加热管数与圈数的关系

附录表5 管板上加热管数与圈数的关系

圈数	等边三角形排列						同心圆排列	
	直径上管数	总管数(不包含边上)	管数			边上的总管数	总管数	外圈管数	总管数
			边上第一圈	边上第二圈	边上第三圈				
1	2	7					7	6	7
2	5	19					19	12	19
3	7	37					37	18	37
4	9	61					61	25	62

圈数	等边三角形排列								同心圆排列	
	直径上管数	总管数(不包含边上)	管数			边上的总管数	总管数	外圈管数	总管数	
			边上第一圈	边上第二圈	边上第三圈					
5	11	91					91	31	93	
6	13	127					127	37	130	
7	15	169	3			18	187	43	173	
8	17	217	4			24	241	50	223	
9	19	271	5			30	301	56	279	
10	21	331	6			36	367	62	341	
11	23	397	7			42	430	69	410	
12	25	469	8			48	517	75	485	
13	27	547	9	2		66	613	81	566	
14	29	631	10	5		90	721	87	653	
15	31	721	11	6		102	823	94	747	
16	33	817	12	7		114	931	100	847	
17	35	919	13	8		126	1045	106	953	
18	37	1027	14	9		138	1165	113	1066	
19	39	1141	15	12		162	1303	119	1185	
20	41	1261	16	13	4	198	1459	125	1310	
21	43	1387	17	14	7	228	1615	131	1441	
22	45	1519	18	15	8	246	1765	138	1579	
23	47	1657	19	16	9	264	1921	141	1723	

附录四 在 0.1013MPa 下 NaOH 溶液沸点温度的升高值

附录表 6 在 0.1013MPa 下 NaOH 溶液沸点温度的升高值

浓度/%	溶液沸点/℃	沸点升高值/℃	浓度/%	溶液沸点/℃	沸点升高值/℃
3	100.8	0.8	50	142.2	42.2
5	101.0	1.0	55	150.6	50.6
10	102.8	2.8	60	159.6	59.6
15	105.0	5.0	65	169.0	69.0
20	108.2	8.2	70	179.6	79.6
25	112.2	12.2	75	192.0	92.0
30	117.0	17.0	80	206.6	106.6
35	122.2	22.2	85	224.0	124.0
40	128.0	28.0	90	245.5	145.5
45	135.0	35.0	95	275.5	175.5

附录五 NaOH 溶液的密度

附录表 7 NaOH 溶液的密度　　　　单位：kg/m³

浓度%	温度/℃															
	50	60	70	80	90	100	110	120	130	140	150	160	170	180	190	200
0	988	983	978	972	965	958	951	943	935	926	921	907	897	887	876	865
5	1041	1036	1030	1024	1018	1012	1005	997	988	979	970	960	950	940	930	919
10	1094	1089	1083	1077	1071	1061	1057	1049	1041	1032	1023	1013	1003	993	983	972
15	1148	1142	1136	1130	1124	1117	1110	1102	1094	1085	1076	1100	1056	1046	1036	1025
20	1202	1196	1190	1183	1177	1170	1163	1155	1147	1138	1129	1119	1109	1099	1089	1073
25	1256	1250	1244	1237	1230	1223	1216	1208	1200	1191	1182	1172	1162	1151	1141	1130
30	1309	1303	1296	1289	1283	1276	1269	1261	1253	1244	1234	1224	1214	1203	1192	1181
40	1410	1403	1396	1389	1382	1375	1369	1360	1350	1341	1331	1321	1311	1300	1289	1277
50	1504	1497	1490	1483	1476	1469	1462	1454	1443	1433	1423	1412	1401	1390	1379	1367
60	1595	1588	1581	1574	1567	1560	1553	1544	1534	1521	1514	1508	1492	1481	1470	1458
70	1680	1677	1670	1663	1656	1649	1642	1633	1673	1631	1603	1592	1581	1570	1559	1547

附录六 NaOH 溶液比热容 c_p

附录表 8 NaOH 溶液比热容　　　　单位：kJ/(kg·℃)

浓度%	温度/℃																		
	0	10	25	50	60	70	80	90	100	110	120	130	140	150	160	170	180	190	200
0	4.204	4.191	4.179	4.179	4.183	4.187	4.195	4.204	4.212	4.225	4.233								
5	3.873	3.906	3.940	3.973	3.982	3.994	4.007	4.020	4.028	4.036	4.040								
10	3.693	3.739	3.785	3.835	3.844	3.852	3.860	3.865	3.869	3.873	3.877								
15	3.588	3.643	3.693	3.743	3.752	3.760	3.768	3.772	3.772	3.772	3.772								
20	3.525	3.576	3.630	3.685	3.693	3.701	3.710	3.710	3.718	3.718	3.718								
25				3.647	3.350	3.668	3.676	3.680	3.680	3.680	3.680								
30		3.356	3.534	3.609	3.622	3.630	3.630	3.630	3.630	3.630	3.630	3.642	3.642	3.642					
40			3.400	3.433	3.471	3.475	3.479	3.484	3.484	3.484	3.484	3.484	3.488	3.488	3.488				
50			3.232	3.216	3.337	3.207	3.203	3.199	3.195	3.195	3.191	3.191	3.186	3.186	3.186	3.186	3.186	3.182	3.182
60			2.956	2.943	2.935	2.927	2.923	3.333	2.906	2.897	2.893	2.885	2.881	2.881	2.876	2.876	2.872	2.872	
70						2.726	2.722	2.713	2.705	2.696	2.692	2.684	2.680	2.680	2.675	2.675	2.671	2.671	

附录七 NaOH 溶液运动黏度系数 $\gamma \times 10^3$

附录表 9 NaOH 溶液运动黏度系数　　　　　单位：m^2/h

浓度 %	温度/℃														
	60	70	80	90	100	110	120	130	140	150	160	170	180	190	200
0	1.725	1.494	1.321	1.171	1.030	0.966	0.879	0.814	0.764	0.727	0.688	0.652	0.623	0.598	0.570
5	2.400	2.043	1.855	1.745	1.656	1.570	1.496	1.440	1.380	1.350	1.320	1.300	1.280	1.260	1.250
10	3.007	2.540	2.340	2.265	2.200	2.130	2.065	2.010	1.970	1.950	1.930	1.900	1.870	1.860	1.840
15	4.000	3.446	3.140	2.979	2.900	2.320	2.735	2.670	2.630	2.600	2.580	2.560	2.540	2.520	2.500
20	4.910	4.265	3.865	3.640	3.540	3.450	3.366	3.320	3.280	3.250	3.230	3.210	3.190	3.170	3.150
30	9.400	7.365	6.040	5.440	5.140	4.960	4.866	4.750	4.660	4.590	4.540	4.490	4.440	4.400	4.300
40	13.96	11.49	9.35	7.90	7.12	6.56	6.28	6.11	5.97	5.85	5.75	5.68	5.61	5.55	5.50
50	19.30	15.97	13.44	11.60	9.74	8.88	8.47	8.15	7.90	7.70	7.55	7.40	7.30	7.22	7.15
60	29.40	23.00	17.20	14.50	12.60	11.26	10.46	10.3	9.78	9.58	9.43	9.29	9.16	9.05	8.95
70	42.07	34.00	26.00	19.00	15.40	13.80	12.70	12.5	11.85	11.60	11.40	11.25	11.12	11.00	10.90

附录八 NaOH 溶液表面张力 $\sigma \times 10^4$

附录表 10 NaOH 溶液表面张力　　　　　单位：kg/m

浓度%	温度/℃															
	50	60	70	80	90	100	110	120	130	140	150	160	170	180	190	200
0	69.25	67.48	65.69	63.94	61.95	60.01										
5	72.40	70.87	69.32	67.95	66.55	64.85	63.60	62.2	60.80	59.40	58.00	56.60	55.20	53.80	52.40	51.00
10	76.03	74.98	73.91	73.03	71.87	70.66	70.00	69.00	68.00	67.00	66.00	65.00	64.00	63.00	62.00	61.00
15	80.15	79.33	78.25	77.98	76.47	75.50	74.70	73.90	73.00	72.20	71.30	70.40	69.50	68.70	67.80	67.00
20	86.47	84.66	83.81	83.19	82.27	81.30	80.40	79.60	78.80	78.00	77.20	76.40	75.60	74.80	74.00	73.20
30	96.13	96.78	95.40	95.28	94.85	97.37	93.90	93.60	93.30	93.00	92.70	92.40	92.10	91.80	91.50	91.20
40	107.46	107.20	106.90	106.84	106.71	106.47	106.20	106.00	105.80	105.60	104.40	105.2	105.0	104.8	104.6	104.4
50	129.4	129.2	129.0	128.8	128.6	128.4	128.2	128.0	127.8	127.6	127.4	127.2	127.0	126.8	126.6	126.4
70	140.6	140.4	140.2	140.0	139.8	139.6	139.4	139.2	139.0	138.8	138.6	138.4	138.2	138.0	137.8	137.6

附录九 NaOH 溶液的普朗特准数 $[Pr]$

附录表 11 NaOH 溶液的普朗特准数

浓度%	温度/℃						
	60	70	80	90	100	110	120
5	4.76	4.01	3.60	3.36	3.17	2.98	2.81
10	6.10	5.11	4.66	4.46	4.30	4.41	3.96
15	8.41	7.15	6.48	7.06	5.36	5.65	5.44
20	10.7	9.20	8.25	7.70	7.45	7.20	6.95
30	22.20	17.20	13.92	12.45	11.69	11.20	10.92
40	34.20	27.85	22.54	18.85	16.89	15.42	14.68

附录十 密度与波美度的关系

换算公式：

（1）轻液体：波美度 $= \dfrac{130}{密度} - 130$

（2）重液体：波美度 $= 145 - \dfrac{145}{密度}$

附录十一 水的物理性质

附录表 12 水的物理性质

温度 /℃	饱和蒸气压/kPa	密度 /(kg/m³)	焓 /(kJ/kg)	比热容/[kJ /(kg·℃)]	热导率 $\lambda \times 10^3$ /[W/(m·℃)]	黏度 $\mu \times 10^3$ /Pa·s	体积膨胀系数 $\beta \times 10^4$ /(1/℃)	表面张力 $\sigma \times 10^5$ /(N/m)	普朗特数 Pr
0	0.6082	999.9	0	4.212	55.13	179.21	−0.63	75.6	13.66
10	1.2262	999.7	42.04	4.191	57.45	130.77	0.70	74.1	9.52
20	2.3346	998.2	83.90	4.183	59.89	100.50	1.82	72.6	7.01
30	4.2474	995.7	125.69	4.174	61.76	80.07	3.21	71.2	5.42
40	7.3766	992.2	167.51	4.174	63.38	65.60	3.87	69.6	4.32
50	12.34	988.1	209.30	4.174	64.78	54.94	4.49	67.7	3.54
60	19.923	983.2	251.12	4.178	65.94	46.88	5.11	66.2	2.98
70	31.164	977.8	292.99	4.187	66.76	40.61	5.70	64.3	2.54
80	47.379	971.8	334.94	4.195	67.45	35.65	6.32	62.6	2.22
90	70.136	965.3	376.98	4.208	68.04	31.65	6.95	60.7	1.96
100	101.33	958.4	419.10	4.220	68.27	28.38	7.52	58.8	1.76
110	143.31	951.0	461.34	4.238	68.50	25.89	8.08	56.9	1.61
120	198.64	943.1	503.67	4.260	68.62	23.73	8.64	54.8	1.47
130	270.25	934.8	546.38	4.266	68.62	21.77	9.17	52.8	1.36
140	361.47	926.1	589.08	4.287	68.50	20.10	9.72	50.7	1.26
150	476.24	917.0	632.20	4.312	68.38	18.63	10.3	48.6	1.18
160	618.28	907.4	675.33	4.346	68.27	17.36	10.7	46.6	1.11
170	792.59	897.3	719.29	4.379	67.92	16.28	11.3	45.3	1.05
180	1003.5	886.9	763.25	4.417	67.45	15.30	11.9	42.3	1.00
190	1255.6	876.0	807.63	4.460	66.99	14.42	12.6	40.0	0.96
200	1554.77	863.0	852.43	4.505	66.29	13.63	13.3	37.7	0.93
210	1917.72	852.8	897.65	4.555	65.48	13.04	14.1	35.4	0.91
220	2320.88	840.3	943.70	4.614	64.55	12.46	14.8	33.1	0.89
230	2798.59	824.3	990.18	4.681	63.73	11.97	15.9	31	0.88
240	3347.91	813.6	1037.49	4.756	62.80	11.47	16.8	28.5	0.87
250	3977.67	799.0	1085.64	4.844	61.76	10.98	18.1	26.2	0.86
260	4693.75	784.0	1135.04	4.949	60.48	10.59	19.7	23.8	0.87
270	5503.99	767.9	1185.28	5.070	59.96	10.20	21.6	21.5	0.88
280	6417.24	750.7	1236.28	5.229	57.45	9.81	23.7	19.1	0.89
290	7443.29	732.3	1289.95	5.485	55.82	9.42	26.2	16.9	0.93
300	8592.94	712.5	1344.80	5.736	53.96	9.12	29.2	14.4	0.97
310	9877.6	691.1	1402.16	6.071	52.34	8.83	32.9	12.1	1.02
320	11300.3	667.1	1462.03	6.573	50.59	8.3	38.2	9.81	1.11

温度 /℃	饱和蒸气压/kPa	密度 /(kg/m³)	焓 /(kJ/kg)	比热容/[kJ/(kg·℃)]	热导率 $\lambda \times 10^3$ /[W/(m·℃)]	黏度 $\mu \times 10^3$ /Pa·s	体积膨胀系数 $\beta \times 10^4$ /(1/℃)	表面张力 $\sigma \times 10^5$ /(N/m)	普朗特数 Pr
330	12879.6	640.2	1526.19	7.243	48.73	8.14	43.3	7.67	1.22
340	14615.8	610.1	1594.75	8.164	45.71	7.75	53.4	5.67	1.38
350	16538.5	574.4	1671.37	9.504	43.03	7.26	66.8	3.81	1.60
360	18667.1	528.0	1761.39	13.984	39.54	6.67	109	2.02	2.36
370	21040.9	450.5	1892.43	40.319	33.73	5.69	264	0.471	6.80

附录十二 水在不同温度下的黏度

附录表 13 水在不同温度下的黏度

温度/℃	黏度/(mPa·s)	温度/℃	黏度/(mPa·s)	温度/℃	黏度/(mPa·s)
0	1.7921	33	0.7523	67	0.4233
1	1.7313	34	0.7371	68	0.4174
2	1.6728	35	0.7225	69	0.4117
3	1.6191	36	0.7085	70	0.4061
4	1.5674	37	0.6947	71	0.4006
5	1.5188	38	0.6814	72	0.3952
6	1.4728	39	0.6685	73	0.3900
7	1.4284	40	0.6560	74	0.3849
8	1.3860	41	0.6439	75	0.3709
9	1.3462	42	0.6321	76	0.3750
10	1.3077	43	0.6207	77	0.3702
11	1.2713	44	0.6097	78	0.3655
12	1.2363	45	0.5988	79	0.3610
13	1.2028	46	0.5883	80	0.3565
14	1.1709	47	0.5782	81	0.3521
15	1.1403	48	0.5683	82	0.3478
16	1.1111	49	0.5588	83	0.3436
17	1.0828	50	0.5494	84	0.3395
18	1.0559	51	0.5404	85	0.3355
19	1.0299	52	0.5315	86	0.3315
20	1.0050	53	0.5229	87	0.3276
20.2	1.0000	54	0.5146	88	0.3239
21	0.9810	55	0.5064	89	0.3202
22	0.9579	56	0.4985	90	0.3165
23	0.9359	57	0.4907	91	0.3130
24	0.9142	58	0.4832	92	0.3095
25	0.8973	59	0.4759	93	0.3060
26	0.8737	60	0.4688	94	0.3027
27	0.8545	61	0.4618	95	0.2994
28	0.8360	62	0.4550	96	0.2962
29	0.8180	63	0.4483	97	0.2930
30	0.8007	64	0.4418	98	0.2899
31	0.7840	65	0.4355	99	0.2868
32	0.7679	66	0.4293	100	0.2838

附录十三 饱和水蒸气表（以温度为准）

附录表 14 饱和水蒸气表（以温度为准）

温度 /℃	绝对压强 /(kg/cm²)	/kPa	蒸汽的密度 /(kg/m³)	焓 液体 /(kcal/kg)	/(kJ/kg)	焓 气体 /(kcal/kg)	/(kJ/kg)	汽化热 /(kcal/kg)	/(kJ/kg)
0	0.0062	0.6082	0.00484	0	0	595.0	2491.1	595	2491.1
5	0.0089	0.8730	0.00680	5.0	20.94	597.3	2500.8	592.3	2479.89
10	0.0125	1.2262	0.00940	10.0	41.87	599.6	2510.4	289.6	2468.5
15	0.0174	1.7068	0.01283	15.0	62.80	602.0	2520.5	587.0	2457.7
20	0.0238	2.3346	0.01719	20.0	83.74	604.3	2530.1	584.3	2446.3
25	0.0323	3.1684	0.02304	25.0	104.67	606.6	2539.7	581.6	2435.0
30	0.0433	4.2474	0.03036	30.0	125.60	608.9	2549.3	578.9	2423.7
35	0.0573	5.6207	0.03960	35.0	146.54	611.2	2559.0	576.2	2412.4
40	0.0752	7.3766	0.05114	40.0	167.47	613.5	2568.6	573.5	2401.1
45	0.0977	9.5837	0.06543	45.0	188.41	615.7	2577.8	570.7	2389.4
50	0.1258	12.340	0.0830	50.0	209.34	618.0	2587.4	568.0	2378.1
55	0.1605	15.743	0.1043	55.0	230.2	620.2	2596.7	565.2	2366.4
60	0.2031	19.923	0.1301	60.0	251.21	622.5	2606.3	562.0	2355.1
65	0.2550	25.014	0.1611	65.0	272.14	624.7	2615.5	559.7	2343.4
70	0.3177	31.164	0.1979	70.0	293.08	626.8	2624.3	556.8	2331.2
75	0.393	38.551	0.2416	75.0	314.01	629.0	2633.5	554.0	2319.5
80	0.483	47.379	0.2929	80.0	334.94	631.1	2642.3	551.2	2307.8
85	0.590	57.875	0.3531	85.0	355.88	633.2	2651.1	548.2	2295.2
90	0.715	70.136	0.4229	90.0	376.81	635.3	2659.9	545.3	2283.1
95	0.862	84.556	0.5039	95.0	397.75	637.4	2668.7	542.4	2270.9
100	1.033	101.33	0.5970	100.0	418.68	639.4	2677.0	539.4	2258.4
105	1.232	120.85	0.7036	105.1	440.03	641.3	2685.0	536.3	2245.4
110	1.461	143.31	0.8254	110.1	460.97	643.3	2693.4	533.1	2232.0
115	1.724	169.11	0.9635	115.2	482.32	645.2	2701.3	530.1	2219.0
120	2.025	198.64	1.1199	120.3	503.67	647.0	2708.9	526.7	2205.2
125	2.367	232.19	1.296	125.4	525.02	648.8	2716.4	523.5	2191.8
130	2.755	270.25	1.494	130.5	546.38	650.6	2723.9	520.1	2177.6
135	3.192	313.11	1.715	135.6	567.73	652.3	2731.0	516.7	2163.3
140	3.685	361.47	1.962	140.7	589.08	653.9	2737.7	513.2	2148.7
145	4.238	415.72	2.238	145.9	610.85	655.5	2744.4	509.7	2134.0
150	4.855	476.24	2.543	151.0	632.21	657.0	2750.7	506.0	2118.5
160	6.303	618.28	3.252	161.4	675.75	659.9	2762.9	498.5	2087.1
170	8.080	792.59	4.113	171.8	719.29	662.4	2773.3	490.6	2054.0
180	10.23	1003.5	5.145	182.3	763.25	664.6	2782.5	482.3	2019.3
190	12.80	1255.6	6.378	192.9	807.64	666.4	2790.1	473.5	1982.4

附录十四 饱和水蒸气表（以 kPa 为单位的压强为准）

附录表 15　饱和水蒸气表（以用 kPa 为单位的压强为准）

绝对压强/kPa	温度/℃	蒸汽的密度/(kg/m³)	焓/(kJ/kg)		汽化热/(kJ/kg)
			液　体	蒸　汽	
1.0	6.3	0.00773	26.48	2503.1	2476.8
1.5	12.5	0.01133	52.26	2515.3	2463.0
2.0	17.0	0.01486	71.31	2524.2	2452.9
2.5	20.9	0.01836	87.45	2531.8	2444.3
3.0	23.5	0.02179	98.38	2536.8	2438.4
3.5	26.1	0.02523	109.30	2541.8	2432.5
4.0	28.7	0.02867	120.33	2546.8	2426.6
4.5	30.8	0.03205	129.00	2550.9	2421.9
5.0	32.4	0.03537	135.69	2554.0	2418.3
6.0	35.6	0.04200	149.06	2560.1	2411.0
7.0	38.8	0.04864	162.44	2566.3	2403.8
8.0	41.3	0.05514	172.73	2571.0	2398.2
9.0	43.3	0.06156	181.16	2574.8	2393.6
10.0	45.3	0.06798	189.59	2578.5	2388.9
15.0	53.5	0.09956	224.03	2594.0	2370.0
20.0	60.1	0.13068	251.51	2606.4	2354.9
30.0	66.5	0.19093	288.77	2622.4	2333.7
40.0	75.0	0.24975	315.93	2634.1	2312.2
50.0	81.2	0.30799	339.80	2644.3	2304.5
60.0	85.6	0.36514	358.21	2652.1	2293.9
70.0	89.9	0.42229	376.61	2659.8	2283.2
80.0	93.2	0.47807	390.08	2665.3	2275.3
90.0	96.4	0.53384	403.49	2670.8	2267.4
100.0	99.6	0.58961	416.90	2676.3	2259.5
120.0	104.5	0.69868	437.51	2684.3	2246.8
140.0	109.2	0.80758	457.67	2692.1	2234.4
160.0	113.0	0.82981	473.88	2698.1	2224.2
180.0	116.6	1.0209	489.32	2703.7	2214.3
200.0	120.2	1.1273	493.71	2709.2	2204.6
250.0	127.2	1.3904	534.39	2719.7	2185.4
300.0	133.3	1.6501	560.38	2728.5	2168.1
350.0	138.8	1.9074	583.76	2736.1	2152.3
400.0	143.4	2.1618	603.61	2742.1	2138.5
450.0	147.7	2.4152	622.42	2747.8	2125.4
500.0	151.7	2.6673	639.59	2752.8	2113.2
600.0	158.7	3.1686	670.22	2761.4	2091.1
700	164.7	3.6657	696.27	2767.8	2071.5
800	170.4	4.1614	720.96	2773.7	2052.7
900	175.1	4.6525	741.82	2778.1	2036.2

绝对压强/kPa	温度 /℃	蒸汽的密度 /(kg/m³)	焓/(kJ/kg)		汽化热/(kJ/kg)
			液体	蒸汽	
1×10^3	179.9	5.1432	762.68	2782.5	2019.7
1.1×10^3	180.2	5.6339	780.34	2785.5	2005.1
1.2×10^3	187.8	6.1241	797.92	2788.5	1990.6
1.3×10^3	191.5	6.6141	814.25	2790.9	1976.7
1.4×10^3	194.8	7.1038	829.06	2792.4	1963.7
1.5×10^3	198.2	7.5935	843.86	2794.5	1950.7
1.6×10^3	201.3	8.0814	857.77	2796.0	1938.2
1.7×10^3	204.1	5.5674	870.58	2797.1	1926.5
1.8×10^3	206.9	9.0533	883.39	2798.1	1914.8
1.9×10^3	209.8	9.5392	896.21	2799.2	1903.0
2×10^3	212.2	10.0338	907.32	2799.7	1892.4
3×10^3	233.7	15.0075	1005.4	2798.9	1793.5
4×10^3	250.3	20.0969	1082.9	2789.8	1706.8
5×10^3	263.8	25.3663	1146.9	2776.2	1629.2
6×10^3	275.4	30.8494	1203.2	2759.5	1556.3
7×10^3	285.7	36.5744	1253.2	2740.8	1487.6
8×10^3	294.8	42.5768	1299.2	2720.5	1403.7
9×10^3	303.2	48.8945	1343.5	2699.1	1356.6
10×10^3	310.9	55.5407	1384.0	2677.1	1293.1
12×10^3	324.5	70.3075	1463.4	2631.2	1167.7
14×10^3	336.5	87.3020	1567.9	2583.2	1043.4
16×10^3	347.2	107.8010	1615.8	2531.1	915.4
18×10^3	356.9	134.4813	1699.8	2466.0	766.1
20×10^3	365.6	176.5961	1817.8	2364.2	544.9

附录十五 壁面污垢的热阻（污垢系数）

附录表 16 冷却水

加热液体的温度/℃	115 以下		115～205	
水的温度/℃	25 以下		25 以上	
水的流速/(m/s)	1 以下	1 以上	1 以下	1 以上
海水/(m²·℃/W)	0.8598×10^{-4}	0.8598×10^{-4}	1.7197×10^{-4}	1.7197×10^{-4}
自来水、井水、湖水、软化锅炉水/(m²·℃/W)	1.7197×10^{-4}	1.7197×10^{-4}	3.4394×10^{-4}	3.4394×10^{-4}
蒸馏水/(m²·℃/W)	0.8598×10^{-4}	0.8598×10^{-4}	0.8598×10^{-4}	0.8598×10^{-4}
硬水/(m²·℃/W)	5.1590×10^{-4}	5.1590×10^{-4}	8.598×10^{-4}	8.598×10^{-4}
河水/(m²·℃/W)	5.1590×10^{-4}	3.4394×10^{-4}	6.8788×10^{-4}	5.1590×10^{-4}

附录表 17　工业用气体

气体名称	热阻/(m² · ℃/W)	气体名称	热阻/(m² · ℃/W)
有机化合物	0.8598×10^{-4}	溶剂蒸汽	1.7197×10^{-4}
水蒸气	0.8598×10^{-4}	天然气	1.7197×10^{-4}
空气	3.4394×10^{-4}	焦炉气	1.7197×10^{-4}

附录表 18　工业用液体

液体名称	热阻/(m² · ℃/W)	液体名称	热阻/(m² · ℃/W)
有机化合物	1.7197×10^{-4}	植物油	5.1590×10^{-4}
盐水	1.7197×10^{-4}	烧碱溶液	0.0004
熔盐	0.8598×10^{-4}	盐类	0.0001

附录表 19　石油馏分

馏出物名称	热阻/(m² · ℃/W)	馏出物名称	热阻/(m² · ℃/W)
原油	$3.4394 \times 10^{-4} \sim 12.098 \times 10^{-4}$	柴油	$3.4394 \times 10^{-4} \sim 5.1590 \times 10^{-4}$
汽油	1.7197×10^{-4}	重油	8.598×10^{-4}
石脑油	1.7197×10^{-4}	沥青油	17.197×10^{-4}
煤油	1.7197×10^{-4}		

附录十六　总传热系数推荐值

一、管壳式换热器

附录表 20　用作冷却器

高温流体	低温流体	总传热系数范围 /[kcal/(m² · h · ℃)]	备注
水	水	1200~2440	污垢系数为 0.0006(m² · h · ℃)/kcal
甲醇、氨	水	1200~2440	
有机物黏度 0.5cp 以下[①]	水	370~730	
有机物黏度 0.5cp 以下[①]	冷冻盐水	190~490	
有机物黏度 0.5~1.0cp 以下[②]	水	240~610	
有机物黏度 1.0cp 以上[③]	水	24~370	
气体	水	10~240	
水	冷冻盐水	490~1000	
水	冷冻盐水	200~500	传热面为塑料衬里
硫酸	水	750	传热面为不透性石墨,两侧传热膜系数均为 2100kcal/(m² · h · ℃)

高温流体	低温流体	总传热系数范围 /[kcal/(m² · h · ℃)]	备注
四氯化碳	氯化钙溶液	65.5	管内流速 0.0052～0.011m/s
氯化氢气(冷却除水)	盐水	30～150	传热面为不透性石墨
氯气(冷却除水)	水	30～150	传热面为不透性石墨
焙烧 SO₂ 气体	水	200～400	传热面为不透性石墨
氨	水	57	计数值
水	水	350～1000	传热面为塑料衬里
20%～40%硫酸	水 t=60～30℃	400～900	冷却洗涤用的硫酸
20%盐酸	水 t=110～25℃	500～1000	
有机溶剂	盐水	150～440	

注：① 为苯、甲苯、丙酮、乙醇、丁酮、汽油、轻煤油、石脑油等有机物。

② 为煤油、热柴油、热吸收油、原油馏分等有机物。

③ 为冷柴油、燃料油、原油、焦油、沥青等有机物。

附录表 21　用作加热器

高温流体	低温流体	总传热系数范围 /[kcal/(m² · h · ℃)]	备注
水蒸气	水	1000～3400	污垢系数为 0.0002(m² · h · ℃)/kcal
水蒸气	甲醇、氨	1000～3400	污垢系数为 0.002(m² · h · ℃)/kcal
水蒸气	水溶液黏度 2cp 以下	1000～3400	
水蒸气	水溶液黏度 2cp 以上	490～2400	污垢系数为 0.0002(m² · h · ℃)/kcal
水蒸气	有机物黏度 0.5cp 以下①	490～1000	
水蒸气	有机物黏度 0.5～1.0cp 以下②	240～490	
水蒸气	有机物黏度 1.0cp 以上③	29～290	
水蒸气	气体	24～240	
水蒸气	水	1950～3900	水流速 1.2～1.5m/s
水蒸气	盐酸或硫酸	300～500	传热面为塑料衬里
水蒸气	饱和盐水	600～1300	传热面为不透性石墨
水蒸气	硫酸铜溶液	800～1300	传热面为不透性石墨
水蒸气	空气	44	空气流速为 3m/s
水蒸气(或热水)	不凝性气体	20～25	传热面为不透性石墨不凝性气体流速 4.5～7.5m/s
水蒸气	不凝性气体	30～40	传热面为不透性石墨不凝性气体流速 9.0～12.0m/s
水	水	350～1000	
热水	碳氢化合物	200～430	管外为水
温水	稀硫酸溶液	500～1000	传热面材料为石墨
熔融盐	油	250～390	
导热油蒸气	重油	40～300	
导热油蒸气	气体	20～200	

注：① 为苯、甲苯、丙酮、乙醇、丁酮、汽油、轻煤油、石脑油等有机物。

② 为煤油、热柴油、热吸收油、原油馏分等有机物。

③ 为冷柴油、燃料油、原油、焦油、沥青等有机物。

高温流体	低温流体	总传热系数范围/[kcal /(m² · h · ℃)]	备注
水	水	1200～2440	污垢系数为 0.0002(m² · h · ℃)/kcal
水溶液	水溶液	1200～2440	污垢系数为 0.002(m² · h · ℃)/kcal
有机物黏度 0.5cp 以下[①]	有机物黏度 0.5cp 以下[①]	190～370	
有机物黏度 0.5～1.0cp 以下[②]	有机物黏度 0.5～1.0cp 以下[②]	100～290	污垢系数为 0.0002(m² · h · ℃)/kcal
有机物黏度 1.0cp 以上[③]	有机物黏度 1.0cp 以上[③]	50～190	
有机物黏度 1.0cp 以下[③]	有机物黏度 0.5cp 以下[①]	150～290	
有机物黏度 0.5cp 以下[①]	有机物黏度 1.0cp 以上[③]	50～190	
20%盐酸	35%盐酸	500～800	传热面材料为不透性石墨 35%盐酸入口温度为 20℃,出口温度为 60℃
有机溶剂	有机溶剂	100～300	
有机溶剂	轻油	100～340	
原油	瓦斯油	390～439	
重油	重油	40～240	
SO₃ 气体	SO₂ 气体	5～7	

注：① 为苯、甲苯、丙酮、乙醇、丁酮、汽油、轻煤油、石脑油等有机物。

② 为煤油、热柴油、热吸收油、原油馏分等有机物。

③ 为冷柴油、燃料油、原油、焦油、沥青等有机物。

高温流体	低温流体	总传热系数范围 /[kcal/(m² · h · ℃)]	备注
水蒸气	液体	1500～4000	强制循环,管内流速 1.5～3.5m/s
水蒸气	液体	1000	水平管式
水蒸气	液体	1000	
水蒸气	液体	1200	垂直式短管
水蒸气	液体	2500	垂直式长管(上升式)黏度 10cp 以下
水蒸气	液体	1000	垂直式长管(下降式)黏度 100cp 以下
水蒸气	液体	4000	强制循环流速 2～6m/s
水蒸气	液体	2500	强制循环流速 0.8～1.2m/s
水蒸气	液体	350～700	立式中央循环管式
水蒸气	浓缩结晶液(食盐、重铬酸钠)	1000～3000	标准式蒸发析晶器
水蒸气	浓缩结晶液(苛性钠中的食盐、芒硝等)	1000～3000	外部加热型蒸发析晶器
水蒸气	浓缩结晶液(硫酸铵、石膏等)	1000～3000	生长型蒸发析晶器
水蒸气	水	1950～4900	垂直管式
水蒸气	水	1700～3660	
水蒸气	水	1000～2500	传热面材料为不透性石墨
水蒸气	液碱	600～650	带有水平伸出加热室(F30～50m²)

高温流体	低温流体	总传热系数范围 /[kcal/(m²·h·℃)]	备注
水蒸气	20%盐酸	1500~3000	传热面材料为不透性石墨 20%盐酸温度为110~130℃
水蒸气	21%盐酸	1500~2500	传热面材料为不透性石墨,自然循环
水蒸气	金属氯化物	800~1500	传热面材料同上,金属氯化物温度90~130℃传热面材料同上
水蒸气	硫酸铜溶液	700~1200	
水	冷冻剂	370~730	
有机溶剂	冷冻剂	150~490	
水蒸气	轻油	390~880	
水蒸气	重油(减压下)	120~370	

附录表 24　用作冷凝器

高温流体	低温流体	总传热系数范围 /[kcal/(m²·h·℃)]	备注
有机质蒸气	水	200~800	传热面为塑料衬里
有机质蒸气	水	250~1000	传热面为不透性石墨
饱和有机质蒸气(大气压下)	盐水	490~980	
饱和有机质蒸气(减压下且含有少量不凝性气体)	盐水	240~490	
低沸点碳氢化合物(大气压下)	水	390~980	
高沸点碳氢化合物(减压下)	水	50~150	
21%盐酸蒸汽	水	100~1500	传热面为不透性石墨
氨蒸汽	水	750~2000	水流速1~1.5m/s
有机溶剂蒸气和水蒸气混合物	水	300~1000	传热面为塑料衬里
有机质蒸气(减压下且含有大量不凝性气体)	水	50~240	
有机质蒸气(大气压下且含有大量不凝性气体)	盐水	100~390	
氟利昂液蒸气	水	750~850	水流速1.2m/s
汽油蒸气	水	450	水流速1.5m/s
汽油蒸气	原油	100~150	原油流速0.6m/s
煤油蒸气	水	250	水流速1.0m/s
水蒸气(加压下)	水	1710~3660	
水蒸气(减压下)	水	1460~2930	
氯乙醛(管外)	水	142	直立,传热面为搪玻璃
甲醇(管内)	水	550	直立式
四氯化碳(管内)	水	312	直立式
缩醛(管内)	水	397	直立式
糠醛(管外,有不凝性气体)	水	190	直立式
糠醛(管外,有不凝性气体)	水	164	直立式
糠醛(管外,有不凝性气体)	水	107	直立式
水蒸气(管外)	水	525	卧式

二、蛇管式换热器

附录表 25　用作冷却器

管内流体	管外流体	总传热系数范围 /[kcal/(m² · h · ℃)]	备注
水(管材:合金钢)	水状液体	320～460	自然对流
水(管材:合金钢)	水状液体	510～760	强制对流
水(管材:合金钢)	淬火用的机油	34～49	自然对流
水(管材:合金钢)	淬火用的机油	73～120	强制对流
水(管材:合金钢)	润滑油	24～39	自然对流
水(管材:合金钢)	润滑油	49～98	强制对流
水(管材:合金钢)	蜜糖	20～34	自然对流
水(管材:合金钢)	蜜糖	40～73	强制对流
水(管材:合金钢)	空气或煤气	5～15	自然对流
水(管材:合金钢)	空气或煤气	20～40	强制对流
氟利昂或氨(管材:合金钢)	水状液体	97～170	自然对流
氟利昂或氨(管材:合金钢)	水状液体	190～290	强制对流
冷冻盐水(管材:合金钢)	水状液体	240～370	自然对流
冷冻盐水(管材:合金钢)	水状液体	390～610	强制对流
水(管材:铅)	稀薄有机染料中间体	1460	涡轮式搅拌器 95r/min
水(管材:低碳钢)	温水	730～1460	空气搅拌
水(管材:铅)	热溶液	440～1750	浆式搅拌器 0.4r/min
冷冻盐水	氨基酸	490	搅拌器 30r/min
水(管材:低碳钢)	25%发烟硫酸 60℃	100	有搅拌
水(管材:塑料衬里)	水	300～800	
水(管材:铅)	液体	1100～1800	旋桨式搅拌 500r/min
油	油	5～15	自然对流
油	油	10～50	强制对流
水(管材:钢)	植物油	140～350	搅拌器转速可变
石脑油	水	39～110	
煤油	水	58～140	
汽油	水	58～140	
润滑油	水	29～83	
燃料油	水	29～73	
石脑油与水	水	50～150	
苯(管材:钢)	水	84	
甲醇(管材:钢)	水	200	
二乙胺(管材:钢)	水	176	水流速 0.2m/s
二氧化碳(管材:钢)	水	41	

注:1kcal=4.1858kJ。

管内流体	管外流体	总传热系数范围 /[kcal/(m² · h · ℃)]	备注
水蒸气(管材:合金钢)	水状液体	490~980	自然对流
水蒸气(管材:合金钢)	水状液体	730~1340	强制对流
水蒸气(管材:合金钢)	轻油	190~220	自然对流
水蒸气(管材:合金钢)	轻油	290~540	强制对流
水蒸气(管材:合金钢)	润滑油	170~200	自然对流
水蒸气(管材:合金钢)	润滑油	240~490	强制对流
水蒸气(管材:合金钢)	重油或燃料油	73~150	自然对流
水蒸气(管材:合金钢)	重油或燃料油	290~390	强制对流
水蒸气(管材:合金钢)	焦油或沥青	73~120	自然对流
水蒸气(管材:合金钢)	焦油或沥青	190~290	强制对流
水蒸气(管材:合金钢)	熔融硫黄	98~170	自然对流
水蒸气(管材:合金钢)	熔融硫黄	170~220	强制对流
水蒸气(管材:合金钢)	熔融石蜡	120~170	自然对流
水蒸气(管材:合金钢)	熔融石蜡	190~240	强制对流
水蒸气(管材:合金钢)	空气或煤气	5~15	自然对流
水蒸气(管材:合金钢)	空气或煤气	20~40	强制对流
水蒸气(管材:合金钢)	蜜糖	73~150	自然对流
水蒸气(管材:合金钢)	蜜糖	290~390	强制对流
热水(管材:合金钢)	水状液体	340~490	自然对流
热水(管材:合金钢)	水状液体	530~780	强制对流
热油(管材:合金钢)	焦油或沥青	49~98	自然对流
热油(管材:合金钢)	焦油或沥青	150~240	强制对流
有机载热体(管材:合金钢)	焦油或沥青	58~98	自然对流
有机载热体(管材:合金钢)	焦油或沥青	150~240	强制对流
水蒸气(管材:铅)	水	340	有搅拌
水蒸气(管材:铅)	蔗糖或蜜糖溶液	240~1170	无搅拌
水蒸气(管材:铜)	加热至沸腾的水溶液	2930	
水蒸气(管材:铜)	脂肪酸	470~490	无搅拌
水蒸气(管材:钢)	植物油	110~140	无搅拌
水蒸气(管材:钢)	植物油	190~350	搅拌器转速可变
热水(管材:铅)	水	400~1300	浆式搅拌器
水蒸气	石油	70~100	盘管油罐石油黏度10°E以下
水蒸气	石油	50~80	盘管油罐石油黏度10°E以上
稀甲醇(管材:钢)	水蒸气	1500	
水蒸气(管材:钢)	重油液体燃料	52	自然对流
过热水蒸气(管材:钢)	苯二甲酸酐	218	

附录表 27　用作热交换器

管内流体	管外流体	总传热系数范围 /[kcal/(m² · h · ℃)]	备注
液体	液体	200～700	
四氯化碳(管材:银)	二甲基磷化氢	464	锚式搅拌:365～500r/min

附录表 28　用作蒸发器

管内流体	管外流体	总传热系数范围 /[kcal/(m² · h · ℃)]	备注
水蒸气	乙醇	2000	
水蒸气	水	1500～4000	水为自然对流
水蒸气	水溶液	2900	
水蒸气(管材:钢)	水	1500～3000	长蛇形管
水蒸气(管材:钢)	水	3000～6000	短蛇形管

附录表 29　用作冷凝器

管内流体	管外流体	总传热系数范围 /[kcal/(m² · h · ℃)]	备注
瓦斯油蒸气	水	40～100	无搅拌
煤油蒸气	水	50～130	无搅拌
石脑油与水蒸气	水	83～170	
石脑油	水	68～120	
汽油	水	50～78	

三、夹套式换热器

附录表 30　用作冷却器

夹套内流体	罐(釜)中流体	罐壁材料	总传热系数范围 /[kcal/(m² · h · ℃)]	备注
低速冷冻盐水	硝化浓稠液		156～290	搅拌器 35～38r/min
水	有机物溶液	钢	100～300	有搅拌
盐水	有机物溶液	搪玻璃	100～200	有搅拌
水	四氯化碳	不锈钢	337	有搅拌

附录表 31　用作加热器

夹套内流体	罐(釜)中流体	罐壁材料	总传热系数范围 /[kcal/(m² · h · ℃)]	备注
水蒸气	溶液		850～1000	双层刮刀式搅拌
水蒸气	水	不锈钢	674	锚式搅拌 100r/min
水蒸气	果汁	铸铁搪瓷	160～440	无搅拌

夹套内流体	罐(釜)中流体	罐壁材料	总传热系数范围 /[kcal/(m²·h·℃)]	备注
水蒸气	果汁	铸铁搪瓷	750	有搅拌
水蒸气	牛乳	铸铁搪瓷	1000	无搅拌
水蒸气	牛乳	铸铁搪瓷	1500	有搅拌
水蒸气	浆糊	铸铁	610~680	双层刮刀式搅拌
水蒸气	泥浆	铸铁	780~850	双层刮刀式搅拌
水蒸气	肥皂		40~60	肥皂加热温度30℃→90℃搅拌110r/min
水蒸气	甲醛苯酚缩合		540~40	罐内温度30℃→90℃有搅拌
水蒸气	苯乙烯聚合		220~20	刮刀式搅拌
水蒸气	对硝基甲苯、硫酸、水	搪玻璃	214	有搅拌(加热反应)
水蒸气	普鲁卡因粗品	搪玻璃	200~224	有搅拌(加热介质)
水蒸气	溴化钾液	搪玻璃	308	有搅拌(加热精制)
水蒸气	有机质液	不透性石墨	240~2000	
水蒸气	粉(5%水)	铸铁	200~250	双层刮刀式搅拌

附录表 32　用作蒸发器

夹套内流体	罐(釜)中流体	罐壁材料	总传热系数范围 /[kcal/(m²·h·℃)]	备注
水蒸气	液体		250~1500	罐中无或有搅拌
水蒸气	40%结晶性水溶液		490~980	刮刀式搅拌13.5r/min 液体温度105~120℃
水蒸气	水	钢	910~1200	无搅拌
水蒸气	二氧化硫	钢	290	无搅拌
水蒸气	牛乳	铸铁搪瓷	2400	无搅拌
水蒸气	苯	钢	600	无搅拌
水蒸气	二乙胺	钢	421	有搅拌
水蒸气	氯乙酰	搪玻璃	320	有搅拌

注：1.蒸汽从多处进入夹套时，总传热系数还可以增加0.5倍。

2.搅拌沸腾液体时，总传热系数可增加一倍。

四、套管式换热器

附录表 33　用作冷却器

冷却物料	冷却剂	传热面材料	总传热系数范围 /[kcal/(m²·h·℃)]	备注
水	水		1500~2500	
水	盐水		732~1464	管内、外流速为0.915~2.44m/s
二氧化碳	水	钢	458	

附录表 34 用作加热器

冷却物料	冷却剂	传热面材料	总传热系数范围 /[kcal/(m² · h · ℃)]	备注
水	热水	钢	950~3000,此值不计水垢应乘以 0.5~0.85	水流速 0.5~3.0m/s
水、空气	热水	钢	120~370	热水流速 0.5~2.5m/s

附录表 35 用作热交换器

冷却物料	冷却剂	传热面材料	总传热系数范围 /[kcal/(m² · h · ℃)]	备注
水	盐水		750~1500	管内、外流速 1.25m/s
水	盐水		250~2000	水流速 0.3~1.5m/s
				盐水流速 0.8~1.0m/s
液体	液体		700~1500	
20%盐酸	35 盐酸	石墨	500~900	套管式阶型
丁烷	水		450	丁烷流速 0.6m/s
				水流速 1m/s
烃类化合物	热水		200~430	管内为热水
油类	液体		90~700	
原油	石油		180~240	原油流速 1.3~2.1m/s
润滑油	水		75	润滑油流速 0.05m/s
				水流速 0.6m/s
灯油	水		200	灯油流速 0.15m/s
				水流速 0.6m/s

附录表 36 用作冷凝器

冷却物料	冷却剂	传热面材料	总传热系数范围 /[kcal/(m² · h · ℃)]	备注
氨蒸气	水		1100~1700	水流速 1.2m/s
氨蒸气	水		1400~2000	水流速 1.8m/s
氨蒸气	水		1700~2300	水流速 2.4m/s

五、空冷器

附录表 37 用作冷却器

冷却物料	冷却剂	传热面材料	总传热系数范围 /[kcal/(m² · h · ℃)]	备注
低碳氢化合物	空气		375~475	横式翅片空冷器
轻油	空气		300~350	横式翅片空冷器
轻石油	空气		350	横式翅片空冷器
燃料油	空气		100~150	横式翅片空冷器
残渣油	空气		50~100	横式翅片空冷器
焦油	空气		25~50	横式翅片空冷器

冷却物料	冷却剂	传热面材料	总传热系数范围 /[kcal/(m²·h·℃)]	备注
烟道气	空气		50～150	横式翅片空冷器
氨反应气体	空气		400～450	横式翅片空冷器
碳氢化合物气体	空气		150～450	横式翅片空冷器
空气或燃料气	空气		50	横式翅片空冷器
机器冷却水	空气		610	横式翅片空冷器

附录表 38　用作冷凝器

冷却物料	冷却剂	传热面材料	总传热系数范围 /[kcal/(m²·h·℃)]	备注
低沸点碳氢化合物	空气		390～460	横式翅片空冷器
氨反应器蒸汽	空气		440～490	横式翅片空冷器
氨蒸气	空气		490～590	横式翅片空冷器
氟利昂蒸气	空气		290～390	横式翅片空冷器
轻气油蒸气	空气		390	横式翅片空冷器
轻石脑油蒸气	空气		340～390	横式翅片空冷器
塔顶气体(轻石脑油水蒸汽及不凝性气体)	空气		290～340	横式翅片空冷器
重石脑油蒸气	空气		290～340	横式翅片空冷器
低压蒸气	空气		660	横式翅片空冷器
重油	空气		340	横式翅片空冷器

六、喷淋式换热器

附录表 39　用作冷凝器

冷却物料	冷却剂	传热面材料	总传热系数范围 /[kcal/(m²·h·℃)]	备注
氨蒸气	水	钢	1200	水喷淋强度 600kg/(h·m)
氨蒸气	水	钢	1600	水喷淋强度 1200kg/(h·m)
氨蒸气	水	钢	2000	水喷淋强度 1800kg/(h·m)
汽油蒸气(深度稳定汽油)	水		200～350	汽油蒸气进口流速 6～10m/s,出口流速 0.3～0.5m/s
汽油蒸气(裂化汽油)	水		175～200	同上
瓦斯油蒸气	水		200	瓦斯油出口流速 2.6m/s(冷凝物和不凝性气体)

附录表 40　用作冷却器

冷却物料	冷却剂	传热面材料	总传热系数范围 /[kcal/(m²·h·℃)]	备注
氯磺酸蒸气	水	钢	20	
乙酸等蒸气	水	钢	58	
水溶液	水		1200～2500	
50%糖水溶液	水(16℃)	玻璃	245～295	
甲醇	水	钢	422	水喷淋强度 700kg/(h·m)

七、螺旋板式换热器

附录表 41　螺旋板式换热器

进行热交换的流体		材料	流动方式	总传热系数范围 /[kcal/(m²·h·℃)]
清水	清水		逆流	1500～1900
水蒸气	清水		错流	1300～1500
废液	清水		逆流	1400～1800
有机物蒸气	清水		错流	800～1000
苯蒸气	水蒸气混合物和清水		错流	800～1000
有机物	有机物		逆流	300～500
粗轻油	水蒸气混合物和焦油中油		错流	300～500
焦油中油	焦油中油		逆流	140～170
焦油中油	清水		逆流	230～270
高黏度油	清水		逆流	200～300
油	油		逆流	80～120
气	气		逆流	25～40
液体	盐水			800～1600
废水(流速 0.925m/s)	清水(流速 0.925m/s)			1450
液体	水蒸气			1300～2600
水	水	钢		1200～1800

八、其他形式换热器

附录表 42　其他形式换热器

形式	进行热交换的流体		传热面 材料	总传热系数范围 /[kcal/(m²·h·℃)]	备注
板式换热器	液体	液体		1300～3500	
板式换热器	水	水	钢	1300～1900	EX-2 型
板式换热器	水	水	钢	2000～2400	EX-2 型
刮面式加热器	汁液	水蒸气		1500～2000	密闭刮面式:计算温度20℃→110℃, 蒸汽温度140℃
刮面式加热器	牛乳	水蒸气		1800～2500	密闭刮面式:牛乳温度10℃→130℃, 蒸汽温度160℃

形式	进行热交换的流体		传热面材料	总传热系数范围 /[kcal/(m²·h·℃)]	备注
刮面式加热器	18%淀粉糊	水蒸气		1200~1500	密闭刮面式:淀粉糊温度 20℃→110℃,蒸气温度 130℃
刮面式冷却器	润滑油	水		500~800	密闭刮面式:润滑油温度 150℃→140℃,水温度 15℃
刮面式冷却器	18%淀粉糊	水、盐水		1000~1300	密闭刮面式:淀粉糊温度 110℃→15℃,水、盐水温度 130℃密闭刮面式:黏胶温度
刮面式冷却器	黏胶	水		300~600	90℃→30℃,水温度 130℃不透性石墨块状热交换器
立方体列管冷凝器	乙酸蒸气进口温度118℃	水	不透性石墨	700	不透性石墨块状热交换器
立方体列管冷凝器	甲醇蒸气	水	不透性石墨	600~1000	不透性石墨块状热交换器
立方体列管冷凝器	丙酮蒸气进口温度70℃	水	不透性石墨	200	不透性石墨块状热交换器
立方体列管冷凝器	盐酸酸性蒸气进口温度120℃	水	不透性石墨	700	不透性石墨块状热交换器

附录十七 管内各种流体常用流速

附录表 43 管内各种流体流速

流体的类别及情况	流速范围/(m/s)	流体的类别及情况	流速范围/(m/s)
自来水(3atm 以下)	1~1.5	饱和水蒸气:30atm 以上	80
水及其他黏度小的液体 1~10atm	1.5~3	8atm 以下	40~60
200~300atm	2~4	3atm 以下	20~40
过热水	2	过热蒸汽	30~50
1~2atm 冷凝水	0.8~1.5	低压空气	12~15
黏度较大的液体(盐类溶液等)	0.5~1	高压空气	20~25
一般气体(常压)	10~20	气氨:真空	15~25
压缩性气体:1~2atm	8~20	气氨:<6atm	10~20
70atm	9~15	<20atm	3~8
150atm	6~12	液氨:真空	0.05~0.3
200~300atm	8~12	<6atm	0.3~0.5
真空管道	<10	<20atm	0.5~1
排气管	20~50	20%氨水	1~2
烟道气(烟道内)	3~6	氢气	10~15
煤气	8~12(常用 12~15)	氧气:<6atm	7~8
半水煤气	10~15	<10atm	4~6

流体的类别及情况	流速范围/(m/s)	流体的类别及情况	流速范围/(m/s)
氧气：<20atm	4.5	冷冻管：蒸发器压缩机段	0~12
<30atm	3~4	鼓风机：吸入管	10~15
乙炔	10~15	压出管	15~20
甲醇、乙醇	0.8~1	往复泵：吸入管(水类液体)	0.75~1
各种硫酸	0.5~0.8	压出管(水类液体)	1~2
冷冻管：压缩机冷凝器段	12~18	离心泵：吸入管(水类液体)	1.5~2
压缩机冷凝蒸发器段	0.7~15	压出管(水类液体)	2.5~3

注：1atm=101.325kPa。

附录十八　泵规格（摘录）

一、 B型水泵性能表

附录表44　B型水泵性能表

泵型号	流量 /(m³/h)	流量 /(L/s)	扬程 /m	转数 /(r/min)	功率/kW 轴	功率/kW 电机	效率 /%	允许吸上真空度/m	叶轮直径 /mm	泵的净质量/kg	与BA型对照
2B31	10	2.8	34.5	2900	1.87	5.5 (4.5)	50.6	8.7	162	35	2BA-6
	20	5.5	30.8		2.60		64	7.2			
	30	8.3	24		3.07		63.5	5.7			
2B31A	10	2.8	28.5	2900	1.45	3 (2.8)	54.5	8.7	148	35	2BA-6A
	20	5.5	25.2		2.06		65.6	7.2			
	30	8.3	20		2.54		64.1	5.7			
2B31B	10	2.8	22	2900	1.10	2.2 (2.8)	54.9	8.7	132	35	2BA-6B
	20	5.5	18.8		1.56		65	7.2			
	25	6.9	16.3		1.73		64	6.6			
2B19	11	3.1	21	2900	1.10	2.2 (2.8)	56	8.0	127	36	2BA-9
	17	4.7	18.5		1.47		68	6.8			
	22	6.1	16		1.66		66	6.0			
2B19A	10	2.8	16.8	2900	0.85	1.5 (1.7)	54	8.1	117	36	2BA-9A
	17	4.7	15		1.06		65	7.3			
	22	6.1	13		1.23		63	6.5			
2B19B	10	2.8	13	2900	0.66	1.5 (1.7)	51	8.1	106	36	2BA-9B
	15	4.2	12		0.82		60	7.6			
	20	5.5	10.3		0.91		62	6.8			
3B57	30	8.3	62	2900	9.3	17 (20)	54.4	7.7	218	116	3BA-6
	45	12.5	57		11		63.5	6.7			
	60	16.7	50		12.3		66.3	5.6			
	70	19.5	44.5		13.3		64	4.4			
3B57A	30	8.3	45	2900	6.65	10 (14)	55	7.5	192	116	3BA-6A
	40	11.1	41.6		7.30		62	7.1			
	50	13.9	37.5		7.98		64	6.4			
	60	16.7	30		8.80		59				

泵型号	流量		扬程 /m	转数 /(r/min)	功率/kW		效率 /%	允许吸上真空度/m	叶轮直径 /mm	泵的净质量/kg	与 BA 型对照
	/(m³/h)	/(L/s)			轴	电机					
3B33	30	8.3	35.6	2900	4.60	7.5 (7.0)	62.5	7.0	168	50	3BA-9
	45	12.5	32.6		5.56		71.5	5.0			
	55	15.3	28.8		6.25		68.2	3.0			
3B33A	25	6.9	26.2	2900	2.83	5.5 (4.5)	63.7	7.0	145	50	3BA-9A
	35	9.7	25		3.35		70.8	6.4			
	45	12.5	22.5		3.87		71.2	5.0			
3B19	32.4	9	21.5	2900	2.5	4 (4.5)	76	6.5	132	41	3BA-13
	45	12.5	18.8		2.88		80	5.5			
	52.2	14.5	15.6		2.96		75	5.0			
3B19A	29.5	8.2	17.4	2900	1.86	3 (2.8)	75	6.0	120	41	3BA-13A
	39.6	11	15		2.02		80	5.0			
	48.6	13.5	12		2.15		74	4.5			
3B19B	28.0	7.8	13.5	2900	1.57	2.2 (2.2)	63	5.5	110	41	3BA-13B
	34.2	9.5	12.0		1.63		65	5.0			
	41.5	11.5	9.5		1.73		62	4.0			
4B91	65	18.1	98	2900	27.6	55	63	7.1	272	130	4BA-6
	90	25	91		32.8		63	6.2			
	115	32	81		37.1		68.5	5.1			
4B91A	65	18.1	82	2900	22.9	40	63.2	7.1	250	138	4BA-6A
	85	23.6	76		26.1		67.5	6.4			
	105	29.2	69.5		29.1		68.5	5.5			
4B54	70	19.4	59	2900	17.5	30 (28)	64.5	5.0	218	116	4BA-8
	90	25	54.2		19.3		69	4.5			
	109	30.3	47.8		20.6		69	3.8			
	120	33.3	43		21.4		66	3.5			
4B54A	70	19.4	48	2900	13.6	20 (22)	67	5.0	200	116	4BA-8A
	90	25	43		15.6		69	4.5			
	109	30.3	36.8		16.8		65	3.8			
4B35	65	18.1	37.7	2900	9.25	17 (14)	72	6.7	178	108	4BA-12
	90	25	34.6		10.8		78	5.8			
	120	33.3	28		12.3		74.5	3.3			
4B35A	60	16.7	31.6	2900	7.4	13 (14)	70	6.9	163	108	4BA-12A
	85	23.6	28.6		8.7		76	6.0			
	110	30.6	23.3		9.5		73.5	4.5			
4B20	65	18.1	22.6	2900	5.32	10	75	5	143	59	4BA-18
	90	25	20		6.36		78				
	110	30.6	17.1		6.93		74				
4B20A	60	16.7	17.2	2900	3.80	5.5 (7)	74	5	130	59	4BA-18A
	80	22.2	15.2		4.35		76				
	95	26.4	13.2		4.80		71.1				
4B15	54	15	17.6	2900	3.69	5.5 (4.5)	70	5	126	44	4BA-25
	79	22	14.8		4.10		78				
	99	27.5	10		4.00		67				
4B15A	50	13.9	14	2900	2.8	4 (4.5)	68.5	5	114	44	4BA-25A
	72	29	11		2.87		75				
	86	23.9	8.5		2.78		72				

注：括号内数字是 JO 型的电机。

二、 Y 型离心泵性能表

附录表 45 Y 型离心泵性能表

型号	流量/(m³/h)	扬程/m	转速/(r/min)	功率/kW 轴	功率/kW 电机	效率/%	气蚀余量/m	泵壳许用应力/Pa	结构形式	备注
50Y-60	12.5	60	2950	5.95	11	35	2.3	1570/2550	单极悬臂	
50Y-60A	11.2	49	2950	4.27	8			1570/2550	单极悬臂	
50Y-60B	9.9	38	2950	2.93	5.5	35		1570/2550	单极悬臂	
50Y-60×2	·12.5	120	2950	11.7	15	35	2.3	2158/3138	两级悬臂	
50Y-60×2A	11.7	105	2950	9.55	15			2158/3138	两级悬臂	
50Y-60×2B	108	90	2950	7.65	11	55	2.6	2158/3138	两级悬臂	
65Y-60×2C	9.9	75	2950	5.9	8			2158/3138	两级悬臂	
65Y-60	25	60	2950	7.5	11			1570/2550	单极悬臂	
65Y-60A	22.5	49	2950	5.5	8			1570/2550	单极悬臂	
65Y-60B	19.8	38	2950	3.75	5.5			1570/2550	单极悬臂	
65Y-100	25	100	2950	17.0	32	40	2.6	1570/2550	单极悬臂	泵壳许用应力内的分子表示第Ⅰ类材料相应的许用应力数,分母表示Ⅱ、Ⅲ类材料相应的许用应力数
65Y-100A	23	85	2950	13.3	20			1570/2550	单极悬臂	
65Y-100B	21	70	2950	10.0	15			1570/2550	单极悬臂	
65Y-100×2	25	200	2950	34	55	40	2.6	2942/3923	两级悬臂	
65Y-100×2A	23.3	175	2950	27.8	40			2942/3923	两级悬臂	
65Y-100×2B	21.6	150	2950	22.0	32			2942/3923	两级悬臂	
65Y-100×2C	19.8	125	2950	16.8	20			2942/3923	两级悬臂	
80Y-60	50	60	2950	12.8	15	64	3.0	1570/2550	单极悬臂	
80Y-60A	45	49	2950	9.4	11			1570/2550	单极悬臂	
80Y-60B	39.5	38	2950	6.5	8			1570/2550	单极悬臂	
80Y-100	50	100	2950	22.7	32	60	3.0	1961/2942	单极悬臂	
80Y-100A	45	85	2950	18.0	25			1961/2942	单极悬臂	
80Y-100B	39.5	70	2950	12.6	20			1961/2942	单极悬臂	
65Y-100×2	50	200	2950	45.4	75	60	3.0	2942/3923	单极悬臂	
65Y-100×2A	46.6	175	2950	37.0	55	60	3.0	2942/3923	两级悬臂	
65Y-100×2B	43.2	150	2950	29.5	40			2942/3923	两级悬臂	
65Y-100×2C	39.6	125	2950	22.7	32			2942/3923	两级悬臂	

注:与介质接触的且受温度影响的零件,根据介质的性质需要采用不同的材料,所以分为三种材料,但泵的结构相同。第Ⅰ类材料不耐硫腐蚀,操作温度在−20~200℃之间;第Ⅱ类材料不耐硫腐蚀,温度在−45~400℃之间;第Ⅲ类材料耐硫腐蚀,温度在−45~200℃之间。

三、 F型耐腐蚀泵性能表

附录表 46　F型耐腐蚀泵性能表

泵型号	流量 /(m³/h)	流量 /(L/s)	扬程 /m	转数 /(r/min)	功率/kW 轴	功率/kW 电机	效率 /%	允许吸上真空度/m	叶轮外径 /mm
25F-16	3.6	1.0	16.0	2960	0.38	0.8	41	6	130
25F-16A	3.27	0.91	12.5	2960	0.27	0.8	41	6	118
40F-26	7.20	2.0	25.5	2960	1.14	2.2	44	6	148
40F-26A	6.55	1.82	20.5	2960	0.83	1.1	44	6	135
50F-40	14.4	4.0	40	2960	3.41	5.5	46	6	190
50F-40A	13.10	3.64	32.5	2960	2.54	4.0	46	6	178
50F-16	14.4	4.0	15.7	2960	0.96	1.5	64	6	123
50F-16A	13.1	3.64	12.0	2960	0.70	1.1	62	6	112
65F-16	28.8	8.0	15.7	2960	1.74	4.0	71	6	122
65F-16A	26.2	7.28	12.0	2960	1.24	2.2	69	6	112
100F-92	100.8	28.0	92.0	2960	37.1	55.0	68	4	274
100F-92A	94.3	26.2	80.0	2960	31.0	40.0	68	4	256
100F-92B	88.6	24.6	70.5	2960	25.4	40.0	67	4	241
150F-56	190.8	53.0	55.5	1480	40.1	55.0	72	4	425
150F-56A	178.2	49.5	48.0	1480	33.0	40.0	72	4	397
150F-56B	167.8	46.5	42.5	1480	27.3	40.0	71	4	374
150F-22	190.8	53.0	22.0	1480	14.3	30.0	80	4	284
150F-22A	173.5	48.2	17.5	1480	10.6	17.0	78	4	257

参考文献

［1］　化学工程手册编辑委员会.化学工程手册.北京：化学工业出版社，1980.

［2］　卢焕章等.石油化工基础数据.北京：化学工业出版社，1982.

［3］　陈敏恒，丛德滋，方图南.化工原理（下）.北京：化学工业出版社，1994.

［4］　石油化学工业部化工规划设计院.塔的工艺计算.北京：石油工业出版社，1977.

［5］　丁浩等.化工工艺设计（修订版）.上海：上海科学技术出版社，1986.

［6］　张淑荣，王守发.化工制图.延边：延边大学出版社，1995.

［7］　上海化工学院.基础化学工程（上册、中册）.上海：上海科技出版社，1979.

［8］　成都化工学院等.化学工程（第一、二册）.北京：化学工业出版社，1980.

［9］　第一机械工业部.泵类产品样本（第一、二册）.北京：机械工业出版社，1973.

［10］　大连理工大学化工原理教研室.化工原理课程设计.大连：大连理工大学出版社，1996.

［11］　天津大学化工原理教研室.化工原理课程设计.天津：天津大学出版社，1995.

［12］　黄潞，王保国.化工设计.北京：化学工业出版社，2001.

［13］　匡国柱，史启才.化工单元过程及设备课程设计.北京：化学工业出版社，2002.

［14］　邓建成.新产品开发与技术经济分析.北京：化学工业出版社，2001.

［15］　柴诚敬，张国亮.化工流体流动与传热.北京：化学工业出版社，2000.

［16］　柴诚敬，刘国维，李阿娜.化工原理课程设计.天津：天津科学技术出版社，1994.

［17］　柴诚敬，张国亮等.化工流体流动与传热.北京：化学工业出版社，2000.

［18］　贾绍义，柴诚敬等.化工传质与分离过程.北京：化学工业出版社，2001.

［19］　匡国柱，史启才.化工单元操作及设备课程设计.北京：化学工业出版社，2002.

［20］　时钧，汪家鼎，余国琮等.化学工程手册.北京：化学工业出版社，1996.

［21］　国家医药管理局上海医药设计院.化工工艺设计手册.北京：化学工业出版社，1986.

［22］　李国庭，陈焕章，黄文焕等.化工设计概论.北京：化学工业出版社，2010.

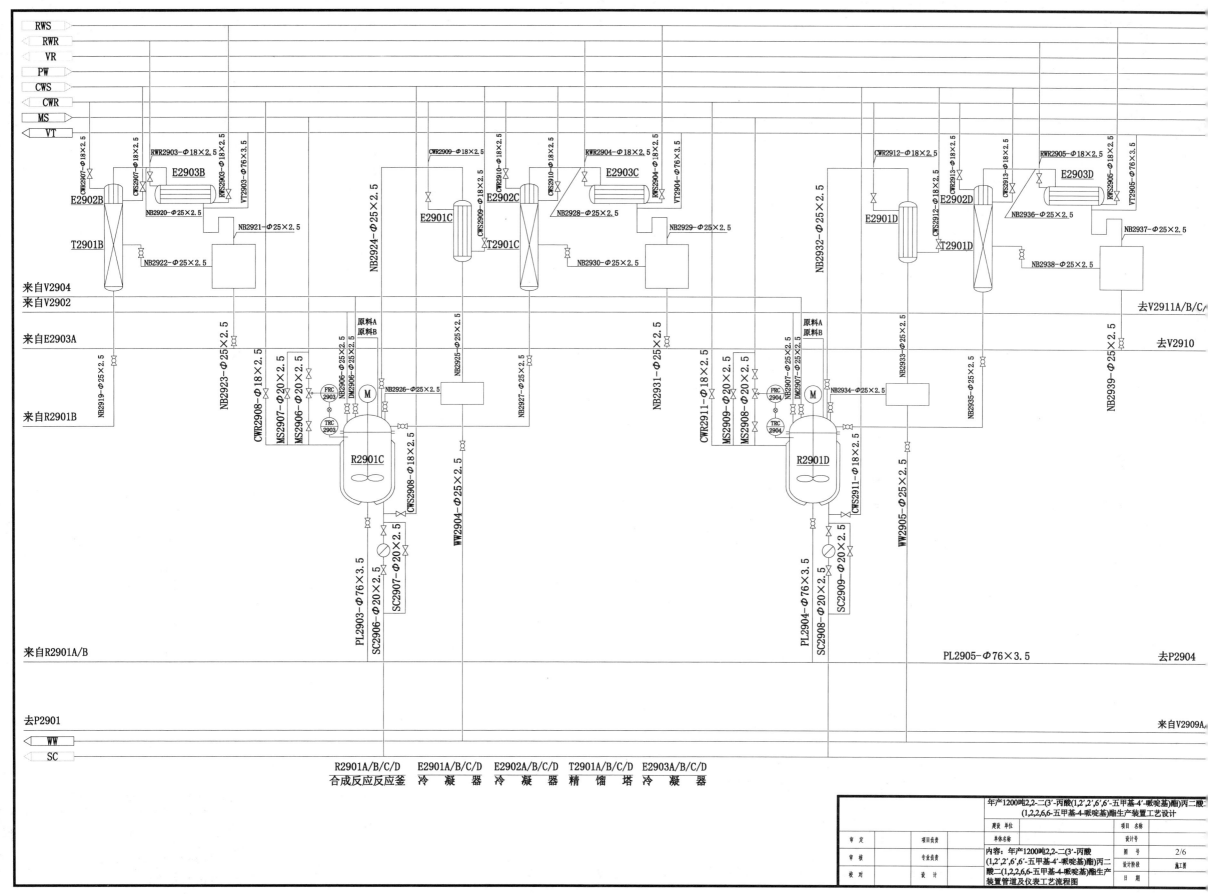

图 2-4　精细化学品生产工艺案例设计图（二）

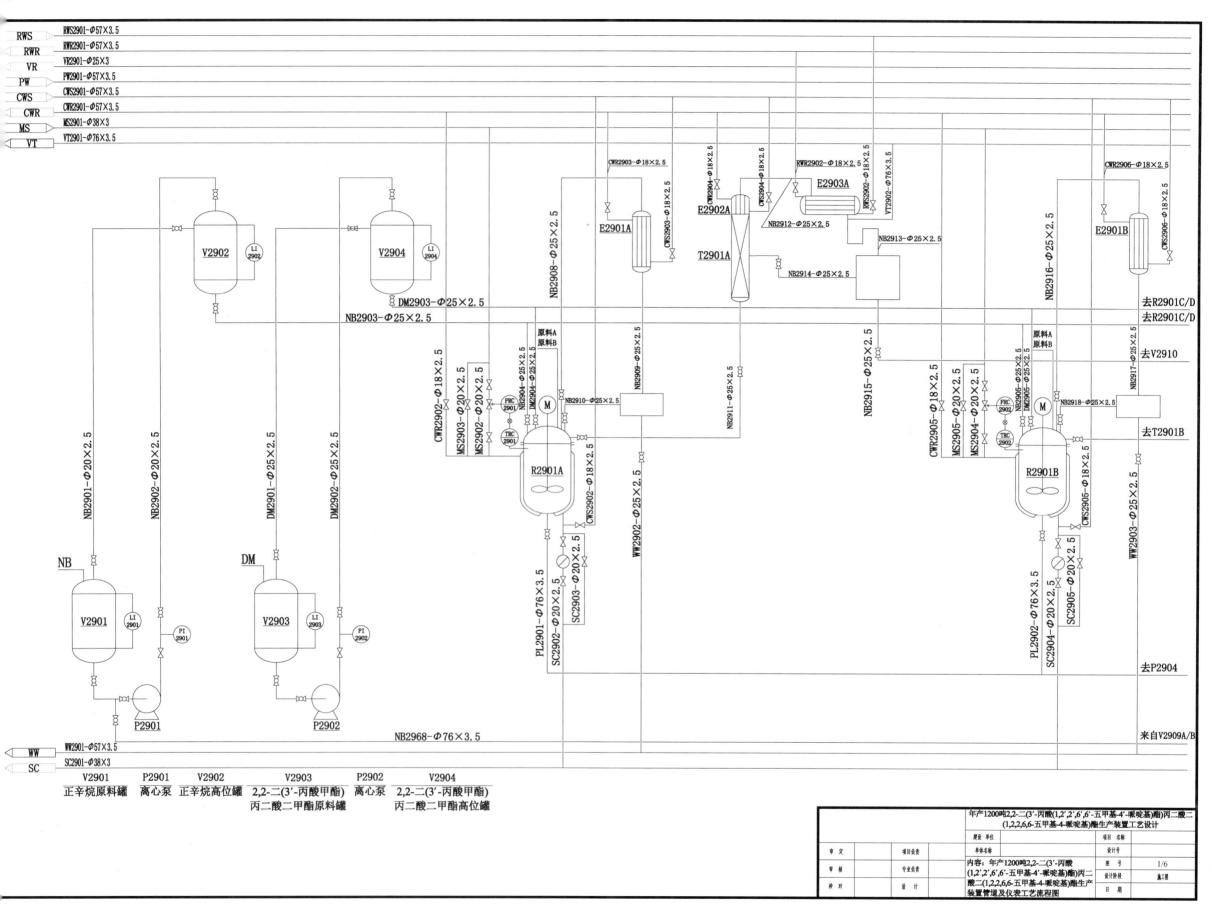

图 2-3　精细化学品生产工艺案例设计图（一）

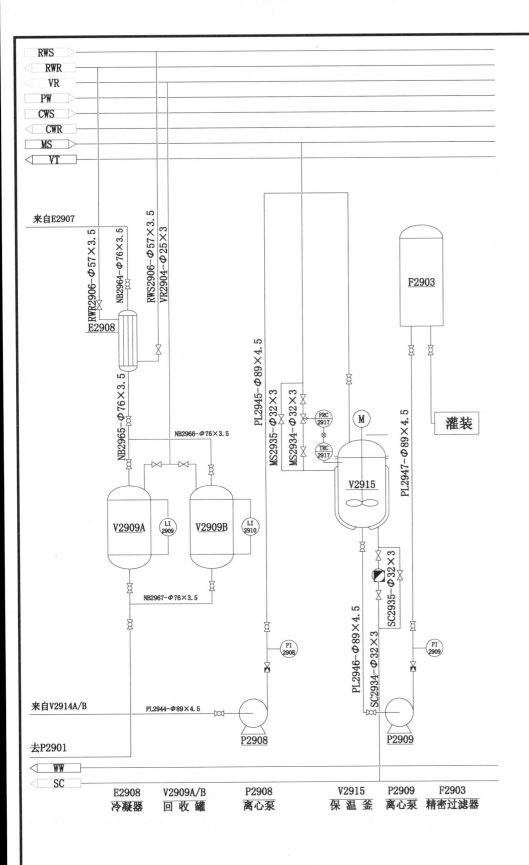

图 例			
代 号	名 称	代 号	名 称
NB	正辛烷	DM	2,2-二(3'-丙酸甲酯)丙二酸二甲酯
原料A	1,2,2,6,6-五甲基-4-哌啶醇	原料B	催化剂
AC	活性炭	N	氮气
RWS	冷冻液上	RWR	冷冻液下
VR	抽真空	PW	工艺水
CWS	循环水上	CWR	循环水下
MS	中压蒸汽	SC	蒸汽冷凝水
VT	排空	WW	污水
LI	液位表	PI	压力表
FRC	流量记录,控制器	TRC	温度记录,控制器
PRC	压力记录,控制器	V2901	原料罐(Φ2400mm×2800mm)体积: 16.64m³, 材料: 不锈钢
V2902	高位罐(Φ1200mm×1800mm)体积: 2.54m³, 材料: 不锈钢	V2903	原料罐(Φ2300mm×2800mm)体积: 15.15m³, 材料: 不锈钢
V2904	高位罐(Φ1200mm×1800mm)体积: 2.54m³, 材料: 不锈钢	V2905	回收罐(Φ800mm×1000mm)体积: 0.56m³, 材料: 不锈钢
V2906	回收罐(Φ1000mm×1400mm)体积: 1.18m³, 材料: 不锈钢	V2907	高位罐(Φ1400mm×2200mm)体积: 4.18m³, 材料: 不锈钢
V2908	高位罐(Φ2000mm×2400mm)体积: 9.79m³, 材料: 不锈钢	V2909 A/B	回收罐(Φ1400mm×2200mm)体积: 4.18m³, 材料: 不锈钢
V2910	甲醇回收釜 体积: 2m³, 材料: 不锈钢	V2911 A/B/C/D	水洗釜 体积: 5m³, 材料: 不锈钢
V2912 A/B/C/D	脱色釜 体积: 3m³, 材料: 不锈钢	V2913 A/B/C/D	保温釜 体积: 3m³, 材料: 不锈钢
V2914 A/B	保温釜 体积: 5m³, 材料: 不锈钢	V2915	成品釜 体积: 5m³, 材料: 不锈钢
R2901 A/B/C/D	反应釜 体积: 3m³, 材料: 不锈钢	E2901 A/B/C/D	冷凝器
E2902 A/B/C/D	冷凝器	E2903 A/B/C/D	冷凝器
E2904	冷凝器	E2905 A/B/C/D	冷凝器
E2906 A/B/C/D	冷凝器	E2907	薄膜蒸发器
E2908	冷凝器	F2901	粗过滤器 Φ800mm×1000mm
F2902	精密过滤器 Φ500mm×800mm	P290(1,2,3,4,5,6,7,8,9)	离心泵 型号: IS50-32-125A; 转速2900r/min; 轴功率: 1.5kW
T2901 A/B/C/D	精馏塔(Φ300mm×3000mm)材料: 不锈钢	T2902	精馏塔(Φ300mm×3000mm)材料: 不锈钢

图 例	名 称
	球阀
	截止阀
	止回阀
	闸板阀
	视镜
	疏水阀
	阻火器
	转子流量计

E2901(A/B/C/D)/E2902(A/B/C/D)/
E2903(A/B/C/D)/E2904/E2905/
E2906(A/B/C/D)/E2908:冷凝器

壳径 /mm	159	管子尺寸 /(mm×mm)	Φ19×2.5
公称压强 /MPa	1.6	管长 /m	1.5
公称面积 /m²	1.3	管子总数	15
管程数	1	管子排列方法	三角形

设备	代号	变量	代号
反应器	R	压力	P
容器	V	温度	T
泵	P	液位	L
换热器	E	流量	F
过滤器	F	记录	R
薄膜蒸发器	E	调节	C

E2908 V2909A/B P2908 V2915 P2909 F2903
冷凝器 回 收 罐 离心泵 保温釜 离心泵 精密过滤器

		年产1200吨2,2-二(3'-丙酸(1,2',2',6',6'-五甲基-4'-哌啶基)酯)丙二酸二(1,2,2,6,6-五甲基-4-哌啶基)酯生产装置工艺设计	
		建设 单位	项目 名称
审 定	项目负责	单位名称	设计号
审 核	专业负责	内容: 年产1200吨2,2-二(3'-丙酸(1,2',2',6',6'-五甲基-4'-哌啶基)酯)丙二酸二(1,2,2,6,6-五甲基-4-哌啶基)酯生产装置管道及仪表工艺流程图	图 号	6/6
校 对	设 计		设计阶段	施工图
			日 期	

图 2-8　精细化学品生产工艺案例设计图 (六)

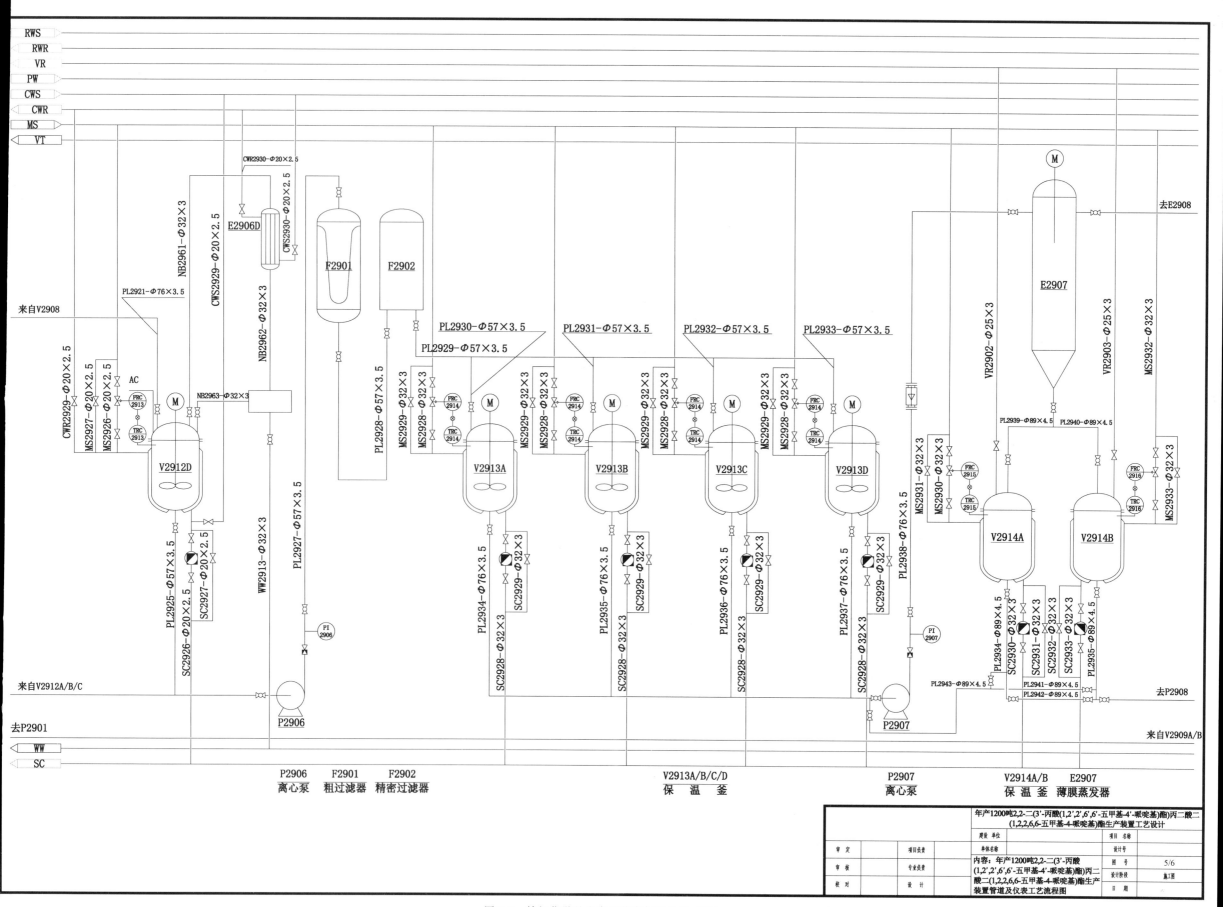

图 2-7　精细化学品生产工艺案例设计图（五）

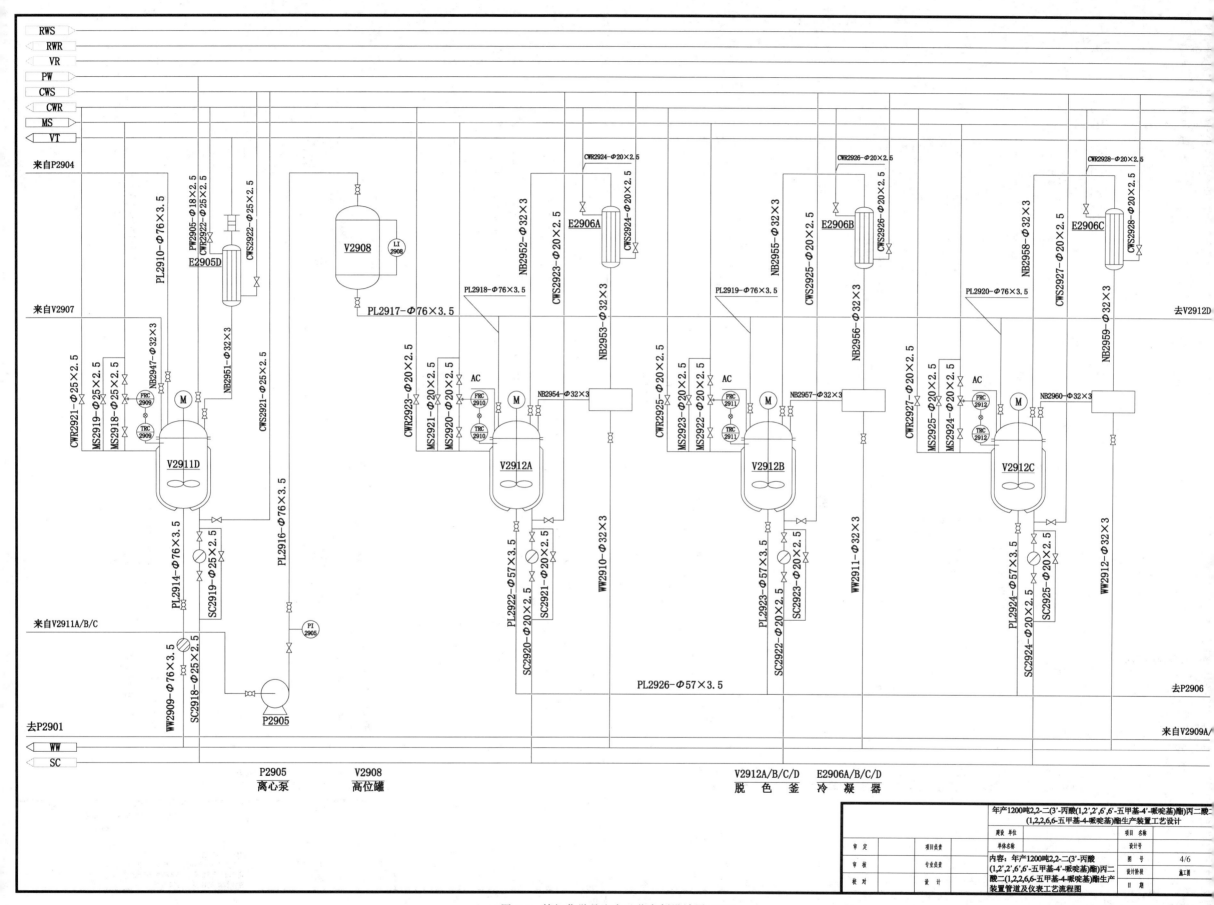

图 2-6　精细化学品生产工艺案例设计图（四）

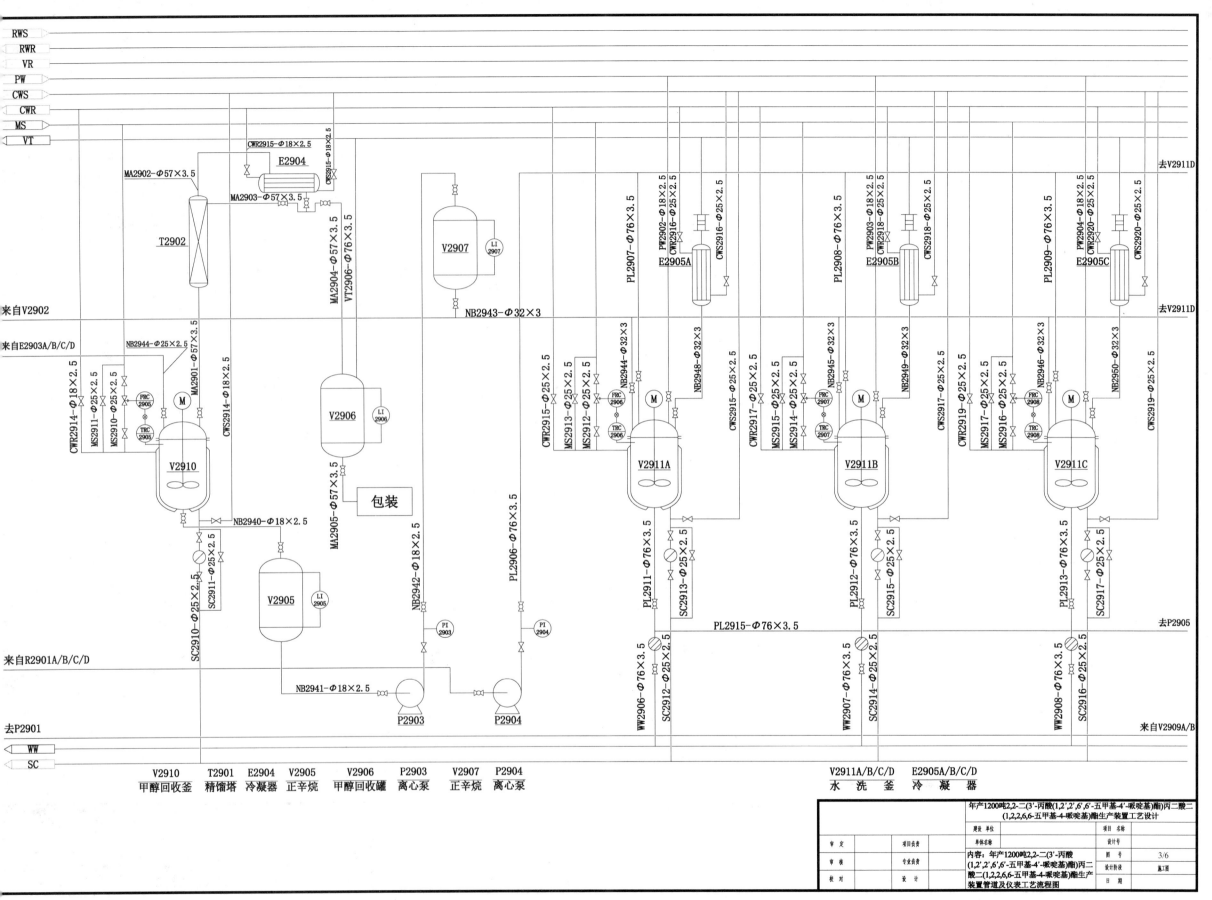

图 2-5　精细化学品生产工艺案例设计图（三）